U0221975

消毒水

让你大吃一惊的科学

玩具小鸭杀人事件

日常用品中de化学物质如何影响人类健康

【加】里克·史密斯（Rick Smith）
【加】布鲁斯·劳瑞（Bruce Lourie） ◇著
张英光　王怡◇译

上海科技教育出版社

图书在版编目(CIP)数据

玩具小鸭杀人事件:日常用品中的化学物质如何影响人类健康/(加)史密斯(Smith, R.),(加)劳瑞(Lourie, B.)等著;张英光,王怡译.—上海:上海科技教育出版社,2012.12
(2022.6重印)

书名原文:Slow Death by Rubber Duck
ISBN 978-7-5428-5515-2

Ⅰ.①玩…　Ⅱ.①史…②劳…③张…④王…　Ⅲ.①有毒物质—影响—健康　Ⅳ.①X327 ②X503.1

中国版本图书馆CIP数据核字(2012)第187034号

本书谨献给我们的家人

目录

序

《玩具小鸭杀人事件》一书带你进入到一个核心地带，在此你将直接面对人类最恐惧的灾难之一——人造化学物质侵入世界的每一个角落，包括人类的身体内部。早在1991年，一些国际上的专家便首次警告，化学物质有摧毁人类和其他动物激素系统的潜在可能性。他们有把握地推测："除非环境中合成激素干扰剂的数量减少并得到控制，不然，大规模人体功能性障碍就可能发生。"几年后，我与迈尔斯(Pete Myers)、杜迈洛斯基(Dianne Dumanoski)共同出版了《我们被偷走的未来》一书，书中预言了有毒化学物质对动物和人类生活的影响将会扩大。这部作品在公众和政界中激发了一场至今仍然在激烈进行的争论，而今，《玩具小鸭杀人事件》一书为这场争论作出了实质性的贡献。

当人们了解到几乎所有的激素干扰剂都是来自石油和天然气的时候，他们开始意识到，为什么公众不了解有害化学物质的本质和来源，不了解有害化学物质从哪里，又是如何侵入我们的生活。最富有的能源集团早就在公众健康问题面前设置了防线。随着化石燃料使用量的增加，这些公司研发出的产品的用途越来越广，数量也越来越多，相应地，额外用于向公众隐瞒事实真相的美元也悄无声息地花了出去。

当围绕气候变化问题的争论越来越激烈的时候，把温室气体排放和其他污染物的合理排放两者间联系起来是很重要的。与气候变化一样，激素干扰问题也是人类社会对化石燃料的依赖带来的负面效应。激素干扰剂对生育、大脑和行为能力带来的毁灭性的影响可能比气候变化带给人类社

会的威胁更为直接。

我们这一代是人类社会从胚胎到成人都接触有毒化学物质的第四代，统计结果告诉我们，人类社会正在受到它们的围攻。由于企业给政府施加影响，我们发现北半球现在成为了激素干扰剂问题的中心地带，那里的激素干扰剂的困扰正在进入家庭，正在挑战家庭和社会服务所能承受的财政极限，正在破坏全球经济和安全的基础。现在出生的孩子感染一种或多种以下疾病的概率很高：儿童多动症、自闭症、学习障碍、糖尿病、肥胖症、儿童癌症和发育期癌症、外阴畸形和不孕症。甚至乳腺癌、前列腺癌、帕金森氏病和阿尔采默氏病，也与出生前接触有毒化学物质有关。

销售含有有毒化学物质的儿童用品的做法已经被禁止了。更多的措施，如本书的作者愿意以身试毒并在书中记录试验结果，也将会限制那些有毒化学物质的使用和继续生产。此外，政府还设立了很多项目，投入了亿万资金去寻找针对与（有化学诱因的）不可逆转的激素紊乱相关的疾病的治疗办法。然而，很少或者没人关注那些能源集团，他们将有毒副产品作为原料卖给那些制造激素干扰剂的公司。《玩具小鸭杀人事件》一书会使那些既得利益集团感到不舒服。

解决这些问题的最有效手段是尽可能快地从使用化石能源转换到使用非化石能源，这样就可以减少激素干扰剂的前体。例如，苯是存在于煤、天然气和原油（这些都是化石燃料）中的一种有毒化学物质。不使用化石燃料就可以减少苯的排放。而苯又是形成双酚 A、邻苯二甲酸酯、三氯生、多氯联苯、多溴联苯等大量激素干扰剂的关键分子，这些激素干扰剂都是本书关注的焦点。再如，第五部分所讲述的环境中（以及人体内）的汞，主要来源于燃煤发电厂的排放（减少燃煤发电就能减少汞污染）。不管是在社区、州、省、全国还是国际层面上应对气候变化的问题，大家都应该知道，依赖化石燃料的危险性要远远超过目前已经认识到的水平。

与此同时，还必须让公众知晓污染已经进驻了人体内部，必须让公众学会如何保护自己和家人的健康，这正是本书能发挥巨大作用的地方。它将教育大家如何为勇敢而明智的政治领导层提供支持和鼓励,而领导层的勇敢明智是我们终结各种污染的关键因素。

你还会发现,这本书让人爱不释手。它通俗易懂,有典型的加拿大风格——切中要害、常识性强。书中以一种轻松愉快的方式勾勒了我们所面临的挑战,讲述了为保护环境和身体健康所应采取的步骤。这本书很快将成为“加拿大之书”,也一定会成为国际畅销书。

《我们被偷走的未来》作者
科尔伯恩(Theo Colborn)

致谢

首先,我们想说的是,没有家人的爱和支持,这个不同寻常的项目是不可能完成的。在此,里克(Rick)要感谢他的妻子珍妮弗(Jennifer Story),谢谢她的耐心、明智的建议,以及为本书命名所出的主意;感谢他两个儿子——扎克(Zachary)和欧文(Owain),谢谢他俩常常逗他哈哈大笑,让他记住生命中什么最重要;感谢拉维涅(Dave Lavigne),谢谢他的指导,感谢他传授无拘无束的见解,这些见解常常使得我们茅塞顿开,思路开阔。布鲁斯(Bruce)要感谢伯利兹(Biz)、艾伦(Ellen)和克莱尔(Claire),谢谢他们在写作期间作出的牺牲,放弃的不止是家里的晚餐。他还要感谢艾维基金会(Ivey Foundation)的支持。萨拉(Sarah)要感谢诺贝尔(David Noble)。

本书创作的灵感来源于加拿大环保协会组织的一项具有开拓性的项目——"有毒的国家"。本书还得到了加拿大环保协会理事会及其全体员工的支持。得益于他们的奉献,该项目多年的努力才结出了实果。在此,特别要感谢富尔德(Jennifer Foulds)、弗里曼(Aaron Freeman)、哈特尔(Kapil Khatter)、诺依曼(Jana Neumann)、波丽珠(Cassandra Polyzou)、温特顿(Sarah Winterton)。

我们还要衷心感谢下列人士:艾森伯格(Katherine Ashenburg)、伯格曼(Åke Bergman)、巴特(Craig Butt)、库克(Ken Cook)、迪蒂(Susan Duty)、汉密尔顿(Coreen Hamilton)、希斯(Jamey Heath)、霍利亨(Jane Houlihan)、亨特(Pat Hunt)、利维(Stuart Levy)、鲁考特(Marc Lucotte)、马伯里(Scott Mabury)、马蒂思库(Mike Matisko)、毛斯贝格(Burkhard Mausberg)、迈尔斯

(Pete Myers)、努德尔曼(Janet Nudelman)、普林斯(Gail Prins)、赖斯(Deborah Rice)、薛特勒(Ted Schettler)、斯特普尔顿(Heather Stapleton)、斯旺(Shanna Swan)、瓦基勒(Cathy Vakil)、冯・萨尔(Fred vom Saal)、泰勒(Julia Taylor)、韦伯斯特(Tom Webster),他们慷慨付出时间来审阅我们的实验记录和手稿。在此,我们还要特别感谢环境工作组成员和迈尔斯,得益于他们的指导,我们才了解到有毒化学物及其对人类生活的影响。而本书内容的任何缺陷和不足的责任则完全在于我们自己,与他们无关。

感谢皮尔福德(Louise Pilfold)为我们提供了无价的科研协助,感谢约翰逊(Lorraine Johnson)提供了重要的建议,感谢丹尼斯(Louise Dennys)信任我们的项目。感谢编辑舍伦贝格(Michael Schellenberg)帮助我们梳理本书内容并且配合我们的工作时间,感谢迪安(Kathryn Dean)为本书做了大量的编辑工作,感谢迈克阿里斯(Michelle MacAleese)协助项目工作正常运行。

德莱顿(Karee Dryden),出色的护士,为我们抽取血样。得克萨斯州理查森市的阿克化学实验室(Accu-Chem Laboratories)、英属哥伦比亚悉尼市的埃克西斯分析中心(Axys Analytical Services)、华盛顿州西雅图的布鲁克斯・兰德实验室(Brooks Rand Labs)和伊利诺伊州芝加哥市的STAT分析集团(STAT Analysis Corporation)为本项目化验了血样、尿样和玩具样品,在此一并感谢他们的高效与专业。

最后,我们诚挚感谢众多开明的政府官员、记者、科研人员、社区领导、家长和相关民众,他们不顾力量悬殊,一直在坚持采取实际行动来保护环境和健康。特别值得一提的是巴斯鲁尔博士(Sheila Basrur),她为保护公众健康毫不畏惧,付出了一生的努力,2008年因癌症辞世。

一起努力,我们会赢!

前言

构成宇宙的四种材料：火、水、土和聚乙烯产品。

——戴夫·巴瑞(Dave Barry)

你正在读的这本书是一本希望之书。

这听起来有点矛盾，特别是这本书的书名中就带有“死亡”的字眼，书中还描述了大量有毒化学物质正肆无忌惮地侵蚀着我们的身体。除此之外，现在显然还不是过于乐观的时候。

然而事情总是会变化的，有时变化还很快，并且朝着好的方向变化。

就在本书写作期间，各国政府接连出台了不少新法规，这使我们的写作过程变得复杂化了，我们不得不反复修改以跟上最新形势。欧洲禁止在电视机中使用有毒阻燃剂，加拿大修订法规禁止使用有毒婴儿奶瓶，而美国政府也在长时间的无所作为之后终于通过了禁止在儿童玩具中使用类激素成分的法律(恰好是乔治·布什签署的)。所有这些行动发生在短短6个月中。

我们注意到，在各国领导人联合行动的同时，很多普通大众也开始行动起来了，他们开始彻底地清除家里的可疑消费品，代之以更为安全的日用品。

潮流已经开始改变方向！公众意识的觉醒令有毒化学物质问题迅速成为亟待优先解决的社会问题，而我们也开始策划一些行动，为促进这种觉醒做些许贡献。

这不仅仅只是一本书，它还是一个浩大的、史无前例的、成熟的科学研究项目。我们延续了电影《大号的我》(*Super Size Me*)和著名导演穆尔(Michael Moore)的传统,通过"亲身体验"进行调查。我们检查自己体内的化学物质含量以及家人的生活细节,这种做法是异于传统的,或者用一些我们所爱的人的话来说,是疯狂的。在这个过程中,我们还与化学物质制造公司对质,采访那些总是回避问题的政府官员,接触有影响力的科学家和社团的组织者。

我们在加拿大长期从事环保倡议活动。我们战斗在第一线,敦促政府制订更好的政策来保护环境和人类健康。创作本书的想法就来自这些艰苦工作,特别是来源于加拿大环保协会的"有毒的国家"项目——这个项目试图通过测试加拿大民众体内有毒物水平来揭示污染的危害性。

一种新型污染

人类的身体,并不像西蒙和盖福克在歌曲《我是一块石头》里所唱的像一块石头或者一个小岛,它更像一块"海绵"——可以渗透,能够吸收!"有毒的国家"项目正是试图测出人体已经吸收了多少脏东西。如同美国和欧洲的类似项目一样,"有毒的国家"项目采用科学检测技术——这些技术之前仅刊登在晦涩难懂的科学杂志上——去激发公众的热议,激发他们思考:我们暴露在哪些污染物面前?这些污染物有多少?来自哪里?项目还指导公众该如何贡献自己的力量。2005 年以来,加拿大环保协会已经对 40 多位加拿大民众的血液和尿液中的 130 多种污染物进行了检测。这些被检测者男女都有,且分属不同年龄段和不同社会阶层、来自不同的地区、具有不同种族背景。他们居然都受到了不同程度的污染。

当我们和被测的志愿者、跟踪报道的媒体以及关注事态进展的民众讨论这些检测结果的意义时,我们越来越清晰地认识到,我们头脑中关于"污染"的认识亟须更新。

对于大多数人来说,提到"污染"一词时,脑子里浮现的可能是浓烟滚

滚的烟囱、下水道排污口、汽车尾气等。在他们的意识里,污染只是一种外在的隐患,它可能漂浮在空中,或出现在附近的湖泊里。总之,这是一种可以避免的东西。

然而,“有毒的国家”的检测结果表明,现实早已不是这样子了。如今的污染已经无处不在,就像海洋一样包围着我们,而我们每日沐浴其中。污染实际上已经渗透进我们的身体内部。而且,很多情况下,污染一旦进入身体内部,我们就没法赶它出去。

奶瓶、香体露、加厚的懒人沙发——这些如此熟悉而又似乎无害的东西,现在都成了新的污染源,其污染严重程度并不比上述各类工业污染低。北美市场上销量最大的婴儿奶瓶是用 PC 塑料制成的,PC 塑料会向瓶中盛放的液体释放双酚 A——一种已知的激素干扰剂。香体露以及卫生间里几乎所有的常见物品都含有邻苯二甲酸酯,而邻苯二甲酸酯与许多严重的生殖问题有关。邻苯二甲酸酯还是塑料儿童玩具中的常见成分。沙发和很多带软垫的物品中都含有溴系阻燃剂,表面还有防污涂层,这两种东西都是致癌物,而你坐在沙发或者椅子上看电视连续剧的时候就会吸收到这些化学物质。

我们检测过的加拿大人的身体内,都含有这些有毒化学物质,甚至还有许多其他有毒物质。

事实的真相是,现在,在数不胜数的日常用品中都可以发现低剂量的有毒化学物质,不管是个人护理产品、厨房烹饪用具还是电子产品、家具、服装、建材和儿童玩具都不能幸免。这些有毒化学物质通过食物、空气和水进入我们的身体。从我们在抗皱被单(用致癌的甲醛处理的)上睡了一夜好觉后起床,直到我们晚上吃了微波炉爆米花(包装袋的内涂层使用的是一种无法降解并且会在我们体内累积的化学物质)后睡觉,污染一直包围着我们。

夜晚我们关上房门,但根本没有将污染拒之门外,我们无意中以数不清的方式把有毒物质请进了家门。举一个特别浅显的例子,据估计,一个普通的妇女,在早上喝下第一杯咖啡前,就已经往自己的脸上、身上和头发上涂抹了大约12种不同产品,其中包含126种不同的化学物质。

那么,结果如何?一点也不奇怪,很多(并且越来越多)科研机构将接触有毒物质与很多折磨人的疾病关联起来,包括各种癌症、生殖系统疾病和先天缺陷、哮喘等呼吸系统疾病、小儿多动症等神经发育疾病等。

我们每个人都变成了失控的、浩大的实验中的小白鼠!

在这样的历史时刻,将污染联系到一只可爱的玩具小鸭与把污染联系到一个巨大的烟囱同样恰当。本书第一部分会快速地回顾污染的历史来论述这一问题,我们会审视人类排放毒物的水平,是如何从一种区域的、明显的和急性的现象发展成为一种全球的、隐形的和慢性的威胁。这种威胁常常来自日常的家居用品。

原因和结果

在"有毒的国家"项目进行过程中,我们还注意到,在人们意识到了自己浸没在污染物中之后,激发他们积极行动或者使他们对污染感到绝望之间只有一线之隔。"既然污染已经包围了我们,那么我也无计可施了,对不?"这种说法在项目进行过程中常常听到。

无论是加拿大的卫生部长(少数愿意让我们抽血的政治家之一)还是来自蒙特利尔的10岁孩子,"有毒的国家"的被测志愿者们都强烈地渴望得到具体的答案。在他们看到测试结果后,问的第一个问题往往是:"这些污染物是怎么进入我体内的?"关于有毒物接触途径的泛泛而谈(如:"这种化学物质通常存在于塑料中,那种则通常存在于带软垫的产品中。")无法满足他们的好奇心。他们想知道的是,究竟是他们在哪一天做的什么事使得血液中的污染物达到了这样高的水平。他们还希望得到保证,一旦他们选择合适的商品(例如,购买更加环保的个人护理用品)体内的污染物水平就会下降。简言之,他们想知道事情的前因后果,而很多情况下,我们还无法一一回答,因为我们的研究还没有完成。

举个例子,我们可以告诉被测者,丹麦的研究人员已经证明,在全身皮肤上涂抹实验室制备的邻苯二甲酸酯会导致尿液中邻苯二甲酸酯的含量升高。但这并不能解决生活中的实际问题。洗发香波以及超市货架上的其他商品的标签上并没有标明邻苯二甲酸酯的含量。如果你够幸运,在用小字体印刷的成分表中偶尔可以找到"香精"一词,这表明该产品很可能含有邻苯二甲酸酯。那么,日常使用的个人护理产品真的会影响体内的邻苯二甲酸酯水平吗?

"有可能!"这可是我们能够得出的最准确的回答。

对于一些化学品,比如双酚 A,基本上没有基于人体的检测数据可用。从来没人试图提高或者降低人体内的双酚 A 水平。这样一来,当我们告诉大家别再使用 PC 塑料容器在微波炉中加热剩饭剩菜,因为这会使他们接触到塑料中释放的化学物质的时候,我们会觉得有那么一点不踏实,因为还不了解确切的后果。

在讨论如何回答上面这些问题的时候,一个想法的雏形开始形成。

唯一的准则

"为什么我们不拿自己做实验?"

起先这只是一个玩笑,一个突然冒出来的想法,但很快变成了一个为期 2 年的大项目。大家越琢磨,越觉得这件事可行。要证明日常生活对我们体内的污染物的影响,有什么方法能够比故意摄入所有这些可疑的物质,看看它们到底是不是残留在体内这种方法更加切实可靠?

我们设立了唯一的一条严格的原则:所有的实验都必须模拟真实生活。表面上看,这略显多余,然而,在安排实验细节时,这是非常有用的指导原则。我们不能一口气喝下一瓶水银,也不能把自己浸在特富龙中。我们所做的任何试验,都必须是人们日常会做的寻常事。

当我们开始咨询专家并仔细阅读科研资料时，常常感到自己好像是在拼一幅巨大的拼图，那些最关键的碎片包括：整理出一张攸关人类健康的化学物的清单；准确地判断哪些日常活动会导致人们接触这些化学物质；设计总体的实验方案来揭示这些日常活动是否会显著影响这些化学物质在我们体内的含量。

我们通过在从事特定活动的前后有计划地提取血样和尿样来测量毒物水平的增减。在考虑了许多不同的方案之后，我们选出了7种有毒化学物质分别进行实验，并分别在7个部分中进行描述，这样我们可以用第一人称来讲述这些实验故事。我们猜想用这种有点危险的有毒化学物质“以身试毒”进行实验的过程，可以让我们的家人感到快乐（其实没有），也是最值得分享的经历。

在第二部分中，里克（Rick）用邻苯二甲酸酯进行实验。他试图从玩具业这个差点毒害他孩子的行业中找到一些答案。第三部分，布鲁斯（Bruce）讲述了自己在西弗吉尼亚帕克斯堡（特富龙公司所在的一个小镇）旅行的小故事，他要去看看当一家公司发明了永远不会变化的化学物质后会发生些什么。第四部分，里克前往英属哥伦比亚的维多利亚会见专家，讨论“似曾相识”的溴系阻燃剂问题，这种化合物家族似乎在重复多氯联苯（PCBs）的污染史。在接下来的第五部分，布鲁斯分享了有关水银这一最古老的毒物的个人经验。第六部分，里克成功地令体内的抗菌剂三氯生的水平急剧窜升，并质疑我们为什么要那么害怕细菌。第七部分，布鲁斯一针见血地指出，化工业不断向民众灌输过分强烈的危机感，其目的是要赚更多的钱。第八部分，里克使用塑料制品加热食物，并且介绍了在涉及双酚A时，儿童家长们是如何与化工业对抗的。我们超强的项目协调人——萨拉（Sarah）——就像强力胶一样把各方面的力量凝聚在一起。她处理项目中涉及实验以及血样和尿样检测的复杂的后勤工作并负责与实验室联系。她将大量的研究结果组织在一起，这些结果有时很难找到，而本书就是基于这些研究结果来编写的。

本书的最后给出一份注意事项清单，它告诉大家，如何改变消费行为来摆脱毒害，如何让自己选举出来的领导人齐心协力更好地保护大家远离毒害。

本书如果使得一些支持化工业或反对环保的专家感到不快，我们一点也不会感到奇怪。这些人认为或者假装认为（我们不知道哪种情况更糟），如果没有明确的科学证据，就不应该对任何社会上的事情进行管制。这些作家或说客总是把我们的研究工作和另外一些发现健康问题与合成化学物质相关的科学家的研究称为"扯淡科学"。本书所记录的实验遵循了标准科学原则并且完全可以复制。尽管本书的实验没有非常巨大的样本量、双盲试验和一些正规科研的方法，但重要的是，这些实验证明了一个令人震惊的事实：我们几个人确实能够通过简单地控制日常的饮食和日常使用的物品来控制体内的有毒物质含量。

对想了解有毒物扩散背后的疯狂的想法的那些读者，我们希望本书为他们带来新的解答。这些答案一直被那些化工企业、化工企业聘请的顾问团、化工企业资助的学术团体和有利益冲突的政府官员所掩盖。

卡逊（Rachel Carson）在《寂静的春天》（*Silent Spring*）一书中写道："人类历史上第一次，每个人都不得不接触危险化学物质，从胎儿时期直到离开人世。"那是 1962 年，我们来看看今天的情况如何。

第一部分

污染的历史与现状

把所有的论据还原成具体的、看得见、摸得着、直击要害的东西，比如一个具体形状、一个图像、几个有力短语、一个实心球等，找到实实在在的理由，辩论就有了一半胜算。

——爱默生《群居和独处》，1870 年

(Ralph Waldo Emerson,

Society and Solitude, 1870)

库克(Ken Cook)清楚地记得他脑子里突然冒出这个想法时的鲜活画面。

"那是在 1998 年，当时我正绕着位于华盛顿特区的海恩斯角骑自行车。海恩斯角是位于波托马克与阿纳卡斯蒂亚河中间的一小块陆地，那儿地势平坦，没有拥挤的交通，没有喧哗的娱乐，我自由自在地随意骑行，感觉这是个思考问题的好地方。就在那一刻，我的脑子里冒出了这个想法。"

库克精力充沛，几乎孩子气般的热情极富感染力。库克骑车时还满脑子思考问题一点都不奇怪。他和环境工作组(EMG)的同事们率先对污染含量进行了直接测量，明确揭示问题的严重性。因此，这些年来，他们一直处在美国有关污染问题争论的风口浪尖上。"我们对空气、水、食物以及日常消费品中的污染进行的检测,已经坚持了一段时间。我们很擅长做这些检测工作,也做得很好。但是化工界始终有人提出这样的疑问:'是的,空气和水中的确可能存在着污染物,不过,说实话,人们暴露于污染中的程度有那么严重么?'"很显然,他们是在逃避责任,但由于缺乏实实在在的数据进行反驳,在面对那些别有用心的"不用担心、开心点!"的空洞劝慰,库克和同事们感到十分无奈。

怎么办?

踩着自行车,望着河水静静流过,看着飞机起起落落进出机场,库克突然灵光闪现,有了一个新的想法。库克的这一闪念使得美国甚至世界关于污染问题的辩论从此具有了新的意义:

如果人们发现自己身体里面存在着化学毒物,情况将会怎样?

如果环境工作组把工作重点从检测外部环境污染转变到检测人体内部的污染,结果将会怎样?

回想起各种想法一齐涌进脑子里的那一刻,库克说,他想起了 1970 年代美国环保基金会(EDF)所做的有关"杀虫剂与母乳"的报纸广告。"我还想起了《我们被偷走的未来》(*Our Stolen Future*)里有一章说,愿意花上几千美元测试费的任何人,都能在自己的体内脂肪里找到至少 250 种化学污染物。"

1996 年初,畅销书《我们被偷走的未来》一书出版;美国前副总统戈尔(Al Core)将其看作是卡逊《寂静的春天》一书的续篇。《寂静的春天》侧重于阐述杀虫剂对鸟类和野生动植物的影响,而《我们被偷走的未来》一书则提醒人们关注一种新型的污染物——激素干扰剂。激素干扰剂会影响人类的性器官发育以及生育功能,如今,含有激素干扰剂的化学合成物泛滥成灾,它们像海洋一样淹没了我们,而且每年还在源源不断地从化工厂中生产出来。检测这些激素干扰剂的技术问世不久——这也是实验室检测技术发展神速的产物——而检测结果表明,这种新型污染的侵害能力非常惊人。

4

周一回到办公室后，库克开始和同事们一起制订计划。他们决定，检测先在小范围内展开。库克和《我们被偷走的未来》作者之一迈尔斯（Pete Myers）成为第一批“小白鼠”，他们提供了自己的血液和尿液给实验室化验。一轮检测下来，他们发现这办法的确可行。库克回忆说：“尽管检测成本比预计的高一些，但基本事实摆在那里：人体内的污染是可检测的。”

环境工作组继续努力，想办法进一步扩大他们的检测工作。接下来的一批测试志愿者都是环境工作组员工的朋友和熟人。毕竟，对一个陌生人说：“您能给我们一些您的血液和尿液吗？我们能测出您身体里含有多少有毒化学物质。”这种请求实在太过唐突，会令他们感到不安。尽管检测人体内的有毒化学物质这一想法并不是环境工作组首先提出的（早在1890年代，暴露在铅环境中的工人就曾经通过化验血液和尿液，进行了铅中毒检测），这一次活动仍然具有创新意义，理由很多：

首先，一次检测多种有毒化学物质。工作组的第一次检测报告显示，在可能的214种有毒物检测中，有171种在志愿者体内被检出，如杀虫剂、重金属、氟化物（PFCs，类似特富龙的化学物质）、溴系阻燃剂等，只要说得出名字的，都在他们的检测范围内。环境工作组的目的，就是给大家提供一份我们静脉中的“有毒化学物质清单”，从而赢得公众舆论的支持。这是科学配合于政治主张的一种全新的方式。为此，环境工作组还造出了不少新名词，用来描述体内有毒化学物质的积累情况，比如“体内积存毒素量”、“生态监测”等。最能打动人、最有感染力的一个名词是“人类毒因组”，这是对应于“人类基因组”这个词而提出的。人类基因组是这几年科学家热衷的研究对象。

其次，以往以人为对象的科学实验的被试者一般都是匿名的，而环境工作组（EWG）的这次活动则进行了创新，他们抛弃了匿名参与的传统，参与检测的人员全部进行实名登记，活动的所有细节都向公众公开。为了招募愿意上“电视时代的污染真相告白”节目、公开讨论他们“体内积存毒素量”的志愿者，莫耶斯（Bill Moyers）——美国公共广播电视局（PBS）的著名记者——参与了这次活动。他不仅是参与检测的第一批志愿者之一，还是在广播电视上公开讨论自己的检测结果的第一人。那时是2001年。

在本部分后面我们将看到，他还是第一批志愿者中揭开污染新面目的唯一一人。

主要的全球性公共舆论倾向，一般不会因为某个个别决定而改变，但却因为库克自行车上闪现的灵光而真的被改变了。通过检测人体内几百种有毒化学物的含量，环境工作组获得了实实在在的结果。这些数据使得《我们被偷走的未来》一书所说的话变得非常肯定："无论你住在哪里，是在印第安纳州的加里还是在南太平洋偏僻的小岛，都一样难逃厄运。"

6

休斯博士的最新消息

化工界对体内积存毒素量检测的结果视而不见,他们一点也不喜欢这种检测。

库克在总结化工界面临的挑战时说:“他们已经黔驴技穷了,但仍然极力狡辩:‘哦,夫人,您使用我们公司的产品时,您肚子里的宝宝的血液里面只会增加非常少的有毒化学物质,即使不能证明这是安全的,也没什么值得担心的。’连这种鬼话他们也说得出口!”尽管这种说法没道理,化工业生产商及其同伙还是在垂死挣扎,寻找开脱的理由。

如果你对他们毫无戒心,你会以为,污染问题已经快要得到解决了。

在2001年出版的颇具争议的《持怀疑论的环保主义者》(*The Skeptical Environmentalist*)一书中,作者隆伯格(Bjørn Lomborg)以伦敦为例说事。他说,伦敦现在的空气比中世纪时要好很多,这说明污染其实不是正在变糟的新现象,而是一个正在逐步好转的老问题。美国化学理事会,这个美国化工业的王牌说客集团,无耻地为化工业唱着赞歌,赞美他们会员单位对“负责任的关怀方案”无偿资助,赞扬化学废物排放减少了,其实这些污染排放本来就该减少。美国科学与健康委员会,也竭力袒护化工业部门。该委员会主席惠兰(Elizabeth Whelan)认为,环境中的致癌物质并非工业部门制造出来的。化工业部门一直在千方百计安抚民众,哄骗他们:污染对人类身体并无多少伤害,污染在当前并没有比过去更糟糕,甚至已经比过去改善了很多。以上便是其中的几个例子。

说句公道话,有些地方的某些污染的确是被清除了。

一个著名案例是泰晤士河污染的成功治理。泰晤士河贯穿英国伦敦,13世纪末,大家就已经公认这条河流遭到了严重污染。600年后,大约在

1834 年，伦敦市政府对一家往泰晤士河倾倒煤渣的煤气生产商提起公诉，要求该煤气生产商对污染行为进行赔偿。历史上的此类案件一般都败诉，而这是第一起胜诉案。案子尽管胜诉，整个 19 世纪，泰晤士河还是被当作全伦敦的污水坑。到 1950 年代，泰晤士河的水质已经到了完全不适合生物生存的程度，成为一条死河。令人欣慰的是，经过伦敦市政府和市民的一致努力，泰晤士河的治理取得了惊人成效，到 2000 年，河中重新出现了生命迹象。到 2007 年，河水已经干净得足以使鲑鱼洄游，这可是几个世纪以来的第一次。

伊利湖的死亡和复活也是事态好转的一个例证。1950 年代，工业废物问题引起了五大湖区公众的关注。1960 年代，伊利湖被宣布为死湖。富营养化要了伊利湖的命，海藻过度生长，滑腻腻一片，布满了整个河滩，吞噬了水中所有氧气，其他的水生动植物全部因此窒息而死。然而到了 1970 年代后期，国际联合工作组（IJC）发布报告称，有证据表明，经过湖泊两岸美国和加拿大的共同努力，伊利湖的化学污染已经基本清除，而当地鸥鸟数目正在回升。

伊利湖的起死回生是如此的令人称奇，甚至令休斯博士（Dr. Seuss）改写了他的经典儿童文学作品《罗拉克斯》（*The Lorax*）。《罗拉克斯》是一个以 1971 年美国的严重污染为背景的环境警示故事，该故事刻画了一系列著名的人物形象，比如贪婪自私的温斯勒（Once-ler），他砍掉绒毛树，用绒毛树上一绺绺的丝线织成了“万能绒毛衣”。绒毛衣的销售非常成功，驱使贪婪的温斯勒建起了工厂，发明了一次能砍 4 棵树的机器，疯狂地砍树，疯狂地生产万能绒毛衣。另一个主要人物是毛茸茸的绒毛怪罗拉克斯，他长得既像圣诞老人，又像爱发牢骚的奥斯卡，是个住在绒毛树上的树居小精灵。罗拉克斯站出来为绒毛树说话，试图保护绒毛树以及绒毛树所处的生态环境。然而，温斯勒可不是那么容易被阻止的，他不停地砍树、砍树，直到砍倒了最后一棵树。树没了，温斯勒的工厂也因此没有原料可供生产而倒闭。最后，罗拉克斯和温斯勒生存的家园完全被毁，只剩下荒芜和污染。

在休斯博士原来的故事中，有这样一句话："我听说伊利湖的情况就是（像故事里）这么糟糕。"小说出版14年后，俄亥俄海洋基金会的两名科学家联系上休斯博士，告诉他伊利湖重归清澈的最新消息。于是，休斯博士在后来再版的小说中将这句话删除了。如今，从保存在DVD中的电视剧版《罗拉克斯》中还能听到这句台词。

对于空气污染，也有一些迹象显示，过去几十年中空气质量有所好转。自从1970年美国出台《洁净空气法案》以后，主要污染物已经减少了48%（但是空气污染对健康的影响仍然折磨着成千上万的美国人）。英国也一样，自1956年出台《洁净空气法案》后，15年内，伦敦市中心的燃煤品种和数量得到了持续控制，烟尘数量减少了80%。

以上都是好消息？没错！它们是否说明人类的污染问题已经得到了解决？错了！污染只是换了个面具而已，只是形式变了。环境工作组所检测的大多数化学物质以及本书所介绍的所有的有毒化学物质都还在不断地增加，对人类健康的威胁也是前所未见的。

总而言之，在过去的几十年中，污染影响人类的方式发生了以下重要转变：

1. 污染从区域性向全球性发展；

2. 污染从明显可见逐渐转变为具有隐蔽性，不易察觉；

3. 目前，在大多数情况下，污染并非是急性、突如其来的，而是慢性、长期积累的。

下面我们来看几个例子，看看这种转变是如何发生的，看看这种转变对有毒物质的辩论意味着什么。

布罗德大街的水泵

早先还是住在山洞里的时候,人类的祖先就已经面临如何处理污染的问题了。那时他们就需要学会如何处理废物,包括身体排泄物及一些生活废物。可见,对于人类,从一开始污染就是挑战。

在公元前3000年,古苏美尔土地的盐碱化就曾经给农业带来过困扰。到公元前2100年,不当的灌溉和土壤的侵蚀造成了盐污染使农田遭到了严重破坏。这些情境促使某个苏美尔人写下了这样的文字:"(盐使得)土地变成了一片白色。"公元前500年,古希腊人建造了历史上第一个城市垃圾倾倒场,规定城里所有的垃圾都必须倒在离城墙至少一英里外的这个垃圾场里。

几百年前,人类就已经认识到污染对人类健康的影响。早在公元10—12世纪,在阿拉伯的医学文献中,就有专门论述污染和健康之间关系的文章。还有不少文章专门讨论人口密集的巴格达、大马士革和开罗的空气污染和水污染问题。有一篇文章还描写了如何使用香熏来清除空气中的霉味。还有一篇说到了"要检查居民点是否建在疾病传染区的上风向及上游区域"。在西纳(Ibn Sina)的作品中,她描述了如何对不洁水源引发的疾病进行治疗,讲述了动物及其排泄物如何形成污染。

在人类历史上的多数时间里,污染这个现象通常发生在局部区域、明显可见(或有明显异味)并且直接致命。没有什么比布罗德大街水泵的例子更能说明这些特征了。1854年,在伦敦的索霍区,霍乱突然间爆发,并且在社区迅速传播开来。霍乱不是这里发生的第一起流行病事件,也不会是最后一起,但就在短短十天时间里,几个街区内就出现了500多个病例。经过调查,斯诺医生(John Snow)发现了引发霍乱爆发的神秘根源。斯诺曾经

研究了1848—1849年间发生在英格兰的霍乱疾病事件，那场事件要了五万人的命。斯诺在研究的基础上提出了霍乱产生于水中污物的理论。在观察了布罗德大街传染病的发病方式之后，斯诺十分确定地指出，传染源就是附近的水泵。他向地方官员提供了证据，迫使官员派人移除了水泵的手柄，霍乱因此得到了有效的控制。后来人们找到事故的原因，布罗德大街的水泵被当时该地区的人们丢弃的废物所污染。污染随后通过饮用水造成了大面积的传染。

布罗德大街水泵事件完全是区域性的，传染范围仅仅是在索霍区之内。在索霍区之外虽然也有被感染的病例，但这些病例被传染也是因为喝了工作或居住在索霍区的家人带来的从索霍区水泵取来的饮用水。霍乱流行时，恶臭加剧。这种疾病的破坏性是可见的，并且在短时间内就表现得十分明显：感染霍乱的人眼睛凹陷，嘴唇发紫，体重急剧下降。霍乱导致大批人迅速死亡，一时间奔跑在大街上的马车拉的都是尸体。

斯诺医生并没有幸运地活到能看到自己的理论被公众接受的那一天。尽管如此，他的工作，还有布罗德大街水泵事件，都为伦敦污水处理系统的建立做出了贡献。而伦敦的污水处理系统早已成为典范，其他西方城市纷纷仿效，建立起了现代化的清洁供水系统，改善了公众的健康状况。

死亡之河，杀人迷雾

在人类历史上，污染物的挑衅肆无忌惮，时不时地给人类来个下马威。

整个工业革命的编年史毫无保留地记录了这一切。那个时代，英国的城市到处乱七八糟、臭气熏天。狄更斯（Charles Dickens）的《荒凉山庄》这样描述当时11月的情形：“浓烟从烟囱顶端低垂下来，犹如下起了毛毛细雨，夹杂着的煤灰大得像雪花，似乎是在哀悼太阳的死亡。”恩格斯（Friedrich Engels）这样描述1840年代曼彻斯特的厄克河：“一条像煤炭一样乌黑发臭的河流，在它低矮的右岸堆满了秽物和垃圾。天气干燥时，一条令人恶心的墨绿色黏糊糊的水沟蜿蜒在河岸中间，里面不停地咕嘟嘟冒着有毒的气泡，散发出的恶臭即使在离河面四五十尺的桥上都无法忍受。”“酸雨”这个词就是在那个时候，具体地说是在1852年间，由苏格兰化学家史密斯（Robert Angus Smith）创造出来的。史密斯用这个词专门来描述曼彻斯特地区被污染的天空和降雨的酸度之间的关联性。

即使进入20世纪之后，西方国家河流与湖泊的污染情况依然十分严重，其中最突出的表现就是周期性的火灾爆发。1969年6月，俄亥俄州克利夫兰的凯霍加河爆发了这样一场严重火灾，原油和化学污染物剧烈燃烧，火焰升腾到五层楼那么高。这并不是凯霍加河唯一的一次火灾，最大的一次火灾发生在1952年，造成了超过百万美元的损失。1965至1970年，仅仅五年间，苏联的斯维尔德洛夫斯克（现在的叶卡捷琳堡）地区的伊谢季河和伏尔加河流域，化学污染就引起了多起火灾。这些火灾中的助燃物主要都是杀虫剂。在瑞士的一家化工厂，情况更加离谱，一场火灾令工厂30吨杀虫剂流入了莱茵河，染红了整个河道。

20世纪上半叶，空气污染的程度常常糟糕得让你难以想象。比如，

1930 年 12 月，比利时的默兹工业区，河谷中充满了浓厚得令人窒息的烟尘无法驱散。在这次事件中，人们第一次采用科学的方法来测定空气污染与健康之间的关联。短短 3 天时间里，60 多人丧生，死亡的原因显然与烟雾有关。一个负责调查该事件的委员会得出结论：燃煤产生的硫是形成烟尘的罪魁祸首，而人口增长和工业化发展又使得硫化物污染力度增加了 10 倍。

同样的事件在美国也时有发生。1949 年，宾夕法尼亚州的矿业城镇多诺拉城大雾弥漫，浓雾笼罩了 4 天不散。浓雾给周边地区带来了黑暗，给多诺拉城则带来了死亡。3 天时间内就有 20 多人丧生，在随后的几个月里，6000 多人罹患严重疾病。

三年后的伦敦，发生了 1952 年著名的“大烟雾事件”［“烟雾(smog)”一词就是由“烟(smoke)”和“雾(fog)”组合而重新造出的新词］。短短几天时间里，4000 多人死亡，在随后的几周至几个月里，又有 8000 多人丧生。这次事件发生之前，伦敦经历了一段特别寒冷的日子。为了御寒，人们烧的煤比平常多了很多。成千上万吨的煤灰、焦油和二氧化硫集聚在空气中，在城市上空形成了一层厚厚的雾。这次事件迫使英国在 1956 年出台了《洁净空气法案》。

购者自慎

最后，让我们来看看生活中的另一个有毒物质来源——日常消费品，这个来源常常为人们所忽视。而不幸的是，导致美国、加拿大和欧洲出台消费者保护条例的中毒事件，跟上述提到的空气污染和水污染事件一样，同样令人震惊，也同样具有致命性。

像这样令人震惊的一个案例是镭。1898 年居里夫妇发现了镭。20 世纪初，镭开始用于内科医学。那时，镭一直被当作包治百病的灵丹妙药，用来治疗癌症、贫血、痛风等各种疾病。直到钟表厂女工的身体亮起红灯，镭的危害性才得以发现。

过去男士都喜欢佩戴怀表，但是对于在第一次世界大战中那些战斗在战壕里的士兵来说，怀表很难调校，也很难看清时间。镭的发光性能很适合用于制作可在夜晚发光的怀表。因此，战争期间美国镭业集团开始制造荧光腕表，结果荧光腕表在军人中间风行一时。后来，他们退伍之后也把这个时尚品带回了家乡。

将镭涂刷在手表上是一项精细的专业工作。1920 年代，钟表工厂里给表盘上漆的女工拿着刷子蘸一点点镭，用嘴唇含住刷毛，使刷子变尖，再用刷子的尖端把镭涂在表盘的数字上面。很多女工由此患上了坏疽症、严重牙病和贫血等疾病。1927 年，事态严重恶化，新泽西的五个女工以疏忽罪起诉美国镭业集团，控告他们提供了危险工作环境。原告声称：她们生病是镭引起的，那些已经侵入体内、沉积在骨头中的镭对身体有害，引发了这些严重疾病。1928 年，这个案子了结。随后的几年中，这五个女工相继死于镭引发的癌症。而一度纵横美国、风光无限的荧光钟表也被忧心忡忡的消费者扔进了垃圾桶。

镉事件还不是西方的工人经历的第一起急性中毒事件。19 世纪出现了方便易点燃的含磷火柴，白磷，因为增加可燃性而被涂在火柴上。生产火柴的工人当中，很多人磷中毒，其中绝大多数还是妇女和儿童。与镉中毒类似，磷中毒会引起贫血、骨头易碎和可怕的磷毒性颌骨坏死。磷燃烧产生的烟雾会引起牙齿脱落、牙龈肿痛和下颚骨坏死。

1860 年代，英国发现了磷毒性颌骨坏死病。1870 年代，英国人开始试图阻止白磷火柴的生产。1910 年，英国禁止白磷火柴的法令开始生效。1912 年美国也立法禁止含白磷火柴的生产，而含白磷的烟花直到 1920 年代中期才停止生产。

汞中毒也是早期慢性职业病之一。今天人们提到汞，一般会联想到鱼，特别是金枪鱼。而在 19 世纪康涅狄格州的丹伯里，那儿生产毡帽的工人在工作中天天都接触汞，因为在“毡合预处理”加工过程中，工人要把制作毡帽的毛皮放进硝酸汞溶液中清洗。由于吸入了含汞的灰尘和烟雾，有些工人出现了倦怠、忧郁、胃口差、头痛、牙龈溃烂等中毒症状。随着中毒越来越深，颤抖症状也开始出现。令人不可思议的是，尽管出现了这么多问题，直到 1941 年，毡帽行业才禁止使用汞。

19 世纪，油漆和墙纸的颜料中广泛使用砷、铅、汞、氰化物、铬、镉等化工原料。砷被用于绿色颜料，这在墙纸中很常见，但由于砷有剧毒，著名医学杂志《柳叶刀》(*The Lancet*)发起了一场运动，反对在墙纸中使用砷。尽管如此，英国工艺美术运动的创始人莫里斯(Willam Morris)，在 1860 年代中期，依然往墙纸衬里中添加砷而不顾其危害性。

大约同一时期，在大西洋的另一边，密歇根健康委员会委员凯芝医生(Robert Clark Kedzie)已着手调查含砷墙纸的问题。为了说明墙纸的毒性，他收集了多种有毒墙纸的样品，直接用这些样品编成了一本叫做《死亡墙壁的影子》(*Shadows from the Walls of Death*)的书。随后，他把这本“毒书”的复印本分发给密歇根各大图书馆(为安全起见，有毒的原书被密封保存在密歇根州立大学图书馆的珍品集锦屋)。尽管欧洲普遍立法抵制有毒颜料，但美国工业界却宣称，公众健康法规的观念与自由相违背。结果，直到1900年，美国才通过立法，明确限制墙纸中砷的用量。

由于之前就做了大量消费者权利保护工作，到了1933年，美国消费者协会宣布成立。3年后，卡莱特（Arthur Kallet）和施林克（Frederick Schlink）共同创作了《1亿只小白鼠：日常食品、药品和化妆品中的危险》（100 000 000 *Guinea Digs*：*Dangers in Everyday Foods*，*Drugs*，*and Cosmetics*）一书。这本书极具开创性意义，它“不仅告诉消费者在食品、药品和化妆品中有哪些已经存在的危险，有哪些很有可能存在的危险，而且还尽可能地提供一些方法，告诉消费者如何甄别问题商品，避开危险”。

在这段时期，普通的日常消费品引发的命案时有发生。比如，1938年《美国食品、药品和化妆品法案》就是由一种治疗链球菌感染的“酏剂磺胺”的推动而出台的。这种“酏剂磺胺”本来是一种片剂，之后人们根据需要将其制成汤剂，为了提高供应速度，这种汤剂未经毒理检测便进入市场，结果导致了100多人死亡。

第二次世界大战后的一段时间里，服装面料中出现了一些易燃成分，这些新成分造成了一系列的致命火灾事故。为了保护消费者的利益，美国出台了第一部有关易燃物管理的法规。1951年的圣诞节期间，“火炬运动衫”非常流行。这种运动衫是用拉绒人造丝制成的，当火星溅到衣服上，就可能会突然起火。而出事的往往是孩子，当布莱辛顿（Michael Blessington）穿着的“吉恩·奥特里”式牛仔服着火以后，年轻的他就这样被活活烧死。后来人们发现，他穿的护腿采用了易燃的人造丝面料。还有更糟糕更奇异的事件发生在一个新年晚会上，一位妇女的舞会裙网眼衬裙起火，致使她严重烧伤。那个衬裙居然是用硝酸纤维素面料（一种火药原料）做的，衬裙的爆炸，令那场新年晚会充满了诡异的气氛。

1953年《美国易燃面料法案》通过后，才给这类可怕的离奇事件画上了句号。

16

牙仙行动

如果从邻近水泵取来的水毒死了人，如果你想减少烟囱冒出的烟雾，如果你手表上的镭涂层令你牙齿脱落，你该怎么办？这类明确的问题通常都能找到明确的解决方案。在这些问题中，你能看到是什么东西正在影响人类的健康，所以你就知道应该立即移除水泵的手柄，清理烟囱，使用无害的涂料，从而达到立竿见影的效果。

然而1998年，库克碰到的问题让他非常纠结：眼前的这个污染问题是全球性的、在很大程度上是看不见的、剂量常常很低还跟其他化学物质混在一起、对健康的影响是慢性而且不易察觉的，这么多问题纠缠在一起，怎么办？“这些遍布全球的污染物，虽然在人体内含量很低，可是我们现在已经知道，它们对于人体、对于激素系统和免疫系统的影响却是不容忽视的，某些污染物已经可以引发神经病变等严重问题。”库克说，“过去那种空气污染引起急性中毒的死亡事件，已经成为了历史。人类进入到了一个新的时代，一个慢性中毒的时代，很多慢性病都是由化学污染物引起的。”

当“清除看不见的污染”这种呼声渐起的时候，如何才能像本部分引言中爱默生所说的，对这种“看不见的污染”提出有形的“能击中要害的”论据呢？

最近发生的一些事件为我们指明了方向。

1970年，环保基金会在《纽约时报》上登了一个广告，标题一针见血，极具感染性：“母乳还适合人类婴儿食用吗？”前面提到过的、一直萦绕在库克脑子里的，就是这条广告。这是运用个人对污染的感受来建立公众意识、改变公众行为的首度尝试。环保基金会发现，母乳中DDT的含量是其他在售乳制品的7倍。这个广告也是整个禁止DDT运动中的一个组成部分，

图 1.1　1970 年环保基金会在《纽约时报》上所做的广告

1972 年,禁止 DDT 运动终于取得了胜利。

环保基金会使用富有感染力的广告图片,揭示了人类母乳中含有 DDT 这一事实。在此之前的十年,一群有爱心、会创新的公民,率先采用对体内积存毒素量测试的办法,发起了后来广为人知的“牙仙”调查,把牙齿问题与反对核物质两个看似不相干的事情联系起来。

冷战高潮时期,也就是 1950 年代后期,美国一直定期进行地面原子弹爆炸试验,使得人们对于原子弹爆炸后的放射性沉降物的担忧达到了极致。一群忧心忡忡的公民别出心裁,发明了一种全新的方式去推动社会变革。当原子弹在内华达爆炸的时候,气流将锶 90 等放射性元素远远带出了内华达沙漠,锶 90 是铀和钚裂变的副产品。众所周知,锶 90 是有害的,但很少人会考虑它对人类有哪些具体危害,因为一般来说,锶 90 处于高高的平流层之上,远远地被隔离在人类踪迹所及的范围之外,当然也就形成

不了什么危害。然而,当锶90不断地沉降到地面,且沉降速度快得超过人们的预料时,人们才意识到锶90是不容忽视的。

研究发现,锶90的化学性质与钙十分相似,这个发现很快引发了科学家的忧虑,他们担心锶90对奶牛会有影响。1956年,美国原子能协会被迫承认,进入人体内的锶绝大部分是从牛奶中来的。牛奶,作为人类的食物,居然成了锶90侵入人体的最主要通道。此后,不断有科学论文问世,探讨锶90被人体吸收的问题,包括当它与牙齿骨骼结合时,对牙齿产生的各种影响。

密苏里州的圣路易斯市,距离核试验基地1000英里①,中间还隔着4个州。就是在这里,市民核信息委员会的发言人指出,他们在圣路易斯市有些人的牙齿中发现了锶90的沉积,证据十分确凿。这条信息引起了广大市民对于核武器问题的极大关注。市民核信息委员会随即下了漂亮的一着棋,他们号召市民把儿童的乳牙收集起来,用来研究锶90对下一代的影响。圣路易斯牙齿研究计划看起来雄心勃勃,他们要收集的可不只是几颗乳牙而已,而是5万颗乳牙!因为样品足够多才能使得分析具有统计学上的意义。

1959年《国家》(*The Nation*)上的一篇文章这样写道:"马上收集乳牙的重要意义在于,儿童脱落的乳牙是证明人体吸收锶90的科学依据,这种证据是不可多得的。大约十年前,核试验产生的含锶90的放射性沉降物降落到地面,并开始污染人类的食物。现在脱落的乳牙是在1948—1953年间——放射性沉降物降落的头几年——由产妇和婴儿所食用的食物中的矿物质形成的,所以,这些牙齿就可以作为一个参照物,与将来收集到的牙齿和骨骼进行对比。作为一种基准信息的来源,这些牙齿是科学研究的无价之宝。如果不立即开始收集乳牙,科学家就会失去最宝贵的研究时机,无法得知进行原子弹试验之初,人体吸收的锶90的量。"

---

① 1英里=1.609千米 ——译者

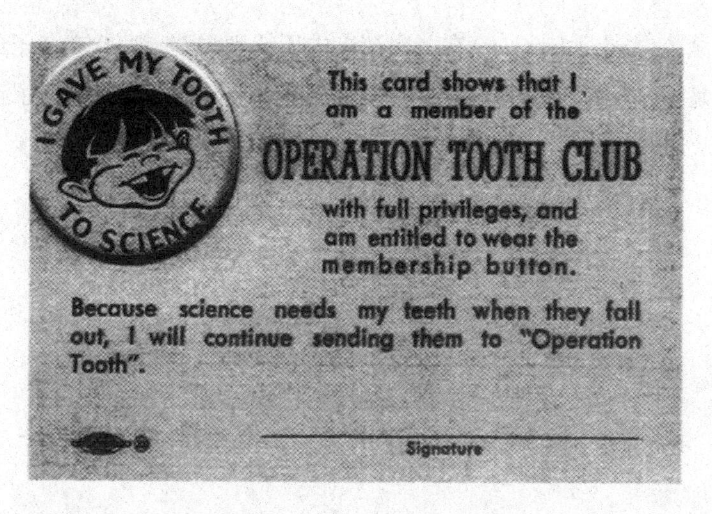

图 1.2　核信息委员会寄给那些捐献牙齿的孩子的"牙仙行动俱乐部"的胸章和会员证

第一次牙仙调查的结果公布于 1961 年。调查结果显示,孩子牙齿里的锶 90 含量呈上升趋势。1951—1952 年间收集的牙齿中锶 90 的含量约为每克 0.2 微居,到 1953 年底,锶 90 的含量翻倍。1954 年,锶 90 的含量又翻了一倍。1955 年,儿童牙齿中的锶 90 含量比 1951 年猛增了 300% 。到最后大家得出结论:儿童牙齿中锶 90 含量随着核试验次数的增加而增加,核试验就是锶 90 侵入人体的罪魁祸首。

牙仙调查是一个很好的范例,彰显了用不断创新的科学力量来推动公共政策向前发展的效果。在这次调查活动中,科学家、医生和牙医齐心协力,美国和加拿大的爸爸妈妈和孩子密切配合,通过牙齿捐赠成就了科学研究,影响了公共政策。

调查活动真的卓有成效。由于核信息委员会不是政府职能机构,牙仙调查的结果,不仅其重要性毋庸置疑,而且还在放射性沉降物问题的讨论中扮演了重要的角色。公众受到了调查结果的推动,纷纷向肯尼迪政府施加压力,要求禁止核试验。到 1963 年《全面禁止核试验条例》签订的那一刻,收集到的乳牙的数量已达到了 13.2 万颗,真是令人难以置信!一年后,

约翰逊总统(Lydon Johnson)在一次演讲中还特别强调,锶90在孩子的牙齿中沉积是一个可怕的核灾难,签订《全面禁止核试验条例》就是为了避免类似的核灾难再次出现。

人类毒因组

自从2001年美国环境工作小组提出体内积存毒素量的概念之后,体内积存毒素量的测试随即启动。在此之前开展的牙仙调查活动实质上也是一种针对体内积存毒素量的测试。

当库克向美国环境工作小组的同事提出进行体内积存毒素量测试的想法时,欧洲的环保主义者也放弃了空谈而开始着手进行人体测试活动。一时间,大西洋两岸同时采取收集测试血样和尿样的方式来证明环境污染的危害。

欧洲行动是2003年世界野生动物基金会在英国开始发起的。作为遍及全国的整个行动的一部分,世界野生动物基金会对155人进行了测试。随后,他们和荷兰的绿色和平组织一起,继续在名人中间展开行动,这些名人包括很多公众人物,也包括不少欧盟国家的国会议员(其中,有不少是欧洲环保部长)等。

到2006年,体内积存毒素量检测就像驾着春风的野火一样迅速地传播开来。华盛顿州、康涅狄格州、马萨诸塞州、阿拉斯加州、缅因州、伊利诺伊州、纽约州、俄勒冈州、加利福尼亚州、明尼苏达州和密歇根州等的环保团体,以及我们——在加拿大的“有毒的国家”评测组,都对当地居民进行了体内积存毒素量的测试。

所有数据明确表明,无论年龄大小、什么种族、工作或生活地点在哪里,每个人都被污染了。我们中间最干净的人都已经被污染,甚至最年幼的婴儿也无法幸免。即使是未出生的婴儿,他们体内也有上百种有毒化学物质,这清楚地表明,有毒物侵蚀孩子的途径,不止母乳而已,在胎儿时期,胎盘就已开始向他们输送污染物了。

为了得出结论性的意见,我们对世界各地环保团体进行的27组体内积存毒素量检测结果进行分析并得出一些结论:27组测试活动中,各组被测试者的人数不等,而总人数为690个。各组测出的化学污染物各异,总共对500多种不相关联的化学物质进行检测。从单个人身体里检测出的化学污染物品种最多达413种。“杀伤力”最强的是多氯联苯(PCBs)和有机氯杀虫剂两种污染物,所有接受这两种污染物检测的被测试者,体内全部检出了污染,无一幸免,其中还有一些人是在多氯联苯被禁用之后出生的儿童。有些类型的污染物在不同人体内的含量差异非常大,比如,多溴联苯醚(PBDEs)、邻苯二甲酸酯和双酚A在一些人体内含量较高,而在另一些人体内则甚至检测不出。总的来说,所有这些数据表明,即使生活在同一城市、同一个村庄甚至同一个家庭的人,体内所含化学物质的水平也各不相同,这显示出各种化学污染物会影响特定人群,目前人们对其中的机制还不够了解。

有些污染物的发展趋势较明显,如:全氟化合物(PFCs)等化学物质在孩子体内的含量远远高于其父母和祖父母,这表明这些污染正在进一步恶化。当然,我们也得到一些好消息,比如:一些正在逐步停产和已经禁用的化学物质目前在年轻人体内的含量较低,这表明化学物质累积是一个可以解决的问题。库克说:“采取行动之后,大家的血液变得干净些了。铅不再添加到汽油中,美国人血液中的铅含量也就开始下降。——尽管还是有问题,但起码我们有了突破。PCBs也一样,虽然在人体检测中依然被检出,因为它仍然滞留在环境里,但它在血液中的含量总体来说已经在下降。血液中的DDT(几十年前已禁用)的含量也已经在下降。”

在欧洲,体内积存毒素量检测是欧盟《化学品的注册、评估、许可和限制》(REACH)运动的关键组成部分。而在大西洋的另一边,“有毒的国家”评测活动极大地推动了加拿大制定《化学品管理计划》(CMP)。在美国,各地环保团体在环境工作组的领导下积极开展体内积存毒素量检测活动,迫使美国国会考虑制定《儿童安全化学品法案》。这个法案“有一个条款规定,所有能够进入脐带血的化学物质都被认定为不安全,除非有证据证明它是安全的。”库克说,“当化学污染物出现在婴儿和儿童体内时,大家不能再自欺欺人了。体内积存毒素量检测活动的最终目的是主张举证责任倒置,也就是要求生产商必须证明产品的安全性(之前法律认为,对于一种化学物质,如果不能证明其不安全,那么就认定它是安全的。)并把生态监测数据作为一种评价手段。”

24

我们的毒物实验

毒物实验是本书的核心内容。体内积存毒素量的检测已经表明,我们每天都浸泡在化学物质的海洋中。那么这些东西到底从哪里来?哪些品牌的产品应该对此负责任?有没有切实有效的办法远离这些有毒物?如果我们改变自己的行为,或者政府对化学污染物进行控制,是否能切实降低人体内污染物的含量?

在本书中,我们将对七种化学物质分别进行实验。除了汞以外,其他六种现在的状况都比过去严重,主要表现在:产量在增长,含有这些化学成分的产品也在暴增,与此同时,人体内这些化学成分的含量也正在上升。

我们所进行的实验,便是模拟人们每天的日常生活,强调普通的日常活动也会导致体内污染物含量明显上升。在这个实验中,我们(里克和布鲁斯)花一星期时间暴露在一系列污染源之下。实际上,有成千上万的人每天都在过着与我们一样暴露于各种污染源的生活,只不过我们是为了实验而自愿暴露,而他们则是极不情愿,甚至完全不知情。

为了便于对身体内有毒物含量的变化情况进行测量,实验开始之前,我们尽量不让自己暴露于任何污染源。布鲁斯在实验前一个月没有吃鱼,里克在实验前2天(48小时)内尽量远离邻苯二甲酸酯、双酚A和三氯生。在实验实施前后,抽取我们的血样和尿样以测量各项指标的增减。

两个人一起做实验似乎最合适。在布鲁斯的公寓里,有两天我们的确过得比较轻松。我们在布鲁斯的公寓里面设立了一个"实验房间",我们俩每天在里面生活12小时,这个作息方式与我们的平常生活日程比较相似,但实验仅限于在这个"实验房间"里进行,我们就呆在里面,哪儿也不去。"实验房间"大约长12.5英尺,宽10英尺,与北美普通公寓中的卧室、起居室或者家庭办公室差不多大。在这里,我们将身体暴露于各种日常化学物质中,比如个人护理用品中的邻苯二甲酸酯和三氯生,婴儿奶瓶分解出的双酚A,金枪鱼体内的汞和地毯中散发出来的废气等,然后测量体内所含化学物质的变化情况。

里克在这里淋浴、洗盘子,用PC塑料杯喝咖啡,用微波炉加热盛在容器里的午餐。布鲁斯吃金枪鱼,并逐渐增加所吃金枪鱼的量。“实验房间”里的地毯用“防污大师”做保养。这便是我们所做的一切事情,其他什么都没做。你可以从下面的实验日程安排了解我们的实验步骤。我们按照计划完成实验活动,让雇来的护士抽取血样和尿样。在其他空余时间里,我们看看书、看看美国有线新闻网(CNN)的电视节目、玩玩吉他英雄游戏。

到周末,我们从狭小的“实验房间”里解脱出来,回到正常的生活中。而我们的血样和尿样被送到了英属哥伦比亚和悉尼,在艾科西斯测试中心进行化验。艾科西斯测试中心是个权威的测试中心,为各地的政府和警察做过很多测试工作。

之后,带着被污染的身体,我们重新回到正常的生活之中,等待着测试结果。

实验日程安排

2008 年 3 月 1 日,星期六

里克开始避免暴露于含有邻苯二甲酸酯、双酚 A 和三氯生的产品。

2008 年 3 月 2 日,星期日(第一天)

里克继续避免暴露于含有邻苯二甲酸酯、双酚 A 和三氯生的产品。

里克开始收集第一次 24 小时的尿液。

下午 1 点:里克与布鲁斯碰头,抽第一次血。

下午 2 点:布鲁斯吃午饭——2 个金枪鱼三明治。

2008 年 3 月 3 日,星期一(第二天)

上午 9 点:里克与布鲁斯到达实验公寓。

上午 9 点 45 分:布鲁斯喝茶——格雷伯爵茶。

上午 10 点 15 分:地毯清洁公司到达,使用“防污大师”牌防污剂进行地毯和沙发保洁。

上午 11 点:里克第一次喝咖啡,煮咖啡用的“弗氏”压力壶是 PC 塑料做的。

布鲁斯完成准备工作:淋浴、刮胡子、刷牙等。

上午 11 点 30 分:里克与布鲁斯进入“实验房间”。

中午 12 点 15 分:里克用抗菌香皂洗手。

下午1点:布鲁斯吃午饭——金枪鱼三明治和茶。

下午1点30分:里克吃午饭——鸡汤和意大利通心粉罐头(都用“橡胶管家”公司出产的微波炉专用容器加热)。还煮了一壶新鲜咖啡。

下午2点:里克开始收集第二次尿液,并采集了尿样。

下午2点30分:里克洗盘子,然后使用乳液(刷牙和洗手)。

下午3点:布鲁斯吃下午点心——一个金枪鱼三明治和一杯茶。

下午3点15分:里克喝了2听小可乐(275毫升一听)。

下午4点30分:里克煮咖啡喝咖啡。

下午5点15分:里克与布鲁斯抽第二次血样。

下午5点45分:布鲁斯吃下满满一盘子金枪鱼寿司和刺身。

下午6点45分:里克吃晚饭——金枪鱼砂锅。

下午7点:布鲁斯吃晚饭——满满一盘子金枪鱼刺身和寿司,啤酒1—2听。

下午7点15分:里克洗盘子、洗手、刷牙。

下午8点15分:里克涂保湿护手霜。

下午9点:里克第二次采集尿样。

下午9点30分:里克与布鲁斯离开实验房间。

2008年3月4日,星期二(第三天)

上午10点:里克到达公寓,煮好这天的第一杯咖啡,住进实验房间。

上午11点:里克泡好一壶新鲜咖啡,并把空气净化器拿进房间插上电。

布鲁斯到达公寓,住进实验房间。

上午11点15分:里克淋浴。

中午11点45分:里克吃小点心——菠萝罐头。

下午1点:里克拔掉空气净化器并拿到室外,开始做午餐。

下午 1 点:布鲁斯吃午餐——金枪鱼三明治。

下午 3 点:里克第三次采集尿样。

下午 7 点:布鲁斯吃晚餐——速煎金枪鱼排。

下午 9 点:里克与布鲁斯离开实验房间。

2008 年 3 月 5 日,星期三(第四天)

上午 9 点 30 分:里克与布鲁斯最后一次采集血样和尿样,里克多抽了一些血样做多溴联苯醚(PBDEs)分析。

中午 12 点:所有血样和尿样送往艾科西斯测试中心。

2008 年 3 月 6 日,星期四

上午 10 点:所有血样和尿样到达艾科西斯测试中心。

第二部分

玩具小鸭的战争

里克质疑有毒玩具的故事

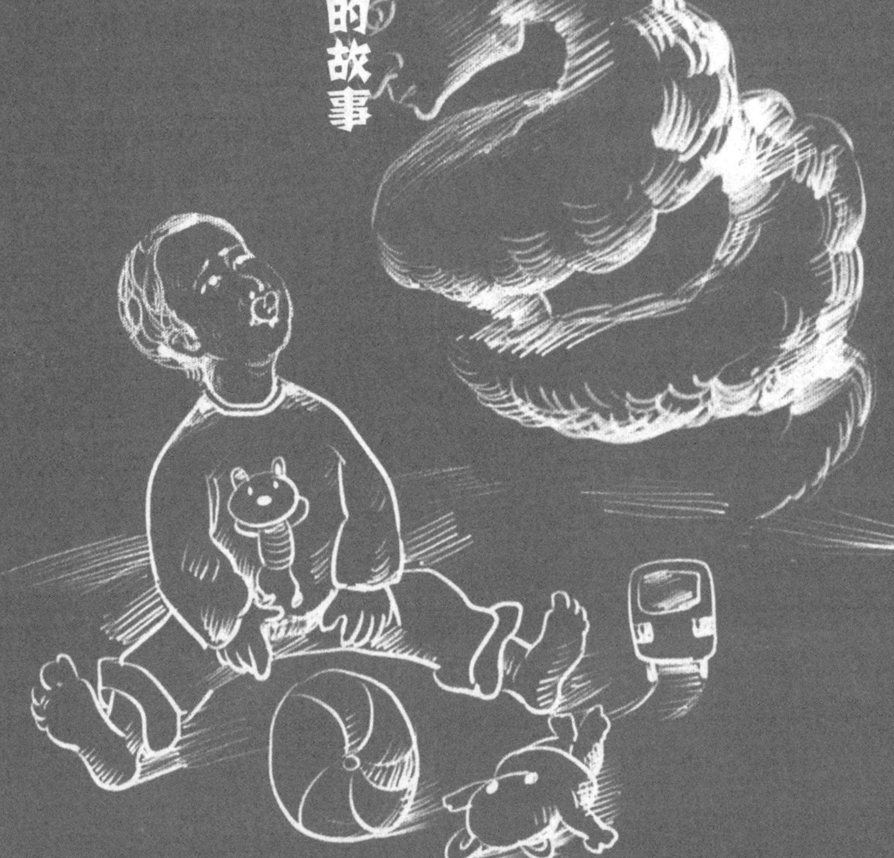

为了吸引男人的注意，我喷了一种叫做“新车内饰”的香水。

——鲁德纳(Rita Rudner)

好多小男孩在我家跑进跑出。

我有两个儿子——4 岁的扎克(Zack)和 1 岁的欧文(Owain)，我姐姐也生了两个男孩，大多数邻居家都生男孩。大学里的好朋友，除了少数几个，大多数也生了男孩。大家常常开玩笑说：我们这么多人全都生男孩，一定是因为哈利伯顿县的水不一般。那里是我们的朋友保罗(Paul)和艾琳(Irene)的家。也是我们大家每年夏天聚会的地方。

身为男性的我也是 Y 染色体承载者，是我儿子的父亲，是许多孩子的叔叔。当得知斯旺教授(Shanna Swan)发现邻苯二甲酸酯对健康有影响时，我简直吓得魂飞魄散。

你们尽管说我疯了吧！当我看到无可辩驳的证据在诉说当前环境中的邻苯二甲酸酯含量足以影响孩子的睾丸发育时，我便不由自主地担心。这些邻苯二甲酸酯会令小孩的阴茎短小、睾丸下降不全、阴囊小，并且“与周围组织区分不明显”这些都是非常严重的问题。

斯旺将以上的问题统称为“男性性征丧失”，这个奇怪又醒目的词语，令我纠结了好一阵子。

2005 年，斯旺的研究成果刚刚发表，化工界的无端指责便铺天盖地袭来，这表明他们对斯旺充满戒心，处处防备。在科学界的同行看来，斯旺的研究工作是一种突破，开创了一个新局面，对社会的发展有深远的影响。而化工业的说客却给她贴上了有缺陷、不成熟的标签，并且阴险地诬陷她“篡改数据”。在化工界宣传邻苯二甲酸酯的网页的“新闻信息栏”里，斯旺是他们至今唯一提到过的研究人员。这其实也从侧面证明了斯旺的影响力。显然，和记者一起破坏斯旺的名声成了说客的头等任务。

那么，斯旺和她的同事到底做了些什么，让这些“名人榜”上的超级巨头如此烦恼？这些超级巨头[包括巴斯夫(BASF)、伊斯曼(Eastman)和埃克森美孚(ExxonMobil)等]尽生产那些既读起来绕口又备受争议的东西。而斯旺他们所做的只是一些有良心的科学探索工作，仅此而已。

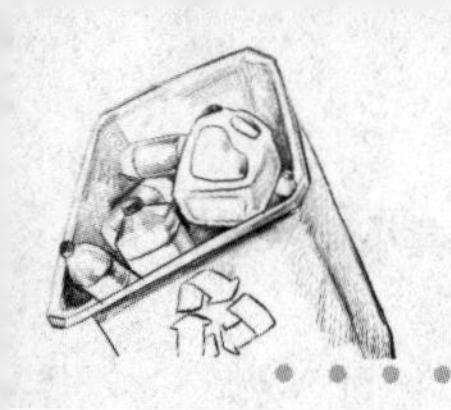

32

啮齿动物和人类

在这个缩写词泛滥的世界，我见过的最糟糕的缩写词是 GLSLRBSWRA。你信或者不信，这都是真的，它代表的意思是“五大湖—圣劳伦斯河盆地水资源可持续发展协议”。最近，一个同事本来准备写信时用这个词，我坚决表示反对，理由是：那些把十几个首写字母硬拼成一个单词的人真该下地狱。

然而，我现在也不得不使用一些缩写词，虽然，这些词不长，但很多！因为，实际上，邻苯二甲酸酯是指广泛用于家居用品中的一类东西，具体包含超过 12 个不同种类。比如：邻苯二甲酸二乙基己酯(DEHP)、邻苯二甲酸二异癸酯(DIDP)和邻苯二甲酸二异壬酯(DINP)等。据估计，全球邻苯二甲酸酯的年产量超过 81 亿千克，简直可以堆成山！

所有的邻苯二甲酸酯，看起来像是清澈的植物油。其实，油脂性正是它的功能所在。前面提到的这些邻苯二甲酸酯，普遍用作增塑剂。增塑剂可以使聚乙烯变得柔软而有弹性，不添加增塑剂，聚乙烯就又硬又脆。事实上，大部分生产出来的邻苯二甲酸酯——确切地说超过 60% ——用于塑化聚乙烯。另一种邻苯二甲酸酯产品，叫作邻苯二甲酸二乙酯(DEP)，用途完全不同，它已经全面侵入个人护理用品中，变得无处不在。DEP 可以帮助润滑配方中的其他物质；使乳液能够渗入皮肤软化皮肤；令芳香产品的香味变得持久。如果你家里有喷香的空气清新剂、洁厕剂或洗发露等，那么，这些东西里面都含有邻苯二甲酸酯。

由于具有这么多用途，邻苯二甲酸酯渗透进了环境，也渗透进了人体。美国疾病控制与预防中心(CDC)一直在监测美国人的血液和尿液中污染物的含量，坚持了差不多十年。结果，在几乎所有接受测试的人体内都有邻苯二甲酸酯或其代谢物,类似的结果也出现在欧洲。

因此,我们得到的坏消息是:邻苯二甲酸酯大量积聚在每个人的体内。其他工业化国家应该也不会有太大差别。

好消息是:与本书后面要探讨的其他化学物质(比如第三部分讨论的PFOA)不同,无论是在环境中还是在人体中,邻苯二甲酸酯能很快分解。如果从明天开始停止制造这种东西,全球大部分污染都将很快消失,一些相对与世隔绝的地方,比如沉积在湖底、海底的沉积物除外。

邻苯二甲酸酯的影响,这个问题正在迅速引起科学界的兴趣,相应的科学研究也正在急剧增加。大量的老鼠实验已经证实,过度暴露于邻苯二甲酸酯中将会危及生命,且导致一种叫做"邻苯二甲酸酯综合征"的症状。"邻苯二甲酸酯综合征"的症状包括:阴茎与肛门之间的距离缩短、睾丸下降不全以及阴茎先天缺陷"尿道下裂"——一种尿道畸形,尿道口没有开在阴茎头上,而是开在阴茎边上。"邻苯二甲酸酯综合征"还会增加老鼠成年后患睾丸癌症的风险,还会影响精子的质量。

与此同时,从事人体研究的科研人员注意到了一种男性性征异常症状,他们称之为"睾丸源性生殖障碍综合征(TDS)"。"睾丸源性生殖障碍综合征"症状包括:尿道下裂、精子质量下降、睾丸癌和隐睾病(阴囊里缺1个或2个睾丸。一般男孩刚出生时,睾丸是隐藏的,多数到一岁时会自行下降,这种不算隐睾病)。一种主流观点认为,暴露于邻苯二甲酸酯这类激素干扰化学物质中便是"睾丸源性生殖障碍综合征"的病因。

任职于纽约罗切斯特大学妇产科系的斯旺教授联想到一个问题:"邻苯二甲酸酯综合征"与"睾丸源性生殖障碍综合征"之间是否有关联?通过对美国不同地区的孕妇、产妇和儿童的研究,她证实了这两者之间确实有关联。怀孕的妈妈体内所含邻苯二甲酸酯越多,生出的男孩患"邻苯二甲酸酯综合征"的可能性就越大。正如斯旺在她的研究中所记录的:"尽管结果并非基于大量样本的数据,目前的研究表明,孕妇产前体内的邻苯二甲酸酯含量与孩子出生后出现'睾丸源性生殖障碍综合征'之间存在关联,这

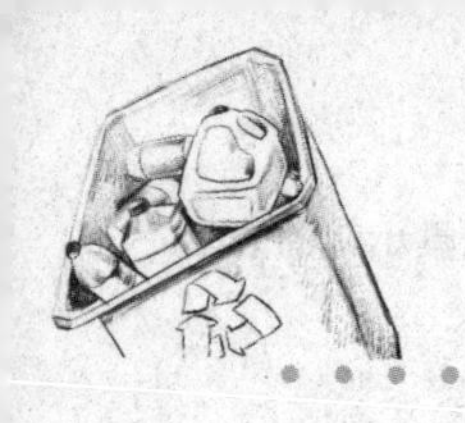

是首次以人为研究对象得到的结果。”

值得一提的是，在现实世界里，大约超过 1/4 美国妇女身上已经测出了邻苯二甲酸酯。斯旺的研究令大家开始关注 DEP（一种小分子邻苯二甲酸酯）的影响。DEP 是化工界再三发誓绝对安全的化学品，即使勉强同意开始减少其他邻苯二甲酸酯的生产，他们仍抓住 DEP 不放手。

如果说以前对啮齿动物的实验结果仅仅是隔靴搔痒，那么这次斯旺教授的人体研究结果便是毋庸置疑了，难怪化工业者要如此针对她。甚至还连带着诋毁了其他相关的科研人员。而对于斯旺方面而言，她对于化工业界的攻击倒是十分坦然：“化工业者攻击那些批评他们产品的科学家，目的是保护自己的产品。他们这是尽自己的本分，而我也是在尽自己的本分。我的本分是，尽全力做科研。”

无疑，斯旺作为工业界“不受欢迎人士”的状态还将继续。她以合作研究者身份参与了另一个课题的研究：在 163 个婴儿尿样中寻找邻苯二甲酸酯。这个课题同样不受工业界欢迎。课题研究已经发现，在超过 80% 的婴儿尿液中，邻苯二甲酸酯已经达到了可检测的程度。这些婴儿在使用了含有邻苯二甲酸酯的乳液、香粉和香波（根据对其父母的调查报告得知）后，相应地，尿样中以下三种邻苯二甲酸酯产品代谢物浓度增加了：甲基亚乙基磷酸酯（MEP）、邻苯二甲酸乙酯（MMP）和甲基异丁基磷酸酯（MiBP）。结果显示，使用个人护理产品种类越多的婴儿，他们体内邻苯二甲酸酯的含量越高。斯旺特别担心，同时暴露于多种不同邻苯二甲酸酯产品中带来的副作用：“这些邻苯二甲酸酯会产生累积，如果家里同时使用 5—7 种邻苯二甲酸酯产品，尽管每种产品的含量都不高，但是累积起来，就会产生实质性的影响。我想，这就是人体研究所反映出的问题。”

在这些令人沮丧的结果中，唯一的亮点是：我家孩子所用的尿布霜和婴儿霜等等（我全部查看了一遍）似乎都不会致使孩子体内邻苯二甲酸酯的含量提高。然而，我们也会看到，个人护理用品不是使成人和婴儿体内邻苯二甲酸酯含量增大的唯一产品。

它们从哪里来

念高中的时候，当我和朋友感觉不得不做某事时，我们常常会说，这是“上帝交给的任务”，这是从电影《布鲁士兄弟》(*The Blues Brothers*)里偷学的台词。当了解了斯旺教授的研究工作后，我就想把斯旺教授的研究应用到我儿子身上去，就像高中时代的那种感觉，觉得这就是上帝交给我的新任务。我想要弄清楚，这些邻苯二甲酸酯到底从哪里来？怎样才能把它们从扎克和欧文的生活中赶出去？

对于人类通过日常消费品暴露于邻苯二甲酸酯的情况，薛特勒(Ted Schettler)做了最完整的文字总结。薛特勒是美国一家非赢利研究机构——“科学与环境健康网络”的科学主任，之前他是个急诊医生。从1990年代初开始，他就全身心致力于研究人体健康与环境之间的关联。他解释说：“(我现在所做的工作)似乎是我治病救人的医生工作的一种自然的延伸。”薛特勒住在密歇根州安那堡市。我联系上他时，他正在家里。我请他讲一讲，孩子一般会在什么情况下暴露于邻苯二甲酸酯。

“这不是个容易回答的问题。”他说，“孩子接触的邻苯二甲酸酯来源于很多产品，这些产品在家里、幼儿园和学校里都可以找到。邻苯二甲酸酯会从产品中逃逸出来，吸附在孩子的手上、家具上或者地板上，污染房间和起居室的灰尘。孩子会从所吃的食物、与皮肤接触的产品中受到邻苯二甲酸酯的污染。”

邻苯二甲酸酯除了在聚乙烯产品——玩具、浴帘和雨披等家庭日常用品中可以找到之外，还可以在孩子目前还未接触到的产品中，比如建材、输血袋、输液袋、静脉输液器等医疗用品中找到。因为邻苯二甲酸酯不是紧密束缚在塑料或者聚乙烯中的，它们很容易逃逸出来。就如在本部分的引

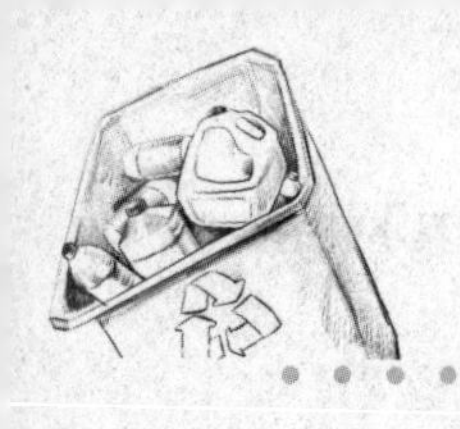

言中所指出的，大部分新车的内部装饰都含有大量邻苯二甲酸酯。

“孩子受邻苯二甲酸酯的侵害程度跟我差不多吗？”我问道。

“在某种程度上说是差不多的，”薛特勒回答说，“孩子跟大人处于同样的环境中，只是从事的活动不一样。他们在四周玩耍、不停地跑动、经常把手放进嘴里，而大人却不会一直这么做。孩子跟环境的接触比成人更为密切，这些都会反映在他们的暴露水平之中。”

换句话说，由于跟粉尘更为接近、经常舔手指头、经常咬含有邻苯二甲酸酯成分的、不应该放进嘴巴里的东西，孩子比我吸收进了更多的邻苯二甲酸酯。

近来的研究结果也支持这一结论。在加利福尼亚州，一份调查儿童体内邻苯二甲酸酯含量的研究报告记录为：所有参与测试的孩子体内检出的邻苯二甲酸酯的平均含量，高于相同条件下成人的平均含量。研究人员得出结论：“邻苯二甲酸二丁酯（DBP）、对溴苯甲酰吡唑啉酮（BBP）（两种常见的聚乙烯添加剂）和DEHP在孩子身体里的含量，按照体重基数换算，至少是成人的两倍（初步研究结果）。”另外，美国疾病控制与预防中心2003年及2005年的主报告中提到，多种邻苯二甲酸酯在孩子和育龄妇女体内的含量更高。

孩子暴露于更多的邻苯二甲酸酯中，这本来就已经是个严重的问题。而孩子还要比成人从污染中承担更多的风险，这使问题变得更为严重。比如，儿童哮喘的发病率已经到了流行病的程度，这与城市的空气污染有关联。2000年，南加州大学组织的“儿童健康研究”结果表明：普通的空气污染物减缓了儿童肺部的发育。该研究持续进行了10年，对超过12个社区里3000多名学生进行了追踪研究。“研究人员表示，当孩子发育的时候，与呼吸清洁空气的孩子相比，呼吸不洁空气的孩子的肺部功能发育滞后。肺部功能较差的孩子更易于染上呼吸疾病，发育完成后呼吸系统出现问题的可能性也更大。”

其他各种看不见的污染物对孩子的影响也跟空气污染一样。孩子正在发育的、未成熟的身体缺少一定的排毒机制，更易于受到邻苯二甲酸酯类物质的伤害。他们的细胞以令人惊奇的速度分裂，他们的器官正在发育，在这些奇妙的发育时期，孩子特别容易受到化学物质的侵害或影响。还要记住的是，小孩子的化学物质暴露始于他们的母亲怀孕之时。化学物质，包括邻苯二甲酸酯，在孕妇身体内通过胎盘对胎儿造成伤害。据美国国家科学院的估计，25% 的儿童生长发育问题和神经疾病，可能是由与遗传因子有关的环境污染引起的。环境污染导致越来越多的儿童出现下列问题：出生体重减轻、早产、心房中隔缺损、泌尿生殖系统缺陷，以及小儿多动症和自闭症。

尽管这些问题听起来有点吓人，但是我牢记薛特勒所说的话："清除人体中的邻苯二甲酸酯很快很容易，小孩子也一样。"所以，只要从家里清除一些含邻苯二甲酸酯的用品，那么，家人体内的邻苯二甲酸酯含量就会立即下降。

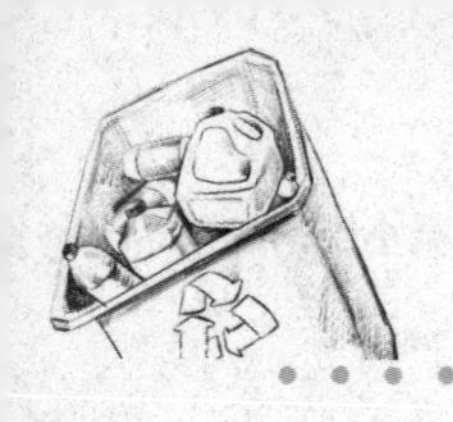

38

在孩子们的房间里

掌握了这些信息之后,我心里有数了,我开始仔细检查孩子每天与邻苯二甲酸酯的接触情况。

首先,我走到厨房检查早餐。根据薛特勒的说法,邻苯二甲酸酯污染的食品数量多、范围广。“对于多数人来说,食物是人们暴露于 DEHP 的一条主要途径,土壤、沉积物和淤泥中都有 DEHP,由于整个环境都被污染了,所以很多这些土壤里生长的食物也都被污染了。在食物加工和包装过程中,邻苯二甲酸酯也会进入食物中。”薛特勒说,“就我所知,邻苯二甲酸酯不会被蔬菜吸收,但因为它是脂溶性的,所以可能进入肉类、乳类及肉制品、乳制品之中。”

食品包装中是否含有邻苯二甲酸酯,这也很值得怀疑。薛特勒介绍说:“工业界信誓旦旦声称,美国的保鲜膜中不含邻苯二甲酸酯。然而我发现,很多研究表明,世界其他地方的保鲜膜中却含有邻苯二甲酸酯。由于加拿大对这类产品都没有标签标识要求,所以在这个国家,食品包装里很可能含有邻苯二甲酸酯。”

十分确定的是,有些食品加工方式中,邻苯二甲酸酯会进入已经加工完成的食品中。薛特勒说:日本的一项研究显示,由于人们戴着聚乙烯手套加工和包装食品,聚乙烯手套中的邻苯二甲酸酯会溶出进入食品中,暴露给消费者。调查显示,脂类食品中的邻苯二甲酸酯含量最高,比如乳制品(包括婴儿的配方奶粉)、鱼、肉和油。他还告诉我,他强烈怀疑,邻苯二甲酸酯除了可以通过奶牛吃的饲料进入牛奶中,还可以通过连接挤奶器与牛奶桶的导流管进入牛奶中,因为导流管也是聚乙烯产品。

说实话,许多食品也含有邻苯二甲酸酯,这是个鲜为人知的秘密。作为父母,我和珍的行动非常一致,就是尽可能购买有机食品。我们尽量给孩子吃新鲜食品、尽量少让他们吃红肉。厨房里尽量少用塑料制品,从不把塑料制品放进微波炉,因为加热的时候塑料中的邻苯二甲酸酯会逃逸出来进入食品。尽管如此,我们还是不清楚,这些习惯对于孩子体内邻苯二甲酸酯的含量有什么影响。家里有两个嗷嗷待哺的、正在发育的小男孩,却要完全与牛奶、酸奶和奶糖隔离,这其实也是无奈的选择。

被食品问题为难一番之后,我走进了地下室里扎克和欧文的玩具间。

这里,邻苯二甲酸酯的来源更为明显。他们的超级英雄玩偶、球、冰球盘和其他玩具,很多都是用橡胶材料做成的。有的全部使用橡胶材料,有的部分使用橡胶材料,而这些橡胶材料都含有邻苯二甲酸酯。尽管我们叫欧文不要乱咬东西,他还是咬过很多东西,比如前面提到过的所有玩具,他都咬过。在他长牙期间,他还咬过棍子、虫子,甚至我的耳朵。我都不知道,那些东西释放了多少邻苯二甲酸酯到他嘴巴里去。当玩具粉身碎骨的时候(孩子们常常摔打玩具,把玩具摔碎),我也不知道这时又有多少邻苯二甲酸酯逃逸出来,粘附在我家的灰尘里。赶紧补充一句,我们不喜欢房间里有灰尘,常常吸尘。

美国专利科学院已经证实,当孩子把玩具放进嘴巴里吸吮或者咀嚼含有邻苯二甲酸酯的玩具或其他东西的时候,就有可能摄入邻苯二甲酸酯。尽管科学院知道这类情况下摄入的邻苯二甲酸酯很难直接量化,他们还是提醒大家:“这种非饮食的摄入方式会使邻苯二甲酸酯的暴露量上升一个数量级甚至更多。”“由于这种吸吮或咀嚼可能增加婴幼儿邻苯二甲酸酯的暴露量,美国和加拿大已经规定,婴儿奶嘴、橡皮安慰奶嘴、咬牙器和其他可能放进嘴里的婴儿玩具中,必须去除所有邻苯二甲酸酯成分。在其他适合年龄较大儿童的玩具中,使用 DINP 代替毒性大的 DEHP。”

我走进楼上孩子的卧室,这里又有很多橡胶玩具,有可能也是邻苯二甲酸酯的源头。走进孩子的浴室,我看到淋浴器下面满满当当的,都是孩子洗澡时玩的橡胶玩具。自从搬进这座房子(还没有机会完全装修),我才

第一次注意到,浴帘是纺织品材质的,而不是聚乙烯的。除了已经盘点的玩具以外,我们家里基本上没有含聚乙烯的东西,也没有含邻苯二甲酸酯聚乙烯的东西。

最后,我开始检查孩子的香皂和洗发香波,这两个东西的背后,一个写着“香料”,另一个写着“香精”。由于北美(除了加州的某些化学物品)没有标明这种产品配方的硬性要求,邻苯二甲酸酯从来不会出现在产品成分表上,“香料”或者“香精”就是暗示含有这个成分的密码。

好了,经过一个多小时的“寻宝”之后,我得出结论:孩子的玩具和个人护理用品是邻苯二甲酸酯的源头。这个源头,我,能控制!

圣诞老人的邪恶精灵

当我发现,玩具公司便是把有毒化学物质推给孩子的黑手的时候,不得不承认,我真的非常吃惊。这种感觉就好像是圣诞老人的精灵私底下与魔鬼做了交易,突然间背叛全人类,成为魔鬼的帮凶。2007 年 6 月,当扎克的玩具"火车头汤姆斯"与另外 150 万个小火车一起被召回时,我们和其他父母一样,都感觉到了玩具的安全标准在下滑。火车头汤姆斯在我们家待了好几年,扎克和欧文都常常玩这个玩具,也常常把它放进嘴巴里咬,就像玩其他玩具一样。让我更不舒服的是,我还发现,从这个火车头玩具上脱落的油漆涂料,居然含铅,含量还很高。我们顺从地把这个红色火车头寄回给了生产商,几个月后收到了换货。公司还另外送了一份小礼物作为补偿:一个黄色的小火车头。

奇怪的是,9 月份,这个礼物又被召回,还是因为铅超标。这种奇怪的事情在 2007 年的夏天却显得不足为奇。那段时间,似乎整天都能听到关于玩具的爆炸性消息:水叮当彩珠里面含有迷奸水成分丁二醇(GBH),涂在芭比娃娃和芝麻街娃娃身上的油漆里面含铅,最热销的棋盘游戏的棋盘含有石棉等,坏消息接二连三。由于含有大量有害成分,也由于一些严重缺陷,几十个制造商共召回了 4500 万个玩具。对此,全球最大的玩具制造商美泰公司(Mattel)总裁,不得不以个人名义向中国政府道歉,承认召回事件损害了中国制造商的声誉。当召回风暴发生之初,美泰公司本来还指责中国的安全标准不严格,而后来的调查发现,事实上主要问题之一是美泰公司自己所犯的设计错误。

很明显,玩具工业还缺乏基础的、系统的机制去追踪产品之中含有哪些成分。直到 2007 年下半年,他们都没有去处理这些问题。除了那些召回的玩具,华盛顿毒素联合会、密歇根地区的生态中心和其他机构,检测了另

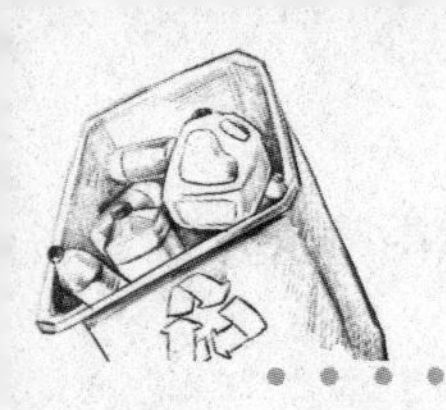

外1200个玩具。结果仍然发现,超过1/3的玩具含铅,50%的玩具制造材料是聚乙烯材料,并含有邻苯二甲酸酯。而且,聚乙烯玩具还可能含有有毒金属,如铅和镉。

玩具中含有铅、铬、溴和氯等有毒有害物质的真相被揭露出来之后,玩具业界尽管觉得尴尬,甚至也感到懊恼。但是,对于在各种产品中继续添加邻苯二甲酸酯的做法,他们坚持不道歉。事实上,为禁止在玩具中添加邻苯二甲酸酯,加利福尼亚采取了各种措施,这些措施遭到了美国玩具工业协会的强烈反对。2006年,加利福尼亚禁用邻苯二甲酸酯的第一次努力被击败,玩具工业取得胜利。美国玩具工业协会负责行业标准和规则事务的副主席劳伦斯(Joan Lawrence),在随后发表的声明中振振有词地说:"加州议会今天的决定是玩具工业的一次重大胜利!玩具安全始终是玩具工业最优先考虑的事情。如果这次禁令提案被通过,它将引发一连串基于恐慌和责难的、没有科学依据的提案也被通过,这将影响所有产品和材料的生产。美国玩具工业协会还将继续与正在其他各州上演的这种人云亦云的提案作斗争。"

玩具工业界无视邻苯二甲酸酯安全隐患的态度,令我无法对他们产生信任。事实上,玩具业连续发表声明,表明自己是无辜的,这使我想起最近刚看的《周六夜现场》(*Saturday Night Live*)滑稽剧的主角老埃克罗伊德(Dan Aykroyd)。[我朋友迈克(Mike)是《周六夜现场》滑稽剧的影迷,收集了很多老片DVD。去他在渥太华的家转转,通常就能对1970年代的喜剧来个经典重温。]

在我刚刚看过的这个短剧中,埃克罗伊德扮演一家玩具公司经理明威(Irwin Mainway),贝尔根(Candice Bergen)扮演记者。这个记者常常在采访中向明威经理提出一些十分尖锐的问题,而无论问题怎样尖锐都无法使明威吐露半句,承认他生产的玩具不安全的话。即使拿着那些叫做"皮铲车先生"、"特朗司令的秘密警察逼供工具箱"和"约翰尼弹簧刀"(胳膊下会弹出两把尖利小刀)的整人玩具,当面对质、进行现场采访也没有用。有一次,当记者拿着"Bag O"眼镜(零售价1.98美元)问他,如何看待这个玩具弄伤孩子的问题时,明威嚷道:"不,你看,我们已经在玩具上面贴好了标签:'孩子,当心玻璃破碎!'我们卖了很多种'Bag O'产品,比如'Bag O'眼镜、'Bag O'蜗牛、'Bag O'虫子、'Bag O'毒蛇、'Bag O'硫磺酸,这些都是体面的玩具,你知道我的意思?"

玩具公司谈起玩具中含有邻苯二甲酸酯的腔调,就像上面短剧里的台词:"它们是安全的,真的安全!"

想起明威的样子,我就想弄台仪器,测测扎克和欧文的玩具箱里的邻苯二甲酸酯有多少。想做就做!我马上行动,随机挑出一些玩具,寄到实验室[芝加哥的斯达特(STAT)测试公司]进行化验分析。

图2.1中的玩具就是斯达特测完之后寄回来的,那些洞是测试取样留下的。测试的结果,正如我所害怕的那样,实在令人担心。除了那个宝宝爱因斯坦的洗澡书以外,其他几个玩具中邻苯二甲酸酯的含量都超过0.1%,0.1%是欧洲法律规定的上限。除了可兹儿童相机这个属于大孩子的玩具以外(尽管如此,欧文还是常常把它放到嘴里),其他几个都可能被欧洲和现时美国的法律所禁止。欧洲和美国的法律规定,3岁以下孩子的玩具中禁止使用邻苯二甲酸酯。

图2.1 寄给斯达特测试公司的扎克和欧文的玩具

一个已经被扎克和欧文放进嘴里无数遍的可以咀嚼的红、白、蓝三色小球,居然也含有这么多的 DEHP,真的是不可思议! 这种邻苯二甲酸酯产品,即使用作工业原料也是需要慎重考虑的。

表 2.1　扎克和欧文玩具中含有邻苯二甲酸酯的数据

玩具名称	生产商	邻苯二甲酸酯总含量(%)	DEHP 含量(%)	DIDP 含量(%)	DINP 含量(%)
可兹儿童相机:手动	伟易达集团(Vtech)	0.9	未检出	0.9	未检出
玩具小鸭:大的黄色	麦奇肯集团(Muchkin)	0.67	0.5	未检出	0.66
玩具小鸭:小的黄色	不详	27.0	0.051	未检出	27
球:红、白、蓝三色	不详	43.7	41	未检出	2.7
青蛙:绿色	不详	1.3	未检出	未检出	1.3
洗澡书	宝宝爱因斯坦(Baby Einstein)	未检出	未检出	未检出	未检出

2008 年 12 月圣诞节前,销售旺季正展翅向我们飞来,这时候,我打电话给加拿大玩具测试委员会和加拿大玩具协会,告知他们这些测试结果,然而,他们的答复令我很失望。

玩具测试委员会将可兹儿童相机列为 2008 年"年度玩具",似乎他们根本就不知道邻苯二甲酸酯是什么,更不会提醒说,这玩具好玩的弹性归功于 DINP。他们只会热切地把这款玩具推荐给每个父母,让他们把这款产品放进圣诞节购物单。当我质问加拿大玩具协会的卓斯克(Harold Chizick),为什么含有邻苯二甲酸酯的玩具在欧盟和美国认定为非法,而在加拿大就能在大街小巷叫卖,他根本就不把这问题当回事。他解释说,由于他的会员单位很多都是国际性大公司,各地政府越来越多地要求这些大公司遵循最严格的法律规章。这句话也可以这么理解:加拿大没有针对邻苯二甲酸酯的法律法规,任何提供给加拿大儿童的保护都是外国政府施予的。

卓斯克还说,根据欧盟和美国的决议,国际上大型工业企业正在逐步放弃使用邻苯二甲酸酯。他强调说,那些在“一元店”以及各种折扣店销售的玩具,都不是由专业玩具公司制造或进口的,都缺乏严格的监管。而如何处理遍及全球的有毒玩具的问题则被他称为是“6.4 万美元问题”。一旦玩具厂商使用有毒材料生产玩具,即使政府修改了制度、提供了更安全的标准,大多数父母也得不到这些新信息。我相信,在我那些年轻街坊的家里,也像全世界各地其他的家庭一样:玩具都是在兄弟姐妹以及街坊邻居的孩子之间传来传去。即使从明天开始,所有新生产出来的玩具中彻底去除了邻苯二甲酸酯,而在成千上万的旧玩具中,邻苯二甲酸酯还会经年不朽,继续生活在加拿大的家庭中。

我向卓斯克提出的最后一个问题是:如果玩具制造商想提高自己产品在“假日最热门玩具”排行榜中的名次,他们是否需要提供书面文件,证明他们的产品不含铅、邻苯二甲酸酯、双酚 A 和其他有毒物?在电话线另一端沉默了一会后,他说:“不需要,这些制造商本身对产品的管理就十分严格。”

那么,买者自慎吧!我敢打赌,大多数孩子从圣诞长袜子里拿出的一定是些颜色鲜艳的,饱含邻苯二甲酸酯的玩具。

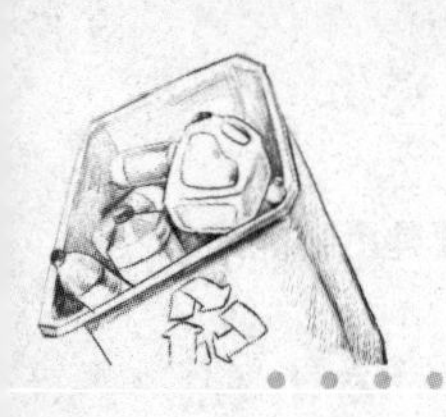

污染的甜味

另一个我想得到答案的重要问题是：我的孩子暴露于含有邻苯二甲酸酯的个人护理用品的程度严重不严重？怎么做才算最好？

我无法让孩子去化验血液和尿液，他们都还太小，没法做化验。而现有的对于个人护理用品中含有邻苯二甲酸酯含量的研究，都没有提及上架在售产品的品牌。那么，没办法情况下的最好办法是，直接使用邻苯二甲酸酯产品在我自己身上做实验，由我来亲自体验人体吸收这些物质后的感觉和反应。

我打电话给哈佛大学公共健康学院的迪蒂（Susan Duty），让她提一些建议，如何进行实验。迪蒂是2005年一项非常有意思的研究的主要发起者，这项研究测试了400多人的尿液中邻苯二甲酸酯的含量，并将它与被测者使用的个人护理用品联系起来。结果，她发现了两者之间显而易见的关联性：使用的个人护理用品的种类越多的人，尿液中甲基亚乙基磷酸酯（MEP）的浓度就越高。使用古龙水和须后水的人，尿液中MEP浓度高于未使用的。使用古龙水、须后水、发胶和香体露的人，尿液中MEP的浓度尤其高。

为了寻求帮助和建议，我联系过很多科学家，结果我的做法引起了科学家们的兴趣，迪蒂也像他们一样，对我的实验很感兴趣。她建议："如果想测量体内邻苯二甲酸酯含量升高了多少，那你应该先把它降下来。邻苯二甲酸酯的半衰期很短，大约12小时。因此，你只要避免接触邻苯二甲酸酯，一天内就能把它降下来。"

"没问题！"我说。

"在准备阶段结束时，你应该开始收集尿样，每24小时一次。你得非

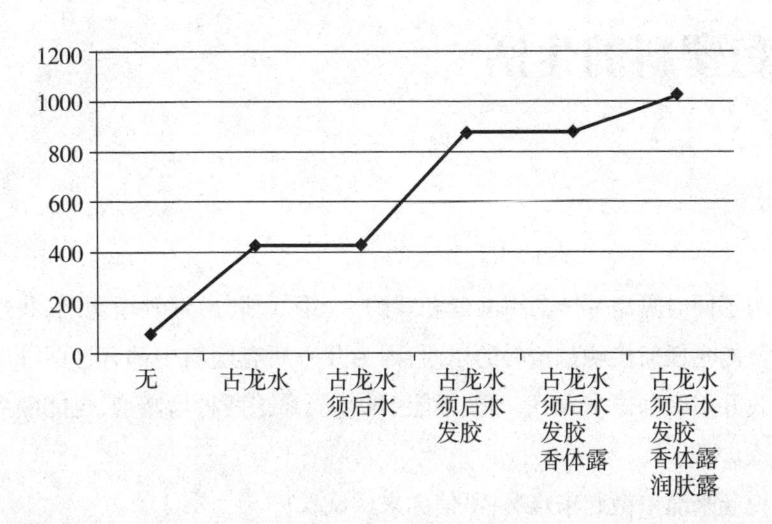

图2.2 尿液中MEP浓度中间值(单位:ng/mL)与使用个人护理用品数量的关系

常小心地避免通过个人护理用品和食品接触邻苯二甲酸酯,别吃加工食品,应该吃没有加工过的食物。"

"唉,这下我要跟最喜欢吃的法式咸脆饼和墨西哥辣薯片划清界限了!"我在心里暗自叹息。

交谈中,迪蒂为我列举了一些邻苯二甲酸酯含量较高的个人护理用品。她最后告诉我:"在暴露期间,整个24小时内排出的尿液都要收集起来。"这句话使我联想到尿样瓶堆满冰箱的样子。一句话,一切为了科研!

接下来,购物淘宝开始了!

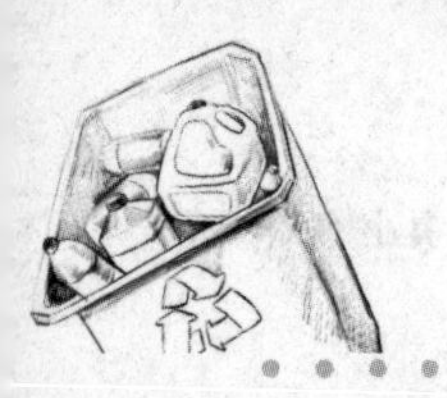

没有塑料的生活

为了同时隔离邻苯二甲酸酯和双酚 A(第八部分)两种增塑剂,我连续两天不能吃任何接触过塑料的东西,因为几乎所有塑料中都有这两种增塑剂。我开始摩拳擦掌,相信即使不能 100% 隔离这两种增塑剂,也能隔离个七八成。

说起来简单做起来难啊,不信你来试试看!

过完全没有塑料的生活,我一方面是想看看自己到底能不能做得到,另一方面则是出于无奈。尽管化工界宣称邻苯二甲酸酯不会出现在食品包装中(至少美国的食品包装是这样),我们没有办法去证实这一点。因此,回避所有塑料比分析哪些塑料不需要回避(比如包装食品的塑料)更容易一些。

尽管我是有备而来,但是当我着手采购食物时,我还是震惊了:塑料已经完全控制了我们的生活。所有我最喜欢的零食都包裹在塑料里面,一般杂货店的水果蔬菜都是装在塑料袋里面的,其中有的是农民采下立刻装袋销售(销售这种"免洗"蔬菜的趋势还在增长),也有装在大塑料袋中堆在货架上出售的。我在厨房里放眼望去,发现每样东西都被塑料包着,比如蛋黄酱(什么时候从玻璃瓶包装变成塑料包装的?)、果汁、牛奶、面包、调味汁、小点心、酸奶等。(只有少数例外,比如我最喜欢的"Butt Burner"辣椒酱。)

杂货店的烤鸡现在是装在坚固的小塑料盒子里卖的,这跟我孩提时代不一样了。那时候,每周一次的传统是:我和爸爸、姐姐一起到斯坦伯格店里,用锡箔纸包起一整只烤鸡,到我奶奶的公寓里一起吃,一起看 1970 年代最好看的节目:《冬尼和玛丽》、《爱之船》和《神秘岛》。

只要你说得出名字的东西没有不是包在塑料里的。即使有些东西看起来是装在纸盒里的,比如早餐麦片、通心粉、金鱼饼等,实际上也是先用一层塑料包好,然后再放进纸盒里的。

在远离塑料的两天时间里,我只吃那些星期六早上从圣劳伦斯市场(多伦多最大的农贸市场)上买来的新鲜食物。我们习惯于全家一起逛菜场,扎克和欧文在他们喜欢的卖艺人那里跳上跳下的时候,我就去买食物:新鲜百吉饼和面包(用纸包装)、有机汤(装在玻璃瓶里)、有机水果蔬菜和通心粉(用纸盒包装)和香蒜沙司(装在玻璃瓶里),这些便是我这两天的全部食物。不过,在那个周六的一个晚会上,有人给了我一点点咸味小零食(塑料袋包装的),我应该推掉的,但我没拒绝,这应该对整个实验的影响不大。

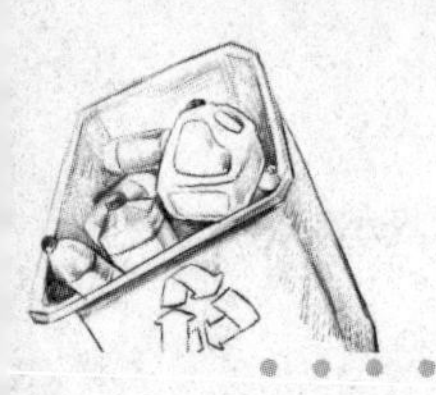

闻起来不错

另外,我还要出去买一些个人护理用品,用以提高身体里面的邻苯二甲酸酯含量。为了将这特殊的购物清单列出来,我们从两个能够提供帮助的地方进行了查询。一个是环境工作组的化妆品数据库(www.cosmeticdatabase.com),这里有很多种产品的成分信息。另一个是美国食品药品管理局在2002年发布的"不是很美——邻苯二甲酸酯、美容产品和FDA"的调查报告,在这份报告中有72种在售美容产品的邻苯二甲酸酯含量的测试结果。

我相信,大多数人阅读这些公开出版物都是为了回避邻苯二甲酸酯,而这次,我们使用它是为了找出邻苯二甲酸酯。

我们从多伦多的各个零售店里买齐了所有需要的产品。这些产品中,没有一件上面标明含有邻苯二甲酸酯成分,全都只是写着含有"香料"和"香精",当然这些产品无疑都是香香的。我们把买来的所有东西放在布鲁斯公寓角落的纸箱里,几个瓶子里面散发出来的气味一混合就变成了恶心的甜味,混合着玫瑰与松针的气味。

表2.2　里克的购物清单

头发护理	潘婷洗发香波和护发素 潘婷定形摩丝 欧洲特雷斯美:冷藏喷发胶
剃须膏	吉列深度清洁剃须膏
其他洗漱用品	卡文克莱永恒男士香水 雷特运动香体露 彩婷润肤露
厨房用品	多恩抗菌洗涤剂——苹果香味
实验房间	格莱德香薰精油——晨跑味(周二薰香2小时)

由于多年来我一直买的都是一些不含香味的洗漱用品，我突然发现，所有护理用品的香味都让我很讨厌。但是，世界上很多人每天都在用这些东西或者类似的东西。更有甚者，20世纪时尚大师香奈儿（Coco Chanel）女士还说："一个不洒香水的女人是没有未来的。"

实验仍然一如既往地进行（见第一部分结尾的实验日程安排），从周五晚上直到周日早上，我都尽量避免将自己暴露于邻苯二甲酸酯中。斋戒之后，在周六和周日，我仅吃了些之前买的新鲜食物，没有淋浴，没有接触任何有香味的产品，包括个人护理用品。

从周日早上到周一早上，我继续这种有规律的生活，周一下午2点，我收齐了之前24小时排出的尿液。从周一下午2点到周二下午3点，我又收集了第2个24小时的尿样。在此期间，我淋浴、刮胡子、使用洗漱品和清洁用品，和平常在家一样，只不过这次实验所用的个人护理用品是清单上列出的产品。

项目协调员萨拉小姐（Sarah）非常非常小心地取走了所有尿样和各种血样，并送到艾科西斯测试中心。之后我们一直等待着，直到一个多月后结果出来。其间我们真的不知道应该期待什么，这种实验真的能成功吗？

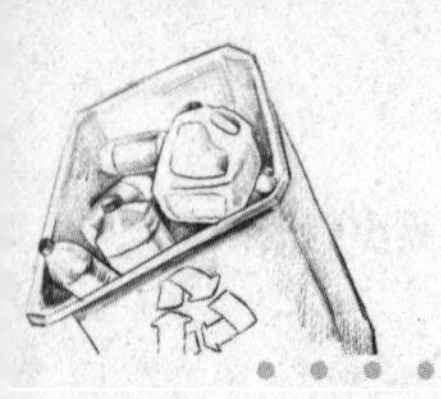

检测结果

实验真的成功了,实际上,我被实验结果彻底惊呆了。

我们对 6 种邻苯二甲酸酯进行了检测,其中有 5 种在我“泡”在这些香香的产品的之前之后,均能够被测出。在使用这些产品之前,MEP(即 DEP 代谢物)的水平远远高于其他邻苯二甲酸酯,这是正常的。据“不是很美”项目对在售个人护理产品的调查,71% 以上的产品都含有 DEP,但是只有 10% 的产品含有 DBP、邻苯二甲酸丁苄酯(BBP)和 DEHP。

真正令人诧异的是:在使用了有香味的产品之后,我体内的 MEP 含量飙升,从使用前的 64ng/mL 上升到使用后的 1410ng/mL。就是这个 MEP,斯旺教授发现它与男性生殖问题有关。而我体内的 DEHP 的两种代谢物氧代己酯(MEOHP)和羟己酯(MEHHP)含量却略有下降(分别从原来的 19ng/mL 降到 10ng/mL 和从 26ng/mL 降到 12ng/mL)。有意思的是,MEP 的增长和其他代谢物的下降也曾经为迪蒂及其同事所发现。她推测可能是产品中的其他成分阻碍了人体对 DBP、BBP 和 DEHP 的吸收。也可能是因为尿液中代谢物含量表明除护肤品以外其他物品也含有邻苯二甲酸酯。

我的测试结果中另一个有趣的方面是:第一个“脱毒”期内,我努力清除体内的邻苯二甲酸酯,可是,尽管做了各种努力,我还是没有将体内的邻苯二甲酸酯含量完全降下来。6 种邻苯二甲酸酯中,5 种依然保持在可测量含量上。它们是从哪里来的?尽管我已经尽量挑选相对健康的食物来吃,但它们有可能也含有邻苯二甲酸酯。此外,星期六那天我曾路过几个喷过空气清新剂的场所,我怀疑这也可能对我体内邻苯二甲酸酯的含量有影响,其中一个地方是圣劳伦斯市场的走廊,另一个地方是附近食品店的洗手间(当时,扎克突然要小便,我就在那里停了车)。

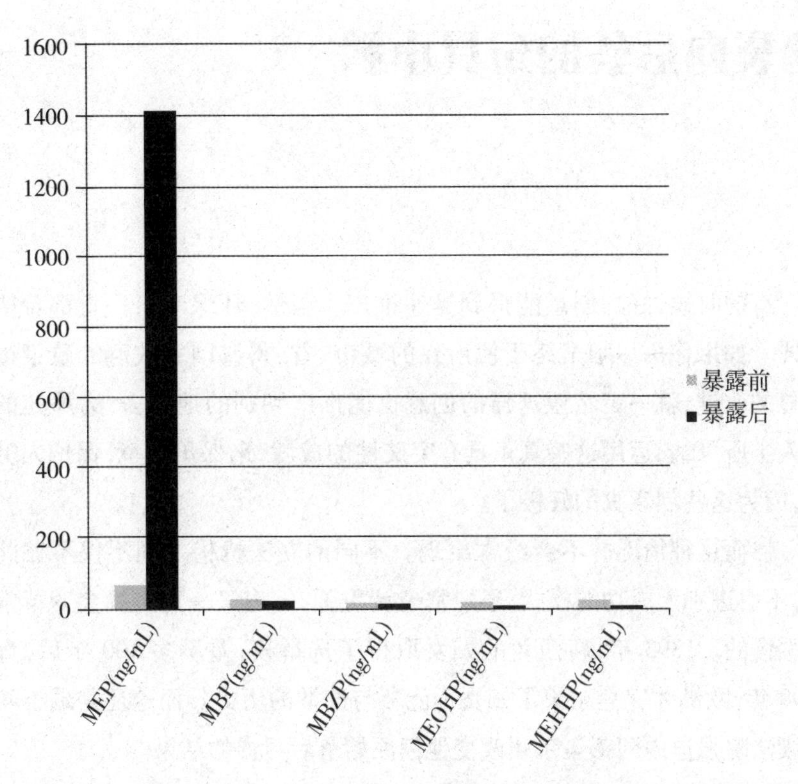

图 2.3　里克暴露于含邻苯二甲酸酯产品前后，其体内邻苯二甲酸酯代谢物含量的比较。在这些产品中，DEP 是最主要的邻苯二甲酸酯，它经过人体代谢后会转化为 MEP

我的这个小实验说明：在费了老大力气之后，我仅能将体内的邻苯二甲酸酯含量降低一点点，并不能把它从体内完全消除。然而，只要改变两天洗漱用品，我体内 MEP 的水平就会立即大幅提升。

有谁知道护理头发会有损身体健康？每给孩子用一次这种带香味的东西，就会给孩子幼小的身体造成一次伤害。

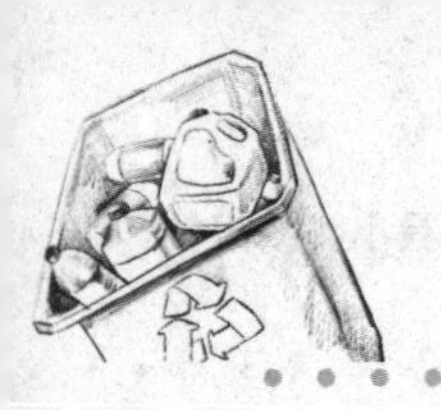

脑袋向后转的玩具小鸭

有的时候,好的创意能得到迅速推广。当然,环保专家一直都希望能这样。如果你历尽艰辛终于使所在的城市、省、州或国家政府的政策得到明显的改进,就一定希望这样的创意也能推广到别的地方去,为那儿的立法人士所采纳,运用这些真正具有突破性的成就,来保护环境,保护人类健康,因为这些创意真的好极了。

然而这种情况并不会经常出现。不同的立法机构之间不仅不彼此学习,不引进别人成功的模式,还经常老调重弹,一遍又一遍。社会变革常常是缓慢的。1893 年,新西兰的妇女取得了选举权,差不多 100 年后,直到 1990 年,欧洲才完全结束了妇女不能参与选举的历史。而这还是瑞士联邦高级法院强迫内阿彭策尔州改变他们原始落后习惯的结果。

发生在孩子玩具上的邻苯二甲酸酯的事件,是一个典型案例,它说明了一个好的创意得到推广之后,短时间里就能取得怎样的成果。

事实上,这个事件的开头并不美好,在欧洲和美国的遭遇不一样。他们从 1998 年便开始讨论如何处理儿童玩具中邻苯二甲酸酯的问题,欧洲立即采取了行动,第二年,众多研究结果发现邻苯二甲酸酯与人类健康问题有关联,于是随即出台了紧急禁令:禁止在有可能被放进孩子嘴里的 3 岁以下的儿童玩具中加入 6 种邻苯二甲酸酯。尽管禁令是暂时的,但意义深远。这是欧盟根据最新的“普通产品安全指导”第一次实施的紧急禁止行动。

2005 年,经过很多回合的较量,禁令被确定为永久生效,化工界为此付出了数百万的宣传费。DEHP、DBP 和 BBP 被彻底禁止,而 DINP、DIDP 和邻苯二甲酸二正辛酯(DNOP)则禁止用在供 3 岁以下儿童吸吮或咀嚼的玩具和护理用品中。

而在美国,事件发展的过程完全不一样。1998年,12个保护消费者权益和环境安全的组织共同向美国消费品安全委员会(CPSC)提交了请愿书,要求禁止在5岁及以下年龄的儿童的玩具中加入邻苯二甲酸酯。美国消费品安全委员会的回复是:要求(这些组织)提供邻苯二甲酸酯有害于人类健康的进一步研究(证据)。审查之后延续着更多的审查、程序之上叠加着更多的程序。

最后,美国消费品安全委员会终于要求玩具生产商自觉将邻苯二甲酸酯从"放进嘴里的玩具"中清除,许多公司响应了号召(有的甚至从整个生产线中清除了邻苯二甲酸酯)。但是,没有人把已生产的有毒玩具召回,全国各地,含有邻苯二甲酸酯的玩具仍在商店的货架上出售,在玩具箱里供孩子玩耍。玩具公司仍然宣称,他们从产品中去除邻苯二甲酸酯的原因,是考虑到"消费者的担忧",而不是因为邻苯二甲酸酯本身具有任何危险性。

跟欧洲强制性的规定相比,美国的自愿行为还有另一个弱点:玩具公司和美国消费品安全委员会对于"放进嘴巴的玩具"的定义范围较小,只包括奶嘴、出牙咬嚼器和拨浪鼓。其他孩子可以咬的玩具(比如橡胶洗澡玩具)仍然可以上市销售。可是,做父母的都清楚,孩子总是拿到什么就咬什么。我儿子欧文竟然连我们家的猫都咬,结果弄了满嘴的毛。过了几天,他又咬了一嘴更多的毛。

第一次请愿的五年之后,美国消费品安全委员会宣布:"由于没有切实的证据证明聚氯乙烯(PVC)玩具和产品危害5岁及以下儿童健康,因此,在5岁及以下儿童的玩具和用品中都无需禁止使用PVC材料,并且不应向公众宣传软塑料玩具会危害健康的说法。"这个案子到此结束。

工业界及其同盟军此时当然是十分兴奋,化工界首席发言人斯坦利(Marian Stanley)多年来一直极力吹捧邻苯二甲酸酯的价值,并在报纸上发表文章说:美国消费品安全委员会的声明意味着"对聚乙烯玩具恐慌的时

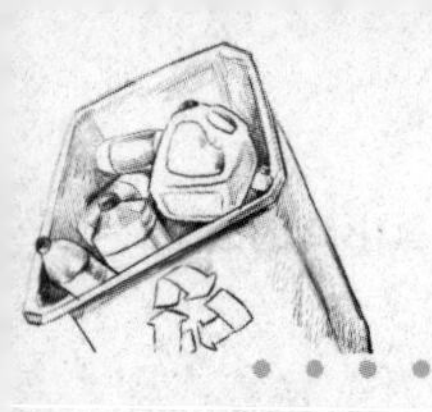

期已经过去了。”米洛伊(Steven Milloy),保守党卡托研究所的一个附庸学者,还给福克斯新闻社写了关于“聚乙烯玩具就是招人喜欢”(Vinyl Toys Are Just Ducky)的文章,对那些请愿者提出了尖锐的批评指责。

就这样,玩具小鸭战争从此拉开了帷幕。尽管未能得到联邦政府的支持,美国消费品安全委员会相信,斗争将会在其他地方展开。作为邻苯二甲酸酯来源的最有魅力的象征,那个黄色鸭子的图标,那个《芝麻街》小粉丝的最爱,成为了美国邻苯二甲酸酯争论的焦点。

从布鲁塞尔到旧金山

几个世纪以来,人们每次争论时,争辩双方都宣称上帝站在自己一边,祈求神授的力量保佑自己的努力能够成功。与邻苯二甲酸酯玩具小鸭的斗争也不例外。

环保主义者高举下面这幅画发起进攻,强调这个天真儿童的偶像身上含有臭名昭著的邻苯二甲酸酯。

图2.4　2008年6月,100只微笑的玩具小鸭和学步儿童要求国会禁止邻苯二甲酸酯玩具,集会是由密歇根州安那堡市生态中心、净水行动和乳腺癌基金会组织的

邻苯二甲酸酯的拥护者则把自己当成玩具小鸭的保护神,指责环保主义者想要夺走美国儿童最喜欢的玩具小鸭。

正如过去几年内一直不断发生的事情一样,当联邦层面的进展停滞不前的时候,环保主义者就转移到加利福尼亚州(它虽然是一个州,但它的经济实力仅次于九个经济大国)继续战斗。幸运的是,加州的环保主义者和公共卫生倡导者都积极参加了这一挑战。

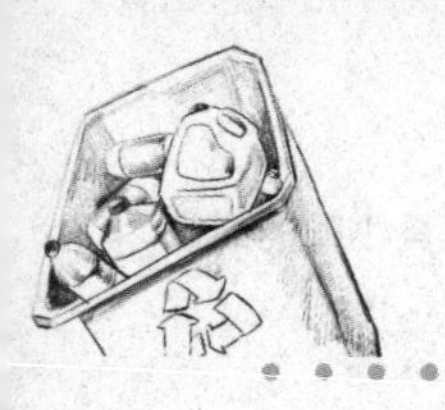

图2.5　这个胸章是“消费者倾心之选”组织在2008年夏天为反对联邦政府禁止邻苯二甲酸酯玩具而设计的,上面那个游动的鸭子身上写着:“美国消费品安全委员会批准”

旧金山乳腺癌基金会项目策划人努德尔曼(Janet Nude man)被推举为加利福尼亚州玩具小鸭之争的骨干力量。与其他的癌症研究组织不同的是:努德尔曼和她领导的基金会致力于寻找与癌症相关的环境问题,并主张消除这些健康隐患。努德尔曼解释说:“只有1/10的乳腺癌患者是由于遗传基因致癌的,越来越多的科学证据表明,环境毒素与乳腺癌及众多疾病的发病率增加有关联。”努德尔曼本人相信,有越来越多的人明白环境污染与疾病增加之间密不可分,她说:“在我们这个时代,很多人都会跟我一样,看到许多自己认识的人被癌症折磨而胆战心惊,我不信他们不会像我一样反思:癌症从哪里来?为什么那么多朋友得了癌症?我会不会也得癌症?”

由于越来越多的证据表明,激素类化学物质是导致女孩子青春期越来越提前的原因,所以乳腺癌基金会开始关注邻苯二甲酸酯。女孩子早熟的趋势越来越明显,也越来越令人担心,努德尔曼解释说:“黑人女孩乳房从8—9岁就开始发育,而过去是10岁。白人女孩乳房不到10岁就开始发育,而过去是11.5岁。这是我们在30年里面看到的变化。作为一个关心乳腺癌的团体,我们关心这个现象的原因是:女孩越早进入青春期,她们的身体就越早接触雌激素,而女人罹患乳腺癌的风险跟她一生中接触自然雌激素和人造雌激素的时间直接相关。”

乳腺癌基金会还相信,女性从日用消费品中摄入的人造雌激素剂量越来越大。基金会之所以特别关注邻苯二甲酸酯,是因为最近的研究表明,患乳房发育疾病的女孩子体内邻苯二甲酸酯含量很高。出于这种担忧,基金会做好了投入战斗的准备。

加州第一轮关于邻苯二甲酸酯的争辩结果很糟糕。2006 年 1 月,试图制订一个类似于欧洲禁止令的努力失败了,禁止邻苯二甲酸酯和双酚 A 的提案没有能够通过州议会的立法程序。由于在联邦和州两级政府都遭遇了挫折,努德尔曼等人只能被迫转向市一级政府做最后努力。

在旧金山市议会充满活力的年轻人马(Fiona Ma)的带领下,乳腺癌基金会及其同盟开始发起倡议,希望将旧金山变成北美的第一个脱离邻苯二甲酸酯和双酚 A 的地区。这不是没有先例的,旧金山的环保部长布卢门菲尔德(Jared Blumenfeld)解释说,自从 1990 年代以来,旧金山就已经开创了一些环保新举措。“从杀虫剂到邻苯二甲酸酯,我们认识到,我们不该使用这些化学物质,这是一种疯狂的行为。这些化学物质本来不应该由我们地方政府来管理,然而,联邦政府自从 1970 年代以来就没有更新过有毒物方面的法律,他们什么都不做,一点事情都不做。美国对于公民的保护政策早已老掉牙。”布卢门菲尔德接着说,“结果,对这些化学物质的管理政策首先从基层开始发起,一旦有一些城市的行动取得了成功,那么加州立法部门就将采纳它们的法案。而加州政府有能力影响联邦政府对该法案的判断,并促成法案通过。”

实际上,这就是发生在邻苯二甲酸酯身上的故事。由于马督察的悉心引导,由于公共卫生倡导者的大声呼吁,2006 年 6 月,旧金山市议会一致通过了禁止在一些产品中添加邻苯二甲酸酯和双酚 A 的提案。布卢门菲尔德对抗争活动的快速进展和针对“顽固不化的”化工业的法案的一致通过表示赞赏:“化工业越是对着市长和市议会叫嚣,就越可能被投反对票。投反对票是对他们真正的反击。”化工业者威胁说,他们要不断上诉,他们还

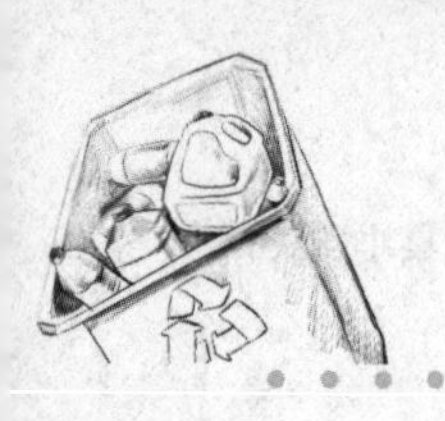

说:“我们已经跟十六七个律师开过会。这段时间如果没有别的重要事件发生,不断发起诉讼便是律师全部的工作。律师的目标就是把旧金山的提案扼杀在萌芽状态,使它永无翻身之日。”布卢门菲尔德的评价非常直白:“这些化工业者与以前的烟草商是一丘之貉,都是同一类的人,都有同样的政治手腕。”

旧金山市议会的禁止令前脚出台,法律诉讼案后脚就开始飙升。一开始,美国化学理事会、加州零售业协会、加州杂货商协会、青少年产品生产商协会提起诉讼。接着,邻苯二甲酸酯的生产商、加州商业理事会和玩具商联合会各自采取法律行动。这些案子都有一个共同点,就是关于司法权的争议,工业界坚持认为旧金山市没有资格在市级层面禁止邻苯二甲酸酯和双酚 A 产品。

旧金山市决心寻找办法,直面这些挑战,不让化工界得逞,不给他们机会,说他们已经击败了旧金山市。旧金山市开始采取迂回战术:先是推迟了法案的实施,本来法案预定在 2006 年 12 月 1 日,也就是在圣诞促销季节开始之前实施,但市议会告知各企业,法案将在节日之后实施。然后,市议会开始讨论对法案进行修正。修正后的法案不直接禁止使用邻苯二甲酸酯,但是随后的几年,他们将请化验机构对一些产品进行化验,如果产品中的邻苯二甲酸酯含量达到一定水平,要对销售企业进行处罚。第一次查到处罚 100 美元。对于双酚 A,法案则暂时不禁止。

法案推迟实施且已修订后,相关的诉讼案件便开始减少。

从萨克拉门托到华盛顿

正当旧金山市的玩具小鸭之争进行得如火如荼时，马督察被选入了加州议会，她立即着手把禁止邻苯二甲酸酯的提案提交给加州政府，仿照在旧金山市的做法，她把提案命名为："加州的有毒玩具"。正如布卢门菲尔德所说："化工业的说客队伍又得拔营到萨克拉门托了。"

马议员旗开得胜。"我只是个新议员，所以我觉得，化工业者起初没拿我当回事。"她说，"但是，我成功了。化工业的说客从我同事办公室走出来的时候，我正好走进去。我们开了一个新闻发布会，讨论关于一个 30 英尺高的充气玩具小鸭的问题。我们还动员斯皮尔伯格（Steven Spielberg）和其他名流写信给州长。"由于受到 2007 年的玩具召回事件的触动，马的提案在仅仅 9 个月的时间里便通过了立法程序，这可真是创纪录的速度。最后，提案落到了州长斯瓦辛格（Arnold Schwarzenegger）的桌上。一时间，大家都在紧张地猜测斯瓦辛格是否会签字。事实证明，州长本人也不想阻拦这群情绪激动、推着婴儿车、拿着玩具小鸭的妈妈们。

2007 年 10 月，北美洲第一个限制邻苯二甲酸酯的法案通过了。"我们必须采取行动保护我们的孩子，"斯瓦辛格说，"在孩子生长发育的关键阶段，化学物质威胁到了他们的健康和安全。"

美国化学理事会主席杰勒德（Jack Gerard）则十分愤怒："这个条款是杞人忧天的产物。"他说，"这不是好的科学，也不是好的政府，美国还有欧洲的科学界都认为，孩子的玩具是安全的。"

但是，邻苯二甲酸酯的问题越来越令化工界感到头痛了。加州通过限制法案后，几个月内就又有 12 个州制定了禁止令。努德尔曼跟我谈起埃克森美孚公司（DINP 生产商，DINP 是玩具中使用最普遍的邻苯二甲酸酯

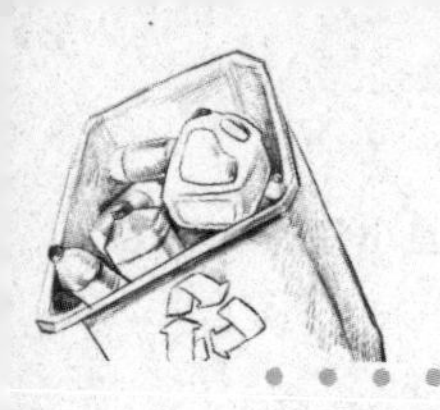

之一)时笑了,她说:“这个公司雇佣了大批说客,一个州一个州地去游说。埃克森美孚还做过一件特别卑劣的事,他们派说客去佛蒙特州组织垂钓爱好者反对禁止令提案。你可能会奇怪:‘为什么这些垂钓爱好者也会反对禁止在儿童玩具里添加邻苯二甲酸酯?’因为说客对垂钓爱好者说,禁令一出,他们便再也不能用那些弯弯曲曲的塑料蠕虫钓饵了,因为这些塑料鱼饵要添加邻苯二甲酸酯来增加弹性,没有邻苯二甲酸酯他们就不能再钓鱼了。”

努德尔曼还讲述了在加州立法会议期间,化工企业如何自掘坟墓来维护邻苯二甲酸酯:“他们在整个加州民众意见中立的重要街区散发精心设计的传单,传单上写着:法律要禁止你的孩子玩沙滩球了。”就像在旧金山一样,这种夸大其词的宣传再度惹恼了那些立法者,他们最后决定支持马议员的提案。

华盛顿州进行关于邻苯二甲酸酯的讨论期间,努德尔曼告诉我:“化工企业造谣称:华盛顿州环境卫生倡议者企图取消圣诞节…… 圣诞老人将只能停留在半空中。”努德尔曼轻轻一笑,继续说:“为了反对我们的提案,他们挖空心思散布谣言,混淆视听。我们只不过希望孩子的玩具中不要含有6种邻苯二甲酸酯而已,他们连这都不放过。”

不管工业界怎样散布谣言,努德尔曼记得,在2007年秋天,“各州纷纷通过了禁止令,禁止邻苯二甲酸酯的提案最后进入了联邦层面,交到了国会手中,那真是个激动人心的时刻。”

轻松搭便车

美国国会有一个在其他国家很罕见的有趣的惯例：在那些递交国会的、即将通过的提案中，有时会附加进一些小条款，这些小条款被称为“骑士条款”。“骑士条款”是一种常见策略，将那些可能通不过审查的、有争议的条款附加在提案上搭便车通过。“骑士条款”就像是印鱼——一种贴在海龟或鲨鱼背上的热带胭脂鱼，它们借着大鱼的力量到达自己的目的地。

在萨克拉门托通过了禁止邻苯二甲酸酯的法案以后，又一位加利福尼亚人接过这项重任——加州上议院议员范斯坦（Dianne Feinstein）向国会提交了联邦有毒玩具提案。努德尔曼说，范斯坦议员立刻发现了一个加速推进提案的机会。“当时《消费品安全委员会修正案》正在递交给国会，范斯坦议员想到这是一部很好的顺风车。”《消费品安全委员会修正案》是当时一个主要法案，用以应对从中国进口的一大批玩具被召回的事件。“玩具安全问题把家长都逼疯了！”努德尔曼说，“因此，国会制订一大堆提案，重新修订消费品安全保护条例，以彻底打击含铅产品。”

范斯坦看准这辆顺风车并及时跳了上去。她将邻苯二甲酸酯提案作为一个骑士条款，追加在《消费品安全委员会修正案》之中。借着公众关注的热潮，乳腺癌基金会在加州取得了胜利，接下来，他们又乘胜追击，联合了全国各方面的同盟来共同支持提案，以保证提案通过，这些同盟包括美国教堂协会、美国护士联合会、MomsRising.org 网站和很多环境及公共卫生团体，共 60 个组织。国会还收到了一封要求禁止邻苯二甲酸酯的签名信，上面有来自 26 个州的 82 个立法委员的签名。

有趣的是，对于联邦层面的提案，工业界内部也出现了分歧。面对加州的提案时，玩具企业和化工企业紧紧地团结在一起，共同投反对票。然

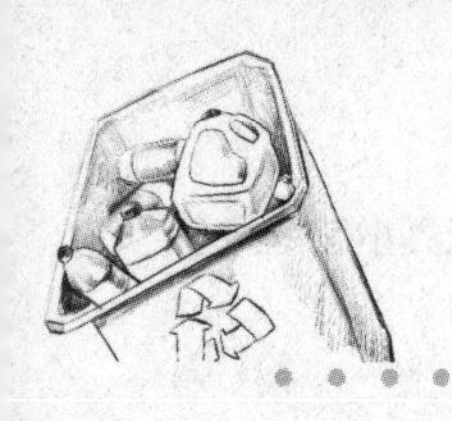

而,当提案递交到联邦政府时,世界第二大玩具公司,孩之宝公司(Hasbro)反而积极支持这个提案。孩之宝公司清楚地知道:与其让50个州制定50个不同的邻苯二甲酸酯管理条例,还不如全联邦统一制定一个条例,两害相权取其轻吧! 而美国化学理事会和埃克森美孚则仍然是最激烈的反对者。

没过多久,《消费品安全委员会修正案》等一揽子改革方案,包括邻苯二甲酸酯禁止令在内,在参议院一致表决通过。这意味着,无论出于何种原因或目的,所有人都支持这个修正案。"所有这一切都令人惊叹!"努德尔曼说,"要知道,几个月之前,还没人听说过邻苯二甲酸酯。"乳腺癌基金会在一篇报道中写道:"这是一起大卫之于哥利亚的胜利,关心公众健康的人们,还有广大家长都站了起来对抗强大的石油化工巨头。最后,我们赢了!"

提案最后交到小布什(George Bush)手里,由他签署。2008年8月,小布什签署了这个时代消费者保护条例中最为重要的一份法律文件。这份文件规定,永久地禁止销售那些DEHP、DBP、BBP含量超0.1%的儿童玩具和儿童用品。暂时禁止销售含有另外三种邻苯二甲酸酯(DINP、DIDP和DNOP)的玩具,这是为了预防的需要,如果后续的科学研究证明是安全的,则再取消禁令。

更重要的是,这份法律文件要求化工企业承担举证责任,在将某种邻苯二甲酸酯重新投放市场之前,他们首先必须证明其安全性。在美国的法律中,对于有毒污染物提出这样的要求还是第一次。(过去的做法是:如果不能证明其不安全,就可以认定是安全的。)国会资深观察员、环境工作组研究部副主席霍利亨(Jane Houlihan)把这个法案称为"拉开架势向化工业射出的重要一箭"。"工业界极力想保住邻苯二甲酸酯,建立了好多工作小组和说客团队来对抗禁止令和限制令。"她说,"这一次,他们被打败了,这也标志着,人们再也不愿忍受日用品中的这些化学物质了。"

霍利亨还希望人们能够保持这个好势头,继续对其他有毒化学物质发起进攻:“在美国,《有毒物控制法案》要求,美国环保署(EPA)在对一种化学物质采取行动之前,先要证明其对健康有害。而我们实际上需要的,也是范斯坦的邻苯二甲酸酯提案所追求的,其实是另一种机制,这种机制规定举证责任承担者应该是化工产品生产者。如果一家化工公司所生产的化学物质最后会进入人体内,那么,在产品进入市场销售之前,将化学物质添加进产品中的生产商必须证明这种产品是安全的,添加在产品中的化学物质也是安全的。其实这也是十分普通的常识。现在是时候将在售的82000 多种化学物质纳入到这种机制之中了。”

有毒儿童玩具在欧洲被禁止十年后,“预防强过后悔”的模式终于进驻美国了。

迟做总比不做好!

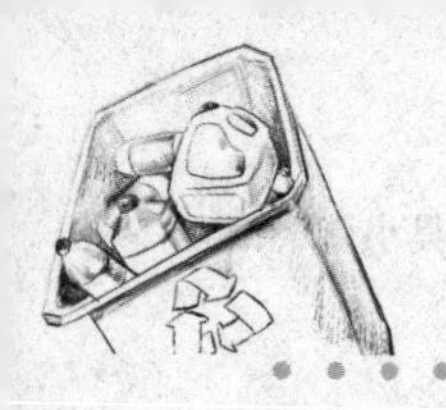

番茄酱难题

当然,邻苯二甲酸酯的故事还远没有结束,这种有毒化学物质仍然存在于许多日常生活用品中,特别是在卫生间里。在美国,小布什采取行动禁止了有毒玩具。在有些国家,比如加拿大,立法机构依然无动于衷。幸亏有一些伟大的倡导者如环境工作组和乳腺癌基金会在不断努力,幸亏有一些果敢的立法委员如马议员在不断奔忙,我们已取得了一些好消息,一些可喜的进展。

对于我的孩子来说,这些禁令是有些晚了。但对我妹妹的儿子(他在小布什签署文件不久后出生)来说,以后就不用再担心什么有毒玩具的影响了。

邻苯二甲酸酯的故事牵涉很多问题,贯穿于本书之中,你将在后面的章节中一次又一次看到化工企业不承认产品有问题的强硬态度;环保主义者和公共卫生倡议者行事的决心;消费者购买的产品对他们体内毒素水平的影响,而归根结底,唯一能够真正彻底根除日用品中污染物的办法就是政府立法禁止。

写到这里,我恰巧碰到了一个许多消费都经历过的尴尬决择。那天晚上,我到附近的超市给孩子买了一大堆东西:牛奶、香蕉、番茄酱等。我妻子珍妮弗通常就近在杂货店买这些东西,因此我买东西花的时间通常是她的 2 倍。

而那一次购物,我差不多花了 10 倍于她的时间。我站在货架前,眨着眼睛、瞪着那些番茄酱,说实话,完全懵了。

• 有机番茄酱,装在塑料瓶中;

• 埃尔默番茄酱,著名加拿大品牌,用本地番茄做成,同样装在塑料瓶中；

• 只有非有机番茄酱、非本地产的亨氏番茄酱用玻璃瓶包装。

怎么选？杀虫剂含量少的番茄酱，以及本地产的、低碳的番茄酱，无疑都含有邻苯二甲酸酯。我既不愿意买非有机的、非本地的番茄酱，也不愿意买塑料瓶装的番茄酱，但除此之外我别无选择。这件事简直让我抓狂。

那个晚上，由于着急回到家里陪孩子，我选择了控制杀虫剂摄入。我拿着这些有机番茄酱走向结账柜台，心里想着，就我的孩子吃这些东西的速度和方式（他们总是会把番茄酱弄得到处都是，然后伸着舌头在手指头上、脸上和头发上到处舔）几周后，我就又得再次经历这种艰难的决择。

要知道这种番茄酱难题每天都在轮番上演。由此可知：尽管普通消费者很想买健康的食物以防止家人暴露于有毒化学物质，但是他们面临的困难实在太大，根本没有选择的余地。在这种情况下，只有政府出面干预才能够彻底解决问题。政府应该通过调控决策来限制使用塑料包装，限制使用杀虫剂，并支持食物生产的本地化。

当我开车回家的时候，我领悟到这样一个道理：只有政府的管理，才能让我们吃到玻璃瓶装的、本地生长的、有机培育的番茄酱。也只有政府，才能防止那些超市选择难题再来为难我们。

第三部分

世界上最滑溜的物质

布鲁斯到特富龙镇旅行

(城郊的一间厨房里,丈夫和妻子争吵着)

妻子:"西摩"是地板蜡!

丈夫:不是,"西摩"是甜点的配料!

妻子:是地板蜡!

丈夫:是甜点配料!

妻子:是地板蜡! 我已经告诉过你了!

丈夫:是甜点配料! 你这个笨蛋!

画外音:嘿,嘿,嘿,你们俩不要吵,"西摩"既是地板蜡,又是甜点配料! 现在,我先喷一点在地板上……再喷一点在你的苏格兰布丁上。

——《西摩》周六夜现场 1975

"Shimmer" Saturday Night Live, 1975

众所周知,特富龙——以及它的化学物家族(叫做全氟化合物 PFCs)——常被用作煎锅的表面涂层。然而,它还有一些鲜为人知的应用,如:用于制作披萨盘底衬、挡风玻璃雨刷、子弹和计算机鼠标,甚至还是一些化妆品和服装的关键成分。

"特富龙无所不在!"这是杜邦公司给特富龙所做的广告词。这句广告词其实也准确地指出了特富龙的问题:这玩意儿不应该无所不在,它不应该出现在北极环斑海豹的肌肉里面，它也不应该出现在98%美国人的血液里面，当然，更不应该出现在西弗吉尼亚州帕克斯堡居民的饮用水里面，而这些正是我们现在所看到的。

PFCs是如此流行和持久，它们的使用范围是如此广泛，这简直是30年前电视上周六夜现场讽刺剧的现代翻版。这个节目是我最喜欢的节目之一，剧中有这样一个场景，埃克诺伊德(Dan Aykroyd)将奶油泡沫喷进他的碗里，而同时，她妻子却将同样的东西喷在地上，清洁厨房地板。第一次看到这个场景，我只把它当成一个笑话。而现在，我再也笑不出来了，因为类似的事情就发生在PFCs身上。这些合成化学产品一面衬在爆米花包装袋的里层，一面喷在地毯上、衣服上防污，一面还用来灭火。还有，它最著名的用途是：用作煎锅的表面涂层，使得煎锅不粘东西。现在，杜邦已经不是唯一知道特富龙无所不在的"大佬"了，美国环保署(EPA)也知道了。生产特富龙需要添加一种极具耐久性且遍布全球的化学物，叫做PFOA(全氟辛酸铵)，就是这个PFOA使得美国环保署坐立不安，对其密切关注。而PFOA现在已经成为了3亿美元法律纠纷的核心。

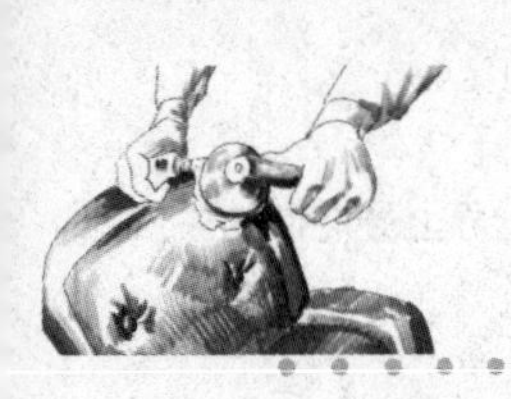

遗臭万年的化学物质

PFOA 是杜邦及少数几家公司生产的诸多 PFCs 产品中的一种。闻名遐迩的不粘涂层特富龙、银石(Silverstone)和顶石(Capstone)都是杜邦的氟化物产品。特富龙最为显赫的荣誉是:被《吉尼斯世界大全》列为“世界上最滑溜的物质”。另外,除了厨房产品作为主打外,特富龙在卧室产品中也已经崭露头角。比如,“高泰克斯”(Gore-Tex)是 PFCs 防水布的品牌,“思高洁”(Scotchguard)、“地板防污大师”(STAINMASTER)也是杜邦旗下的品牌。

直到前不久,思高洁中还含有一种叫做 PFOS(全氟辛烷磺酸)的化学物质。2000 年,思高洁的生产商 3M 公司发现 PFOS 具有耐久性,环境中不易降解,因而主动在其产品中去除了这个成分。而美国环保署在给加拿大环保局的一份公函中建议,分步骤地停止 PFOS 的生产,因为“PFOS 具有特别强的不可降解性、生物累积性和毒性”,而 PFOS 现在还在环境中到处流窜。

PFOA 又名 C8(因其分子结构中有 8 个碳原子),跟其表兄 PFOS 一样有很多问题。不少科学家认为 PFOA 具有毒性,可能引起先天不足、发育障碍、激素紊乱和胆固醇升高。美国环保署已经给它贴上了“可能致癌”的标签,而且,PFOA 已经遍布世界的各个角落。的确,PFOA 具有许多独特有用的化学特性,它特别持久耐用、不溶于其他化学物质、防火、不粘,这些特性使得 PFOA 在商业上广受欢迎,也正因为它在商业上广受欢迎才引发了人们的担忧:PFOA 对环境和人类健康有影响,它的坚硬、光滑和不易分解是主要问题。没有什么东西可以清除它,太阳光不行,胃酸也不行。PFOA 从工厂里生产出来之后,要想令它在环境中消失得花很长时间,甚至可能需要几个世纪。一旦一个 PFOA 分子出现,从此以后它就会一直围绕在你周围,至少在可预见的未来都是如此。假设我们的身体和周围的环境是个巨大的联体量杯,PFOA 的水平会逐渐持续地上升,直至充满为止。

杜邦是美国 PFOA 的独家生产商,生产基地设在西弗吉尼亚的帕克斯堡小镇,杜邦的特富龙及其他相关产品都在那里生产。多年来,生产过程中产生的大量化学物质排放到当地的空气和水中,与 PFOA 有关的健康顾虑成为当地公众关心的主要问题。

除了直接排放到环境中,PFOA 还作为氟调聚物(PFCs 的一种)的分解产物间接地进入到环境中。消费者把氟调聚物喷在纺织品、沙发以及各种家具表面,工厂里也会使用氟调聚物。丹麦研究者发现,自 2000 年以来,北极熊体内的 PFOA 及一些全氟化合物的水平已经上升了 20%,甚至更多。多伦多大学的化学家马伯里(Scott Mabury)是该领域世界闻名的领军人物,他已经从很多物种体内测得氟化物,也从生态系统中测得氟化物。我和他的研究团队中的一些人员谈到过这些,他们的结论是:这种污染的持续加重是因为很多产品中的氟调聚物分解变成了 PFOA。

2006 年,马伯里接受了加拿大广播电视台的一次采访,下面是他当时的发言:

"我们已经发现,空气中的氟调聚物已经达到了可以测量出的水平,它们很可能是从地毯、防水材料、防污材料等生活用品中逃逸出来的。比如将氟调聚物涂在地毯上可以防水防污,但是,这些表面涂层会挥发进入空气中,扩散至整个北美的大气层。我们还知道氟调聚物可以在空气中飘上 20 天,足以飘到遥远的北极。我们还知道,大自然母亲在处理化学污染的同时,会将这些氟调聚物转变成全氟羧酸(如 PFOA),这种化学物持久性更强,并具有生物累积性。

这些消费品中,PFOA 的含量并不高,但 PFOA 前体的含量却很高。我猜想,在 PFOA 前体到 PFOA 的转化过程中,人类可能起到了推波助澜的作用。PFOA 自己不会满世界乱跑,它之所以会遍布全球,是因为它的前体在

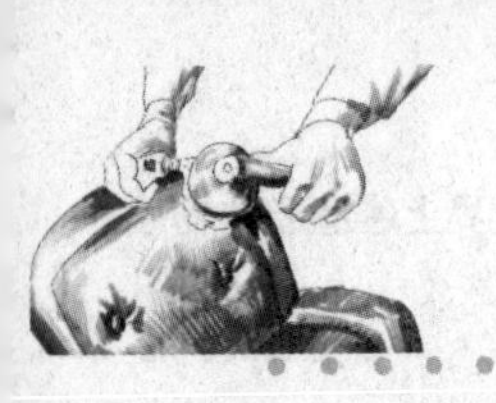

满世界乱跑。这种满世界乱跑的前体便是氟调聚物,氟调聚物的挥发性极强,它大量挥发到大气中,随风飘散到很远的地方,再变成 PFOA 沉降下来,最后还可能攀升到食物链顶端。”

制造商竭力驳斥这种说法,他们坚信,涂层中的化学物质是稳定的,不会像马伯里描述的那样扩散到环境之中。

然而,在 PFOA 的重灾区帕克斯堡,我们可以罗列出太多的人物案例,他们均受害于附近化工厂或有毒废物的污染,比如爱之河与《民事诉讼》(*A Civil Action*)中的特拉奥尔塔(John Travolta)等等,而这些只是帕克斯堡所经历的灾难之一。帕克斯堡的故事,可能是第一个环境灾难的故事——一个小城镇的污染也能影响全世界,包括生活在其中的一切生物。

这样的一个城市,我必须亲自去看看。

特富龙城的坦南特

西弗吉尼亚州的帕克斯堡,是生产特富龙的小城。长久以来,杜邦公司一直就在这里制造这种举世闻名的产品。

九月的一天上午,我到达伍德县机场。尽管已经9月,天气还热得不同寻常。一出机场,我就跳进一辆事先租好的红色小车,开车驶向帕克斯堡。当地一家银行的温度显示器告诉我,气温仍有38℃。天这么热,我不禁想起一句谚语,人行道上都可以煎鸡蛋了。而且,这里是帕克斯堡,你不用担心它会粘在地上。

帕克斯堡市位于卡诺瓦河和俄亥俄河两条河的汇合处,风景如画。开车进城时,途经美丽的阿巴拉契亚森林,一路有微风轻拂。路旁房屋疏落有致,人口稀疏,河谷里农场古朴雅致。正是由于这里的森林、河流、耕地和煤矿等各种自然资源丰富,早期工业得以发展。1772年欧洲移民进入帕克斯堡,使得帕克斯堡成为俄亥俄中部河谷乃至北美最古老的城市之一。1860年,帕克斯堡出现了弗吉尼亚州第一口油井,到19世纪末,帕克斯堡成为拥有制革和造船工业的繁荣商业城市。和那个时代许多工业迅速发展的城市一样,帕克斯堡城也是少数人控制一切,整个城市的土地、法院和工业都掌握在少数人手里。比如杰克逊(John J. Jackson),历史上担任联邦法官一职时间最长的法官,在19世纪末,几乎拥有帕克斯堡的所有主要工业,并带领西弗吉尼亚走向“重商”式的繁荣,直至今天。“重商环境”是一个政治术语,表示环境和劳动保护不占首要位置的地方。西弗吉尼亚一直就以重商环境著称。

帕克斯堡既是全球的PFOA浮尘腾空而起的地方,又是布劳克维奇(Erin Brockovich)式永不妥协的法律纷争的中心。在帕克斯堡市中心下游

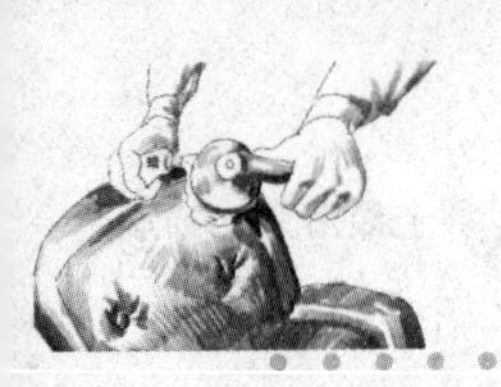

方向一英里左右，就是杜邦华盛顿公司的化工厂，它位于我们所称的“洼地”——毗邻俄亥俄河的冲积平原上。在18世纪后期，洼地是人们最渴望拥有的土地。美国革命中，以洼地土地作为许诺，激励那些士兵去为新美国而战斗。后来，老兵们因为对新美国的贡献而得到了早先许诺的土地，其中最著名的可能要算华盛顿（George Washington），他得到了俄亥俄河边上好的几千英亩①优质土地，他原本计划把这些土地用作自己的退隐之地，但他后来没有真的来这里生活，尽管如此，他的名字还是留在“华盛顿工厂”里面，只是，不再是“华盛顿乡村牧场”，而是“华盛顿工厂”。华盛顿工厂占地2000多英亩，里面有纵横的公路、铁路、管道、储罐和烟囱等，与其相邻，还有一些其他加工厂、炼油厂和火力发电厂。

与杜邦化工厂隔河相望的井田，就是俄亥俄州小霍金镇的饮用水的源头。我站在井田地里望出去，对岸都由杜邦工厂的设施所占据。从我所站立的地方，每个方向，甚至包括在水下，都能看到各种各样的管道，一直延伸到俄亥俄河边。新建的过滤水装置也正好在这里，清晰可见。这些装置是在2006年修建的，用来清除小霍金水源中的污物，它们是杜邦公司履行法律义务而安装的设施。

坦南特农场是一个典型的家庭农场，坐落在华盛顿工厂不远处。在他们驯养的牲畜都死去之前，吉姆·坦南特（Jim Tennant）和德拉·坦南特（Della Tennant）在此居住了多年，生儿育女，牧养牲畜。1980年代初期，他们把部分土地卖给杜邦，之后不久，一些糟糕的情况开始出现。当地记者莱昂斯（Callie Lyons）在《防污、不粘、防水和致命》（*Stain-Resistant, Non-stick, Waterproof and Lethal*）一书中。讲述了帕克斯堡地区被C8污染的故事。按照莱昂斯的说法，坦南特一家开始注意到一些怪事：当地的野生动物逐渐死亡，河里的小鲦鱼也消失了，他们家的牛喝的便是这同一条河里的水。当他家的牲畜也开始垂死挣扎的时候，坦南特一家绝望地眼看它们

---

① 1英亩=4046.86平方米 ——译者。

死去而无计可施,因为他们不知道牲畜为什么会死。不止牲畜无端地死去,新生的小牛也都有严重的畸形。

到了1990年代后期,坦南特的牧群大部分被毁。更糟糕的是,他们的家族中有人患了呼吸道疾病,以及各种癌症。在接受全国公共电台的一次采访时,德拉·坦南特讲述了她家一头奶牛垂死时的情景,她说:"它大声地嘶叫着,每张开嘴叫一次,嘴里就喷出一大口鲜血。我们什么办法也没有,只能眼看着它这么难受,真的就是折磨!想到一直都是依赖这些奶牛我才把孩子们养大,现在看着它们受苦,真是如鲠在喉,欲吐不能。"

坦南特发现,他们卖给杜邦公司的那块地被用作华盛顿工厂的有害污物倾倒场。后来他们发现,这里被PFOA严重污染。他们聘请辛辛那提律师比洛特(Rob Bilott)状告杜邦公司造成的损害,比洛特祖籍也是帕克斯堡。2001年杜邦与坦南特家族达成私下和解,和解细节无从得知。和解当然有助于PFOA污染暂时淡出公众视线,但并不足以使得污染从水中或者从人们身体中消除。

乔·基格

帕克斯堡的真实故事并不只是某一个农场受到污染的故事，而是关于一个地区整个水域化学污染迅速扩散的故事。这个故事要从基格（Joe Kiger）和一些居民收到卢贝克地区公用事业机构（LPSD）的一个通知说起，该通知告知大家在饮用水中发现了一种叫做 PFOA 的化学物质。

在帕克斯堡市中心，古老的布伦纳哈塞特旅馆有个用橡木搭建的图书馆，在那里，我见到了基格。他刚刚下课，直接从当地高中足球队训练场来到旅馆。很明显，他那沉重的呼吸就是哮喘病的症状，这得到了他的证实，他说自己的确患有哮喘病。基格还告诉我，他做过 8 次前列腺活组织检查，心脏有 5 个支架，并且肝脏也有毛病。他相信，这糟糕的健康状况是帕克斯堡的化学污染造成的，他说："不然，怎么解释我和朋友们都患有这些疾病呢？"

基格身材高大结实，看起来就像是个高中的足球教练，满头银发齐刷刷剪得很短，看起来就像从 1950 年代的高中年鉴中走出来的人物。他从未为杜邦工作过，但他在帕克斯堡出生并长大，职业生涯漫长并且有丰富的经历，他从事过建筑业，当过教师，直至从事过健康和安全方面的行政工作。他不止是杜邦案的参与者，还是集体起诉杜邦公司的首席原告。"进行诉讼的确是不得已而为之的事情，"他说，"如果自己都不能为自己站出来说话，那你还能期待什么呢？"从他的热情和坦诚可以看出，他是一个较真的市民。

基格坐下来继续告诉我，他是怎样卷入美国历史上最大的环境集体诉讼案中去的。卢贝克公用设施部门的通知中附有一份杜邦公司出具的保证书，保证饮用水中所含 PFOA 的水平是安全的。对基格来说，这个保证是一个危险信号,他想,这是为什么？为什么杜邦公司要告诉公用设施部门水是安全的？会不会还有其他的问题？基格并没有马上采取行动,他只是保存了这封信。接下来的几个月,一系列的事情激起了他的怒火。他的很多朋友开始生病,关于杜邦工厂里化学物质的安全问题的故事时不时从电视新闻里面跳出来,坦南特农场的法律诉讼案传得满城风雨。这些事情都在告诉基格,要出大事了。"这时,我问妻子:'那封通知在哪?'"

基格不是那种盲目听信别人的人,他能感觉到有些事情不对劲。他开始给各处打电话,先打给卢贝克公用设施部门,他们只是推托,闪烁其词。接下来,他联系了自然资源和环境部的西弗吉尼亚办公室,按照基格的说法,他所联系的这些部门对待 PFOA 的问题"就像躲避瘟疫一样",没人愿意跟这个问题沾边。基格还给杜邦打了电话,也没有什么作用。只有越打越沮丧。基格说:"(沮丧的感觉)就像一堵慢慢上升的围墙紧紧包围了他。"基格的话使我想起了著名的联邦总司令石壁将军杰克逊,他也曾遭遇类似的情况。

由于在当地无法获得任何帮助,基格给美国环保署在费城的地方办公室打了电话。他们让基格把卢贝克的通知传真过去,通知里提到环保署对于"公用设施部门提供的饮用水中有害物含量"的所有规定,但是,"环保署的规定中,没有说明饮用水中的 PFOA 是否属于有害物。"(也就是说,立法部门没有限制 PFOA。)同时,通知上还写道:"杜邦公司建立了自己的饮用水标准,并向卢贝克公用设施部门保证它所制定的 PFOA 含量标准是安全的。"基格对此十分不解,为什么杜邦能自己设定了饮用水标准,然后再告知公用设施部门,那些水是安全的？基格跟美国环保署取得了联系,因为他认为这种情况不合理。环保署的一位工作人员问他:"你们的饮用水里的 PFOA 究竟有什么问题？"这个工作人员给基格寄来了一些信息资料,包括坦南特案子代理律师比洛特的名字。在和基格进行了一次长时间谈话之后,比洛特同意再次接下这个状告杜邦的案子,这次是集体诉讼,基格是第一原告。

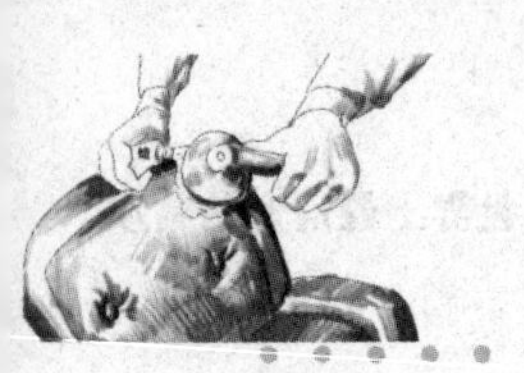

集体诉讼在2001年8月30日立案。诉讼指控杜邦以及卢贝克公用设施部门“对原告实行了恶毒的、故意的、蛮横的、不计后果的轻视……完全无视原告的生命和财产安全。”对此,被告必须进行惩罚性的损害赔偿。

尽管集体诉讼的各位原告都清楚杜邦在当地的重要经济地位,律师还是直言不讳。一开始原告就达成共识,大家的目的是要向杜邦讨个说法,并得到相应的公正补偿,并没有想要让杜邦公司关门。原告想要弄清楚,到底饮用水中的PFOA对健康有没有不良影响。

如基格所言:“这真是吃力不讨好的活。”他下决心在集体诉讼中担任第一原告并不是件轻松的事,其影响直到现在都还可以感受到。当时,他不得不承受来自社区居民的各种不同形式的非难,其中主要分为两派,一派是忠于杜邦家族的,称为杜邦派,他们或者是自己在杜邦工作,或者家人在杜邦工作;一派是想更多地了解全氟化合物及其对健康影响的人。杜邦派中的一些人会当面辱骂、恐吓和威胁,甚至还往基格的住处扔东西。东西是扔向他的房屋,烦恼则扔到了基格的内心深处。有一次,基格的邻居的房子意外被一把火烧得精光,基格的朋友开玩笑说:“那些人一定是搞错地址了。”

杜邦公司为当地社区提供的直接高收入就业机会超过2000人,间接就业机会就更多了。对杜邦工厂的未来构成威胁的那些人自然会被另一些从杜邦得益的人视为叛徒。就这个问题,我和科林斯(Lisa Collins)进行了探讨。科林斯是当地的公共事务咨询员,为帕克斯堡的州立健康项目收集数据,当然也收集当地血液测试的数据。按照科林斯的说法,西弗吉尼亚人一般都不喜欢与人交往,自己的事情不喜欢告诉别人。因此,很多人对这种集体状告城里最大雇主的行为感到反感,他们也不相信“这个养活我们的工厂也正在谋杀我们。”他们不敢想象失去杜邦公司的情景。莱昂斯说:“没人喜欢这种结局。”莱昂斯是当地记者,在专著《防污、不粘、防水和致命》中,她将帕克斯堡人当时的心态归因于西弗吉尼亚的煤矿开采历史,煤矿中高收入的人很多都有职业病,因此帕克斯堡人形成了这样根深蒂固的思想传统:“高收入的人不免生病。”这样的窘境是单一型化工城市的通病,特别是那些高收入就业机会稀少的城市。

集体诉讼之前,民众对帕克斯堡和华盛顿工厂的健康问题并不了解,这是杜邦一直保守得很好的一个秘密。早在1981年,杜邦的华盛顿工厂工人体检时就在血液里发现了PFOA。但杜邦公司把这件事掩盖了下来,负责调查杜邦公司的美国环保署认为杜邦公司是在刻意隐瞒产品问题并将其告上法庭。2005年12月,判决书下来,杜邦公司被处以1650万美元的罚款,这是美国法律所规定美国环保署可以罚款的最高额度。美国环保署曾要求各企业报告生产销售产品中化工危险品情况,而在企业的报告中,杜邦8次中有7次瞒报。

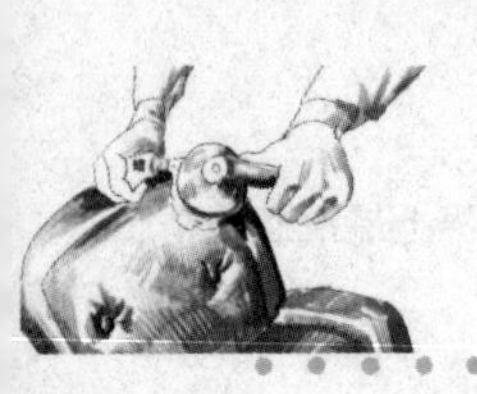

工厂里的发现

调查发现,杜邦早在1961年就已经了解PFOA对于人类健康是有威胁的。那时杜邦公司的研究人员发现,暴露于小剂量PFOA的老鼠出现肝脏变大现象。一份杜邦内部的备忘录记载:"所有这些东西……都应极为小心地处理,绝对禁止接触皮肤。"杜邦公司却声称,PFOA的含量水平很低,不足以引起健康担忧。另一家大公司3M公司也曾生产和使用PFOA并对自己的员工的健康状况进行了研究(而从此以后就逐渐停止了PFOA、PFOS及其相关产品的生产)。一项研究表明,3M公司直接暴露于PFOA的工人死于前列腺癌症的概率是那些最少暴露的工人的3倍。这个数据并没有引起3M公司的充分重视,因为两者的平均死亡率并没有太大差别。事实上,3M公司甚至还使用这个数据来宣称PFOA是安全的,尽管有人死于癌症。由于影响健康的因素是复杂的,这些被测者摄入PFOA的剂量低、参加测试的人数又少,因此单个实验数据不足以证明PFOA有害人类健康。然而,把各方面的信息集中起来,便有充分的证据说明:PFOA的确大有问题。就是这些评价使得美国环保署倾向于认为PFOA"很可能致癌"。但是,杜邦坚持认为PFOA是安全的并宣称:"杜邦坚信,他们也有充分的证据证明PFOA没有对公众健康形成危险。"

我启程前往西弗吉尼亚的卡尔斯敦,去和戴茨勒(Harry Deitzler)会面,戴茨勒是杜邦集体诉讼案的首席律师。他和基格一样,在帕克斯堡出生并长大,是前地区检察官。戴茨勒热爱他的工作,尊重帕克斯堡勤劳的人们。他以自信和雄辩的口才描述了当地居民的遭遇,使人相信作为首席律师,他将十分胜任这份工作。

戴茨勒告诉我:1981年杜邦进行了一项研究,希望了解这些暴露于

PFOA 的工人是否会生出先天畸形的小孩。他们在老鼠身上的研究已经发现了特定的面部先天缺陷,比如腭裂、鼻孔畸形和泪道畸形。按照戴茨勒的说法,泪道畸形毫无疑问是 PFOA 副作用的独特后果。杜邦选择了 8 个工作中需要暴露于 PFOA 的女工进行实验。戴茨勒解释说,杜邦算得很精:如果 8 个妇女中有一个生下了有缺陷的孩子,他们准备解释为偶然状况,尽管 1/8 这个概率已经高得不同寻常。如果有 2 个或更多妇女出现这种情况,他们将把它当作值得认真对待的问题。后来发现,在 8 个妇女中的确有 2 人生出的小孩有先天缺陷。不仅这两例的先天缺陷十分类似,而且它们都是老鼠实验中出现过的鼻子眼睛问题。杜邦是如何反应的呢?他们将这两个妇女调到了别的工厂,把进行中的健康试验中止掉,把试验结果作为秘密封存不再提及。戴茨勒对此的反感是显而易见的,可能就是这些导致他在集体诉讼中使用了"不计后果的忽视"和"臭名昭著的漠视"等尖锐的措辞。

对于基格,这样的法律诉讼是出于维护基本的人类尊严。"杜邦知道饮用水中有 PFOA,知道 PFOA 会引起畸形,知道所有这些问题都存在,也知道如何去解决。"然而,基格不解的是,当帕克斯堡的自闭症和哮喘高发,癌症成群出现,先天畸形到处可见的时候,杜邦如何还能够我行我素,而不把真相告诉任何人?

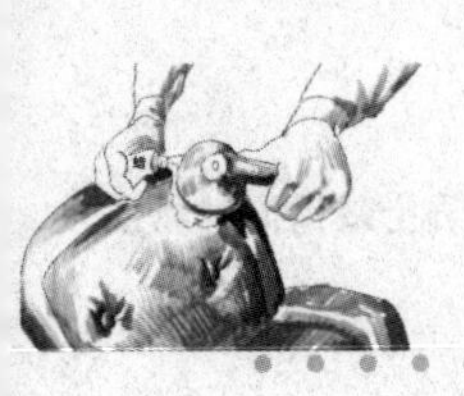

和解方案

2003 年初,卢贝克地方公共设施部门私下了结了此事,留下杜邦成为唯一被告。杜邦公司遵循法官提出的寻求和解的建议,试图和戴茨勒、比洛特达成和解。2004 年 11 月,双方达成了庭外和解的原则性协议,2005 年 2 月,和解最终达成。在三年多的民事诉讼过程中,戴茨勒估计,他们阅读了 150 万页的文件,诉讼费用和相关成本累计超过 2200 万美元,所有这些都由杜邦支付。

和解方案包括为健康和教育项目提供 7100 万美元,安装价值 1500 万美元的世界一流的水处理设备,为 6 个地区供应 PFOA 含量最低的饮用水,提供 2000 万美元经费成立一个科学小组来研究 PFOA 暴露与有害医学作用之间的关系。如果科学小组确定了 PFOA 与罹患某种疾病有关联,那么杜邦公司将提供 2.35 亿美元医疗费用,作为那些受直接影响的受害者的治疗费用。这个科学小组的建立是和解方案中的全新突破,这个突破使得戴茨勒及其法律事务所获得了 2005 年度公共正义基金会设立的"年度辩护律师奖"。

这算得上美国历史上最大的一起环境法律集体诉讼案,杜邦公司为此支付了总计约 3.4 亿美元的费用。然而,这个数字应该放到这个背景上来看:2007 年杜邦的营业收入是 300 亿美元,赔偿金几乎只占杜邦公司 30 亿税后利润的十分之一。

对于基格及其他想知道饮用水中的 PFOA 是否影响健康的这一批人来说,科学小组可谓是这个和解方案的重要内容。这可是个"刀枪不入"的科学小组,由世界顶尖的流行病学家组成。科学小组成员人选的确定原则是:杜邦、基格及其他原告任何一方都有权否决他们认为持有偏见的任何一个小组成员。作为一个科学政策的研究者,我认为这是一个了不起的进步,因为这种情况下,对于危害的判定是由专家作出,而不是由陪审团作出。由于判定过程中任一方都有权提出中止,科学家对作出判定一般都特别仔细小心,这可能会对杜邦有利。但是,如果仅仅只需对 PFOA 与健康问题之间的可能关联度作出判断,科学家就不需要做出一个绝对的陈述。那么不管他们作出什么样的判断,都无疑会被当作事实为大家接受。因此,这种结果适用于全球范围。

科学小组成立于 2005 年 2 月,接受委托的工作目标明确设定为 2 个。第一是判断 PFOA 与疾病之间是否有一般性关联。第二是判断帕克斯堡地区居民的疾病是否由饮用水中的 PFOA 引起。按照戴茨勒的说法,如果科学小组证实第二条指控,那么,在法律上,杜邦就不能抵赖这种"总体上的因果关系"的成立。这意味着杜邦不能否认 PFOA 可能对健康有损害。但是,他们还是可以否认一些个别的因果关系。这就意味着,如果杜邦能够证明某些伤害不是由 PFOA 引起的,那么杜邦可能就不需要对其负责。所以,每个个案需要独立对待。

如果科学小组不能证实第二条指控正确,那么华盛顿工厂工人提出的因 PFOA 引起的健康问题的申诉就不能在法律上对杜邦公司构成威胁。毋庸置疑,未来帕克斯堡城的居民将受到科学小组工作结果的极大影响。由于美国环保署将 PFOA 归入了"可能致癌"一类物质,动物研究也表明 PFOA 与疾病之间有直接的关联,因此科学小组的第一个任务基本上已经有了结果。戴茨勒相信科学小组将会证实第一条指控正确。但是,他们无法知道,科学小组能否证实饮用水中的 PFOA 与当地居民的死亡和先天缺陷之间存在"可能的关联"。

戴茨勒深入地参与了和解细节的处理过程,包括选择科学小组成员,研究收集数据的措施等等。过去的传统研究,一般是先在小部分人中进行小样本研究,然后将其研究结果扩展延伸到整个人群。而这次戴茨勒建议,帕克斯堡的每个公民都应该参加到研究中来,参与的方式就是提供血

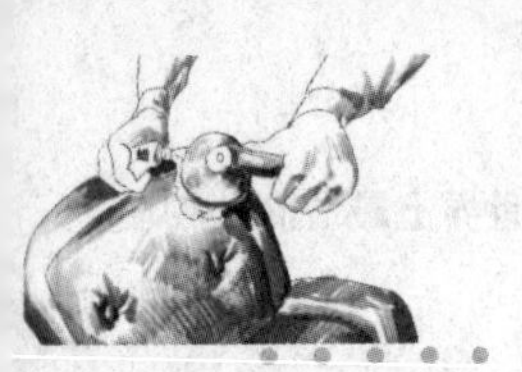

样。这种方法在流行病学研究中没有采用过，专家怀疑这种采样率 100% 的研究方法能否实现。但戴茨勒说，他处理过类似的案例，知道这种公共研究可以通过现金来推动。戴茨勒说，问题很简单，就是多少钱可以使得帕克斯堡的每个公民都愿意捐献血样？“我认为 400 美元就可以了。”他告诉我说，“如果我愿意为 400 美元捐血样，那么我相信其他人也愿意。”戴茨勒作为辩护律师，收入在当地算是中等偏上。最后他们确定了这个标准：捐献血样的居民得到 400 美元。结果一共收集到了 69800 个样本。戴茨勒算过，这大约已经包含了所有居民。

帕克斯堡案例被认为是社区毒性流行病研究中最为全面的案例，获得戴茨勒和杜邦首肯的 3 个研究小组的成员是国际公认的流行病学专家。尽管科学小组的方案在法律和健康科学专业方面都算得上最前沿，它还是有其自身弱点。当地居民提出了一些疑义，研究进度也真是慢得可怕，至少需要 4 年时间。科学小组的任务也是非常繁重，需要考察 11 个方面的健康问题：包括免疫疾病、肝脏疾病、激素紊乱、地方性癌症和生理缺陷等，几乎把能查的都查了。

最后的研究结果直到 2011 年才能得到。尽管如此，科学小组在 2008 年 10 月发布的初步研究结果，还是能够让大家隐约看到一点希望的曙光。他们发现，血液中 PFOA 含量高的人员，他们的胆固醇含量也比较高。当地居民血液中 PFOA 的含量几乎是一般美国人的 6 倍。科学小组的发言人斯廷兰(Kyle Steenland)说：“我们还不能得出疾病和 C8(PFOA)之间相关联的结论，因为我们不知道是 C8 先出现，还是疾病先出现。我们的责任在于证实 C8 和疾病之间是否存在关联。”

离开帕克斯堡之前，我在克里斯托餐厅吃早点。坐在镀铬的福米卡台面的柜台边，听到年轻的女招待哼唱着一首歌，我突然意识到，她正在唱的是 1980 年代早期杜比(Thomas Dolby)的歌《她用科学忽悠我》(你也许还记得，歌里反复唱“科学”和“我能闻到化学物质的气味”)。想到科学小组的研究成果对于帕克斯堡居民的生活有如此之大的影响，我觉得这首歌正是西弗吉尼亚之行印象最合适的写照。

事实上，我认为，历史上没有一个城市像帕克斯堡一样完全由“科学”来主宰未来，人们必须谨慎地对待各种证据，因为对这些证据的处理结果将直接影响城市的未来。

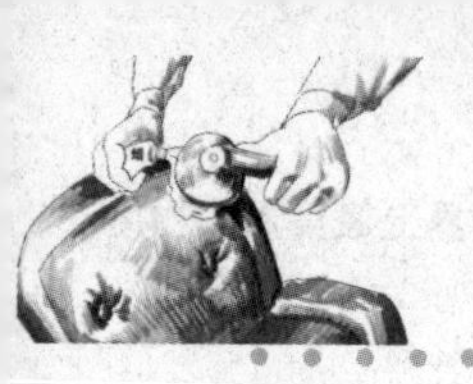

扔掉不粘煎锅

不粘煎锅顺理成章成了全氟化合物产品的代表，华盛顿工厂就生产这些全氟化合物产品。过去几个世纪，人们常常把金丝雀带到矿井里，如果金丝雀死了，矿工就知道那里的地下气体对他们也有害。现在，可能我们得寻找新的替代品去探测地下有害气体了，因为金丝雀都被我们用的不粘锅给杀死了。

鸟类的呼吸系统似乎不能承受不粘锅受到高温炙烤后发出的废气。废气使得它们小小的肺出血，肺里充满积液后，它们就会从空中跌落下来。人们早在35年前就知道这种快速致命的症状，并将其命名为特富龙中毒。使用不粘煎锅、土司炉、饼干盘和披萨盘等都会导致宠物鸟死亡。杀死鸟类的还不止这些厨房用品，熨斗、加热器、地毯胶和新沙发也都会损害鸟类那敏感的肺，使它们窒息而亡。加拿大和英国曾经报道过不止一次，在不粘涂层工厂周围发现过鸟类成群死亡的事件。也有不少报道说鸟类死于自洁炉、加热灯和不粘内涂层炉。

不难想象，对于化学品制造商，这是个棘手的问题。谁也不愿意被叫做宠物杀手，谁也不愿意让自己的品牌通过拥有“有毒”的标签而走红。不粘煎锅制造商杜邦公司旋即指出，在正常的烹饪条件下，煎锅不会杀死你的金刚鹦鹉。杜邦给出如下建议：“如果无意中将小鸟和无人看管的正在烧菜的锅同时留在厨房里，那么后果就会很严重，没过几分钟就会要了小鸟的命。无人看管或过热的炊具产生的油烟，不管是从不粘锅里面冒出来的还是从普通炊具冒出来的，都会以惊人的速度摧毁小鸟的肺。这就是为什么烹饪之前一定要把小鸟移到厨房外面去的原因。”杜邦的这条建议里面没有提到特富龙。

当然,如果你把小鸟从可能被油烟熏死的地方移出来,它死掉的可能性就减小了一些。然而,疑点依然存在:不粘锅是否会使人类所受的伤害更大?评审团对此无法作出判决,但是,有一些有说服力的证据表明,不粘煎锅很容易达到释放大量有毒气体的温度(其中一些气体可能致癌)。根据生产商的描述和一些独立研究的结果,不粘涂层从204—260℃开始分解,直到把锅加热到360℃才会产生有毒烟雾。进而,他们宣称,在正常的烹饪条件下不可能达到这样的温度。这句话引起了很大的争议,环境工作小组委托的一个独立研究表明,一个用传统的电炉加热的不粘煎锅在不到5分钟内便能达到371℃的高温。如果这就是所谓的正常条件,那么在正常条件下,有毒气体会不断进入空气中,而且不粘涂层总是在分解。

按照杜邦自己的研究,有毒粒子在240℃以上开始形成,在360℃以上特富龙开始释放大量的有毒气体,包括一些致癌气体。现在各种不粘产品(包括烤盘和烤炉内涂层)的数量正在增长,这些产品使用时的温度都一定会高于杜邦所说的正常温度,这是因为烤东西能达到更高的温度。人们烤东西时,烤箱内温度很高,烤箱表面温度也比装食物的平底锅要高。环境工作小组的研究发现,炉子的接水盘的温度可高达538℃。如此高温下,不粘涂层会进一步分解,并且释放出有毒气体,其中有一种有毒气体是全氟异丁烯(PFIB),这类似于第二次世界大战中使用的神经毒气。如果杜邦认为"低温"释放的毒气还不够毒,那现在PFIB甚至能杀死多利羊,这应该够毒了吧?

尽管鸟类似乎是对于废气最为敏感的动物,然而它们不是被不粘煎锅涂层影响的唯一物种。不止一次的试验表明,不粘煎锅加热到427℃时只需4—8小时就能杀死一群老鼠。在几个暴露在特富龙释放的有害气体下导致死亡的案例中,鸟的主人也因所谓"聚合物烟雾高烧"被送进医院,这种病导致一些类似感冒的症状,比如呼吸困难、心率过速、发冷和身体疼痛。

在一些特别的奇怪混合物中,特富龙释放出来的烟雾毒性特别大。极

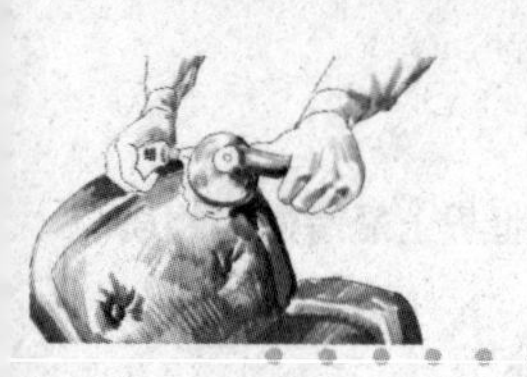

小的特富龙颗粒会在一根燃烧的香烟中分解，造成生产不粘煎锅的工人罹患聚合物烟雾高烧病。至于人们在家中边使用不粘锅加热边抽烟将受何种程度的影响还没有被实验证实，尽管如此，由于这两种行为本身都非常危险，所以，比较聪明的做法是，在用不粘煎锅炒蘑菇的时候最好不要抽烟。

PFCs也是现代生活趋势的一部分。所谓的现代生活趋势就是，价格胜过质量，方便超过一切，这听起来可能不太悦耳，但这些产品在市场上推广的时候就是基于这种假设的：所有消费者要么没时间要么没兴趣学习烹饪，来为自己制作美味佳肴。汤锅和煎锅只是在表面涂了些不粘涂层，这听起来似乎没什么问题。我们看到的经典的广告图片都是这样：一只煎好的蛋毫不费力地滑到了盘子里，根本不需要锅铲。煎锅只需用抹布擦一下就可以继续使用，也不用费劲去洗。听起来真是完美，简单容易！现在甚至最笨的厨师也会煎蛋了。但我们知道，没有一个真正的厨师选择不粘煎锅，真正的厨师都选择使用不锈钢锅、铜锅或者铸铁锅，他们考虑更多的是煎锅的导热性能以及烧烤的质量。如果你懂得如何烹饪，那么使用高规格的不锈钢锅或铜锅煎出的蛋同样也能从锅里滑出。

我刚刚想到，其实我也是个使用煎锅的高手，可以跟大家分享一些经验，一起丢掉不粘锅。

首先，你得买一个质量好的煎锅，不必买特别高端的，但必须有个坚固耐用的底，这样能够快速均匀地加热，并将温度保持在一定的水平上。即使你买个好锅比不粘锅多花了点钱，但考虑到过几年不粘锅的不粘涂层刮坏了就要换新的，把成本平摊到每个煎鸡蛋上以后，还是普通煎锅省钱。

一般的汤锅和平底锅有三种常见材质：铸铁、不锈钢和搪瓷。我最喜欢的是美国人常用的一套基本款的黑色铸铁套锅。我自己的经验是美国造的是最好的。铸铁的好处在于如果你正确使用并细心保养，它的性能要强过不粘煎锅很多。唯一不合适用铁锅烹饪的是含酸量高的蔬菜，如西红柿，如果烹饪时间过长，它们的含铁量就会过高。

食物粘锅主要有三个原因:第一,锅不够热(任何食物都应该在锅达到一个合适温度后才放进去);第二,锅里没放油;第三,使用了塑料锅铲而不是金属锅铲(塑料锅铲用于盛饭,而不是炒菜)。

所以,确保锅够热、放足油、用金属锅铲,那就没问题了。好了,你可以把不粘煎锅扔到橱底下去了。

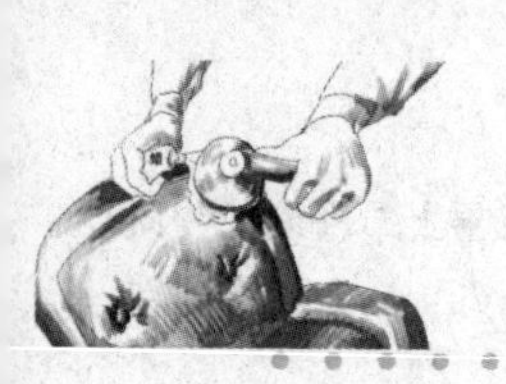

黏乎乎脏兮兮的未来

在20年的环保职业生涯中,我目睹环保主义者为社会提出了那么多充满智慧的分析建议,然而大部分都不被政府和工业界采纳。比如,在1970年代初,环境卫生专家曾提出一套化学物质评价体系,按照持久性(P)、生物累积性(B)和毒性(T)三个维度,建立起PBT分析评价标准,逐步有序地停止有毒化学物质的生产。从根本上来说,使用PBT分析的建议十分合理,是科学的、生态的,最终也是有经济前景的。当具有PBT三种特性的物品被广泛使用几十年后,几乎可以肯定的是,人类即将面临健康和/或生态问题。除了导致高昂的医疗费用还将花费巨额的诉讼费用。

开发这种PBT解决方案的全部意义在于避免潜在的生态、健康和经济损失,包括潜在的灾难。尽管我们已经具备将这些评价体系用于对付PFCs、杀虫剂、汞和其他很多化学物品,实践中也进行了不少的尝试,然而,政府和企业界在主要的行动方案中使用这些评价体系还是太少、太晚。北美企业界的兴趣总在于制定明确的法规和管理框架,而阻止那些善意的监督。

我坐在租来的红色小车里面,准备离开俄亥俄州的哈马小城。哈马小城位于帕克斯堡的上游。天色已晚,几个商人关掉他们的古董铺子后正站在路边闲聊。我本来没有注意他们在说什么,不过很奇怪的是,我无意中听到一个人说:"你一直泡在里面。"另一个人说起了玛奇(Madge)的下落等等。玛奇,就是帕尔莫利夫(Palmolive)宣传片中虚构的美甲师。在25年间,她总是叫顾客放心把手指甲泡在洗洁精中,她最著名的台词就是:"你一直泡在里面。"这句台词正好恰当地描绘了帕克斯堡居民与PFOA的关系,用来描绘我们与生活中的一些有害化学物质的关系也恰如其分。

洗洁精是我们今天面对的化学暴露物的一个温和的(事实上,不仅仅只是温和)代表。我们吃、喝、泡在上万种有潜在毒性的化学物质中,其中大多数物质我们所知甚少。当所有这些化学物质集中出现在我们的饮用水中时,事实上,我们并不知道它们之间的相互化学反应,也不知道它们与人类身体之间的化学反应。特别是,我们更不知道它们如何影响人类的大脑和人类的胎儿。医学专家不知道水中致癌物质的多少与引发癌症概率之间的关系。是否水中有20种致癌物,引发癌症的概率就增加20倍或者100倍?是否水中20种致癌物只不过跟1种致癌物致癌可能性是相同的?没人知道。事实上,这方面的研究还处于初期,这个研究领域被称为"累计风险评价"。这种关于暴露于多种有害化学物质累积起来对于人类健康影响的研究进行得非常之少,因为化学物质与人类之间交互影响非常复杂,而且对此人类也缺少相应的科学认识。不要说对于多种化学物质的累积影响,甚至仅仅对于一种化学物质的影响的认识都是非常有限的,因为我们往往要花50—100年去使用和研究,才弄得清楚可能出现的问题。

今天,尽管我们的家具、衣服、食物、包装袋以及身边的大多数东西时时刻刻都浸泡在毒酿中,不知道会有什么样的后果,但是,这些在化工厂工作的高层人士,并非虚构的美甲师,仍然在告诉我们不用担心!于是我们只能在这样的毒酿中泡澡,喝着水龙头里流出来的神秘混合物。

糟糕的是,自来水正是那些有毒化学制造业的残留物以最邪恶的方式出现的地方。PFOA也不例外。美国小城市被工业废物污染的广为人知的故事都跟水污染高度相关,这些故事都是市民注意到社区里出现了不同寻常的健康问题,然后才引起地方官员的关注,这些都是老掉牙的故事。我时常在想:在这个世界每天有多少不为人知的这类故事在上演?在有些地方,公民得不到法律救助,在另一些地方根本没有强有力的领导带领人们抗争。如果没有布劳克维奇或吉布斯(Lois Gibbs)会怎么样?如果帕克斯堡没有基格,那又会怎么样?在这些团体领袖的背后往往有一些组织支持,比如美国环境工作组、加拿大环保协会,他们在与有毒物的斗争中站在

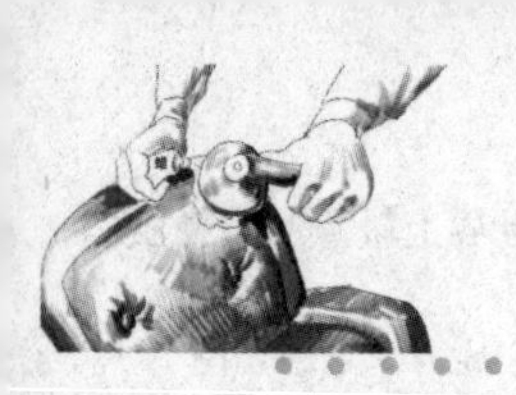

最前列。没有他们的工作,公众可能现在还被蒙在鼓里,不了解有毒化学物质对健康有如此多潜在的危害。

幸好消费者、环保主义者和社会团体有高度的警觉性,PFOA 以及其他 PFCs 为害的日子所剩不多。尽管杜邦坚称 PFOA 是安全的,但他们还是在逐步减少生产、使用和采购 PFOA,预计 2015 年将完全停用。这是否意味着人们情愿放弃灰尘自动弹离纺织品、鸡蛋自己滑入盘子里的这种美好的现代生活,也不要牺牲孩子的健康,不让地球被污染?这一切都还有待观察。你得知道,PFOA 不是我们有生之年能看到的 PFCs 家族的最后一个成员,虽然杜邦自愿逐步减少使用 PFOA,但他们又开始销售另外一种基于 PFCs 的新不粘材料,叫做“顶石”。按照杜邦的说法,“顶石具有与 PFOA 相同甚至可能更好的性质,同时去除了氟的作用。”

废气和我们

无论何时,当我们与人们谈起这本书,人们总是担心地问,做这些试验,是不是会使我们生病或者感觉不舒服?我们的身体暴露于化学物之后,是否有明显的反应?

总的来说,回答是否定的,我们无法精确地指出哪一种症状是汞、是双酚A还是三氯生引起的。在同时用了那么多个人护理用品和空气清新剂之后,里克觉得有些受不了,这跟大多数人走进商店化妆品的柜台都会觉得气味奇怪有些类似。真正击倒我们二人的是含氟化学品试验。

有些讽刺的是,正是我们认为最有可能成功的那一个试验,反而以失败收场。

试验很简单,我们想要看看是否能提升血液中的PFOA的含量。与一些专家交流之后,我们决定,吸入一些"正常"去污剂散发的气味,然后测量吸入废气对身体的影响。我们需要一个特定的空间,而我的公寓里有一个空着的房间正好合适。

测试房间长3.7米、宽3米、高2.4米,有一个更衣室和一个小门厅,房间里摆着当地旧货店淘来的家具:一块米色地毯,一块粉色双人沙发,一把锦缎安乐椅和金色窗帘。天啊,这房间不好看,不过这些家具与1970年代公寓的风格挺配套,更增添了几许活在现代化工业全盛时代的感觉。这双人沙发看起来好像在二三十年前就使用了一层厚厚的防污处理层。

房间一整理好,我们就从黄页上找到了一家地毯清洗公司(黄页上这类公司很多)请它们来清洗。保洁师傅背着一个罐子走进来,他说里面装的是特富龙加强剂。没有使用任何呼吸防护设备(我不敢去猜他体内的PFOA水平),他就开始往地毯上、椅子上和沙发上喷清洗剂,就像他在任何

一个客户那里工作一样。在与很多地毯清洗公司交流之后，我们了解到很多人将防污处理剂喷洒在他们的窗帘窗幔上，据推测是为了清除诸如圣诞除夕狂欢时爆掉的葡萄酒瓶碎片这类东西。这次清洗总共花费60美元。

保洁师傅走的时候我们问他，应该通风多长时间才可以再用这个房间，他说："大约20分钟就可以了。"

怎么可能？防污处理剂散发的臭气20分钟后仍然从头到脚地包围了我和里克。强烈刺激的化学气味，就像干洗店的臭味一样，呛进了我们的喉咙，使得眼睛止不住地流泪。我们等了2小时以上才敢进那个屋子，并且在实验刚刚开始时，里克和我甚至轮流着把头伸出门外去猛吸两口新鲜空气。

我们在这个房间坐了两天，门窗关着，通风机插头拔掉了。我们吃东西、看电视、看大量美国有线新闻网的新闻(因为正值总统初选季)。我们玩"吉他英雄"，努力使自己在这没有污渍的环境里能够呼吸。试验结束后好多天，我嘴里吃的鼻子闻的都是这种味道和气味，无疑，这是PFCs耐久性超强的表现。在走出试验房间的一霎那，我几乎摔了个嘴啃泥(试验期间，我们仅仅去厨房取食物离开过一会儿，取回食物后就在沙发上吃，除此之外一直没有离开过)。我鞋底的PFCs涂层太滑，使得我几乎站不住。我们走出房间的那一刻，正好里克的妻子珍妮弗过来，珍妮弗真的被我们吓了一跳。后来，她跟我们说，那时，我们面色苍白，眼睛通红肿胀，脚翘在咖啡桌上，斜躺在沙发上。要不是头顶上冒着的肮脏的化学物质的气息，真的就像两个老套的男人在看周六的冰球赛。

实验之前，里克和我检查了血液中4种氟化物的含量，其水平与"全国健康和营养检查调查"(NHANES)中检测过的其他美国男性的水平接近。我的PFOA含量是2.8ng/mL，而里克的是3.5ng/mL，NHANES的男性平均数据是4.5ng/mL。

表 3.1:血液中氟化物含量数据比较

氟化物类型	布鲁斯(ng/mL)	里克(ng/mL)	NHANES 平均水平(ng/mL)
PFOA	2.8	3.5	4.5
PFOS	31.1	27.1	23.3
PFNA	1.2	1.1	1.1
PFHxS	1.9	2.7	2.2

我们坐在房间里,对实验结果作出种种猜测,我们相信,如果有一项检测结果在实验前后变化剧烈,那一定是这次实验。试验双酚 A 等其他化学物时,我们被自己的感觉欺骗了,这种化学物质是看不见、闻不着(邻苯二甲酸酯和个人护理用品除外)也尝不到的,我们以为自己没有摄入多少这种化学物。然而,PFCs 能被明显感觉到,令人快要窒息,我们确信,我们体内的 PFCs 水平一定是超高的。

然而,实际并不如此。血液检测结果显示,经过 2 天试验,我们体内氟化物水平并没有显著升高。怎么回事？我们回到马伯里博士和他的同事巴特(Craig Butt)那里寻找答案。

巴特认为,血液中氟化物的含量没有上升可以有两种解释:首先,我们的环境中本来就已经有大量的 PFCs,而 PFCs 在人体内的半衰期又很长(通常 3—5 年),这使得现有的 PFCs 水平上很难再上升。另外,就实验条件来说,我们没有"控制"地毯清洗商使用的产品。尽管保洁师傅说他用的是特富龙加强剂,可是马伯里试验室的测试显示该产品仅含有 PFOA 前体。实验之前,我们没有见过该产品的包装,其他用于实验的产品则不同,其他产品都是我们自己采购的(比如金枪鱼牛排,双酚 A 奶瓶和抗菌品)。

"对于实验没有效果我并不感到奇怪,"巴特总结说,"短短几天时间难以令一个基数已经比较高的水平再升高。空气暴露可能是一个重要的暴露途径,要想在高水平的基础上再提高可能需要几周甚至几个月的时间。"

为了说明他的观点,巴特向里克展示了他根据我们的实验记录进行模

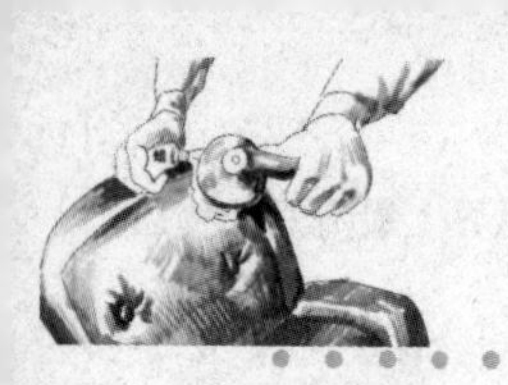

拟运算的结果。他的结论是什么呢？即使我们假定人体对 PFOA 的摄取率和转换率都很高，仅仅两天的实验时间还是难以令我和里克血液中 PFOA 的含量明显上升。在充满多种 PFCs 源的家庭、办公室等环境中生活几周或几个月能让体内 PFOA 水平提高吗？是的，结果很明显，从我们体内 PFOA 值就能看出来。而短短几天的实验尽管十分辛苦却对提高体内氟化物含量作用不大。

太糟糕了，开始在这个臭屋子里实验之前，我们没有弄清楚这一点。

第四部分

PCBs新成员

里克煽起了阻燃剂火焰

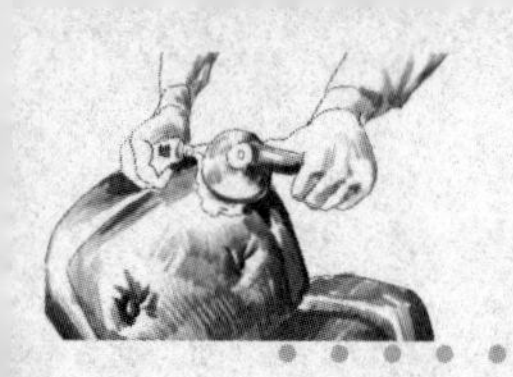

好啦，都已经这么久了，

我正灭着火呢！

用汽油……

——包威《猫人（灭火）》，1982

David Bowie, "*Cat People*

(*Putting Out Fire*)"1982

本部分故事从一些贴身睡衣裤开始。这些上面印着可爱的企鹅和恐龙图案、穿起来很舒适的小孩睡衣裤，是我姐姐跨境采购时从纽约州水牛城的著名连锁童装店卡特斯为我的两个儿子买的。

深秋的一个晚上，那是我有记忆以来最冷的一个冬天来临前夕。到了孩子该睡觉的时间，一岁大的小欧文躺在床上扭来扭去，我在给他穿一件新的婴儿连体睡衣裤。穿到一半，我不得不停下来，因为拉链卡在半道上，睡衣的上半身包着欧文胖嘟嘟的小肚子。

"老婆！"我朝楼下的珍妮弗喊道，"你看过欧文睡衣裤上的标签吗？"

"你说什么？我没有。"她答道。欧文开始扯衣服，我抱起他，把他的睡衣脱了下来。

“好吧，这个标签真够大的，上面说这件睡衣的成分里有阻燃物。”

正好这时珍妮弗上楼来了，她明白我的意思，她问道：“你是说你不给他穿这件睡衣了？”那种急急忙忙的口气就是晚上6—8点忙着煮晚饭、给孩子洗澡、带孩子睡觉的年轻父母的典型语气。

“唔……是的，我向你保证，先打个电话给服装公司，问问看是什么性质的阻燃剂，如果的确无害，我就给他穿上。”

“好吧。”她说。可脸上明摆着对我的化学怀疑论越来越不耐烦，我先是把不粘锅丢到地下储藏室，再就是见着塑料瓶就倒过来仔细查看图案标志，还把洗发水瓶子上那些印得老小的配方放大了来仔细检查。

这一次，又轮到了这些睡衣裤。

火种(阻燃)

1981 年,经典穴居人影片《火种》的一个场景中,尼安德特英雄诺阿(Naoh)在克诺马龙·伊娃卡部落的教导下学习燧木取火时,他十分惊奇。毫不奇怪,他和他的朋友多数时间都流离失所露宿荒野,被野兽追逐噬啮,被其他部落偷袭残杀,就因为他们没有火,火对于生存是那么的重要。如果没有了火,就不得不从别人那里偷一个火星。可见,摩擦取火可是个重大发现。可是,火苗燃烧起来以后便具有很大的破坏性。当我们的史前祖先学会了如何取火之后接下来立即要学的是什么?我敢打赌,那就是学会如何扑灭一场意外之火。

我们人类力图防止火灾已经不是一两天了,在古代的埃及和中国,人们把醋和明矾涂在木头上提高阻燃性。公元前 86 年,在比雷埃夫斯战役中,苏拉(Sulla)把木头在明矾中浸泡过,这些木头才得以在战火之后保留下来。17 世纪的巴黎,最早进行阻燃处理的是油画布。1820 年,法国国王路易十八命令化学家盖·吕萨克(Gay-Lussac)想办法防止剧院里的纺织品起火。众所周知,吕萨克首先发现了用硫酸、盐酸和磷酸与铵盐反应制成阻燃剂的科学方法,与此同时,溴在法国盐沼中被发现,从此,人类与火战斗的形式彻底改变了。

溴的正反两方面都是我们关心的问题。溴是一种与氯、氟和碘(统称卤素)相关的元素,微臭且呈褐色的液体,可从海水中提取。人们发现,溴用于灭火很不错。通常,物质需要与氧气反应才能保持燃烧。而使用合适的含溴化合物后,溴原子可以覆盖可燃物并阻止其与氧反应,这样,火被闷住而不再继续燃烧。据统计,目前正在使用的大约有 175 种阻燃剂,其中最常见且最备受争议的,就是溴系阻燃剂(BFR)。

因为关键配方的特殊性，溴系阻燃剂的生产通常是在极少数公司的控制之下，这少数公司拥有充足的溴资源。美国的溴资源主要分布于哥伦比亚和阿肯色州的友联县。中国的溴资源分布于山东省，以色列的溴资源则储存在死海中。目前世界溴资源相当丰富。

溴系阻燃剂长期以来一直备受争议。人们每年都要组织国际峰会讨论这类物质。2008 年 6 月，溴系阻燃剂第 10 次年会在英属哥伦比亚省维多利亚市举行。相关研究和管理领域的重要人物几乎都出席了这次会议，我决定去做个一站式的关于溴系阻燃剂的采访。

维多利亚

由于年会的议题是来自海水的化学物,所以会议顺理成章地安排在海洋科学研究院举行,就在城外的海边。表面看来,整个事情进行得文雅平和,充满强烈的神秘感,甚至一些讲座的标题都跟绕口令似的,比如,“六溴环十二(HBCD)与异型生物质的受体激活联合改变基因表达式和鸡的肝细胞胚胎中的甲状腺激素通道”。然而,稍加深入,就会发现,尽管会议现场都用比较温和的科学语言来表达,但是针对一些极有争议的话题的辩论还是相当严肃并且直指现实世界。

斯德哥尔摩大学的杰出教授伯格曼博士(Ake Bergman)在第一天上午的主题发言为这次大会奠定了基调。他带着眼镜,看起来就像爷爷辈的老人家,引经据典,侃侃而谈。他首先回顾了1970年代以来BFR方面出现的问题,最后得出强有力的结论:BFR影响健康的警告几十年前就已经提出来了,BFR污染已经遍及世界各地,是时候该禁止一些溴化物的使用了。

当我赶上伯格曼博士的时候,他正跟一个人谈话,看起来谈的时间不短,他生气地不停地重复说道:“我希望今天下午我们就能作出决定禁止一些阻燃物,因为今天如果不决定,在接下来的10—15年就会费更多的事开更多的会来作这个决定。我们必须摆脱这些亲油性的溴系化合物(因为它会在人体脂肪组织内累积)。”我问他,为什么?他说溴有害健康,并谈到了阻燃工业奇怪的逻辑——总是只关心问题的表面,而不是从根源解决问题。“1999年,我和我们的(瑞典)环境部副部长一起出差,在华盛顿特区参加一系列的会议。我们会见了CPSC(联邦消费品安全委员会)成员。他们说:‘我们必须在家具上涂阻燃剂,因为孩子会玩火柴。’他们当时表情严肃,好像家具阻燃剂就是为了让孩子更痛快地玩火柴,我永远不会忘记这一点。”

伯格曼指出，人们总是在不停地寻找BFR的新用途，随着含铅汽油退出市场，BFR开始被用作阻燃剂。1920年代，人们研制出四乙基铅用作汽油添加剂，但这种添加剂会在引擎中产生腐蚀性的副产品。当时的解决方法是添加二溴乙烷(EDB)进行混合。那时，美国四分之三的溴消费是用于汽油添加。

1960年代，含铅汽油逐步退出美国市场，溴公司必须为他们的产品寻找新的出路。很快，大湖化工公司——当时世界上最大的溴产品供应商——决定将EDB在国内用作杀虫剂。后来，这个计划搁浅了，因为那时美国环保署签发了EDB用于农业的“紧急禁止令”——这是环保署法律范围内能实施的最严厉的措施，因为有证据表明EDB是致癌物、基因诱变剂，还污染了好几个州的地下水。作为溴工业抵赖的铺垫，大湖化工公司总裁坎彭(Emerson Kampen)责备新闻界说：“这是媒体制造出来的问题。”他告诉记者：“一个伟大的产品被迫不能投放市场。”

但是，在含铅汽油的垂暮之年，溴又找到了新的出路。溴开始作为阻燃剂生产并投放市场。1970年代初，大湖化工公司建造了几个新的阻燃剂生产厂，溴系阻燃剂的生产从此开始增长。到目前，溴在溴系阻燃剂中的用量远远超过了在其他方面的应用——大约占全球产量的40%。韦伯斯特博士(Tom Webster)，波士顿大学公共健康学院的一个和蔼的胡子教授，溴系阻燃剂高级研究员，也参加了维多利亚会议。我跟他一起坐在会议室外的走廊上，问他这几年关于溴系阻燃剂的争论有哪些进展。他告诉我说：“正如伯格曼在主题报告中已经提到的，近年来确实发生了一些大事，比如，1970年代关于儿童睡衣所含的三磷酸酯阻燃剂的争论和关于阻燃剂是否诱发基因突变的争论，这些都是大事，是很重大的新闻。接下来便是紧随其后发生的，密歇根州多溴联苯事件——奶牛的饲料混入多溴联苯，从而引发了巨大的农业灾难。”

坚果壳里含有“对儿童和动物有威胁”的物质，这是BFRs在1970年代

通过电视节目展示给消费者的初始形象,这个画面改变了人们对电视剧《陆军流动外科医院》(*M * A * S * H*)和《布拉迪布茨家族》(*The Brady Bunch*)的印象。这是一个负面新闻,对人们围绕这些化学品正在展开的抗议活动进行的报道。

诱发基因突变的睡衣

Tris(三羟甲基氨基甲烷)的故事体现了1970年代BFRs的日益增加与政府日益严格的关于阻燃性监管规定之间的密切联系。1950年代,美国出台了《阻燃纺织品法案》,以管理当时流行(且易燃)的高中音乐剧造型服装的制造,比如毛茸茸的人造丝套头衫等等。1960年代后期,该法案经过修订,把这种制造标准应用于更多的消费品。

1973年,美国商务部第一次为儿童睡衣裤设立了强制防火标准。在那之前,儿童睡衣裤面料大多使用软棉。防火标准推出以后,人们开始采用Tris-BP(三羟基甲基氨基甲烷磷酸盐)来处理儿童睡衣,但是Tris-BP无法处理棉织物,因此人们改用涤纶制作儿童睡衣,直至今日好多睡衣依然在使用涤纶面料。大量Tris-BP用于儿童睡衣裤,其成分占睡衣总量的5%。1973年至1977年间,大约5000万美国儿童的睡衣布料上涂有这种化学物质。正如《纽约时报》那时所指出的:"Tris的曲折故事是那些好心办坏事的经典故事中的一个。通往地狱的道路是由慷慨和同情的冲动铺就的,至少对于美国政府是这样的。"

尽管最初的数据表明,新的防火标准一定程度上减少了睡衣起火导致的婴儿死亡数量,但是,Tris-BP作为诱变剂和致癌物的证据很快铺天盖地而来,其结果是,1976年初,环保基金会用醒目的标题向消费者安全委员会发起请愿。因为当时Tris-BP与癌症关联的证据不足,环保基金会请愿书只能要求含有Tris-BP的纺织品标签上要标明:"含有Tris-BP,使用之前至少洗三次。"

制造Tris-BP的公司对此要求不当回事,其中一个发言人说该化学物质的潜在的危害是微乎其微的。请愿的目标之一,美国消费品安全委员会主席辛普森(Richard Simpson)在美国纺织制造业协会的一次发言中说:“根据我已经得到的检测结果,我不相信这些衣服有问题。要用实验证明该物质是致癌物质还有很长的路要走。而且,请愿者以为在使用之前先洗三次便能减少致癌风险,这很荒谬。如果真的有问题,那么不应该只是贴标签,而应该完全禁止。”

辛普森的结论下得太早了,1977 年 2 月,环保基金会从国家癌症研究院的实验中得到了更多证据,表明 Tris-BP 是引起癌症的“潜在”原因(100倍于香烟的致癌性),还证明这种化学物质会被儿童的皮肤吸收或者在他们咬衣服时吸收。环保基金会和消费品安全委员会一起再一次发起了请愿,这次则是为了完全禁止使用 Tris-BP。

压力之下工业界屈服了,艾伦(Sander Allen)——Tris-BP 重要生产商芝加哥氯碱化工公司的发言人——在答复基金会的请愿时说,他们公司并不同意 Tris-BP 引发癌症的说法,但他们以后不再将之用于服装,因为减轻公众忧虑所需要进行的安全测试的成本太高了。这段话中有两个关键点可能会激发本书勇敢的读者似曾相识的感觉。首先,很明显,在 Tris-BP 投放市场之前,工厂并没有进行适当的安全测试,其次,在政府采取行动之前,环保基金会的第一次请愿就已经唤醒了公众,公众开始要求禁止 Tris-BP 用于服装处理。1976 年至 1977 年间,美国市场上的 Tris-BP 处理过的睡衣比例从 60% —70% 下降到 20% 。

由于环保基金会的持续努力,他们的路障渐渐清除,1977 年 4 月,也就是在辛普森轻率的评论之后一年,美国消费品安全委员会根据国家癌症研究院的实验结果立法禁止了 Tris-BP 用于处理服装面料。之后不久,《科学》杂志上刊登了一项科研结果,科学家发现穿 Tris-BP 处理过的睡衣裤的儿童的尿液中含有 Tris-BP。

几乎一夜之间,大约 2000 万件零售服装下架。由于 Tris-BP 的毒性,政府禁止随意丢弃这些睡衣裤,只能埋掉、烧掉或者用作工业抹布。如何处理这些堆积如山的致癌物质? 答案很快就出来了,一些《女装日报》之类的杂志开始弹出分类广告:“TRIS - TRIS - TRIS…我们收购一切含有 Tris-BP 的纺织品。”据估计,1977 年至 1978 年 7 月期间,约有数百万吨的 Tris-BP 处理过的睡衣裤运到了欧洲和其他不知情的地区,直到后来消费品安全委员会禁止了 Tris-BP 的出口。

由于 Tris-BP 备受争议,在接下来的几十年里公众一直追求更为舒适的、用天然织物做成的睡衣裤。到 1999 年,消费品安全委员会放松了对于睡衣裤中添加阻燃剂的限制。现在,只有不到 1% 的儿童睡衣裤是做过阻燃处理的,我们在后面的章节中将会看到,政府和企业界所说的“处理”是指狭义的处理,与人们平常所说的“处理”不是一回事。

当 Tris-BP 在美国市场完败的时候,另一个 BFR 丑闻——多溴联苯(PBBs)对很多密歇根人的污染通过电台迅速传播开来。尽管事件影响的范围不大,但并不削弱其可怕性。

奶牛门事件

这是美国历史上最严重的化学事故之一,事情起源于一个农场。

哈尔伯特(Rick Halbert)知道他家的奶牛生了病。在密歇根西南部,他的400头家畜健康也越来越有问题:胃口变差、产奶减少,还有一些奇怪的症状:血肿、脓肿、异常蹄、毛色黯淡稀疏、繁殖异常。1973年秋天,由于兽医无法诊断动物的毛病,哈尔伯特开始怀疑问题出在他当时订购的高蛋白饲料。饲料是密歇根州最大的饲料分销商——农场局服务社供应的。对于密歇根人来说幸运的是,哈尔伯特不只是个普通的农民,在管理家族生意之前,他取得了化学工程的硕士学位,并在陶氏化学公司工作了三年。由于农场局服务社和密歇根农业部一直未予回复,哈尔伯特自己花了5000美元去做了饲料化验。

尽管化学污染破坏力很大,但是往往剂量很小。必须使用精度很高的设备来检测比如哈尔伯特当时怀疑的那些有机化合物。首先检测到的是一些较普通的化学污染物比如狄氏剂、DDT(这两种都是当时在用的杀虫剂)和多氯联苯(PCBs)家族(PCBs与PBBs是近亲)。它们是气体色谱分析仪最先检测到的物质。由于PBBs相当稳定,所需的测量时间较长,因此哈尔伯特饲料中的PBBs起初并未被发现。直到1974年1月的一天,研究人员去吃午饭之前忘了关掉色谱仪,当他们回来时,一个明显的但从未见过的谱线出现了,直到这时,饲料中的PBBs才被检测到。

哈尔伯特将这个检测结果交给美国农业部的一个科学家,他碰巧熟悉密歇根化学公司生产的这种阻燃剂PBBs,该产品用于制造塑料模具,比如用于生产电视机、打字机和商用机器的外盒。(有意思的是,密歇根化学公司不久后被氯丹化学公司收购,后者也因此被牵扯进了前面提过的Tris-BP

丑闻。)密歇根化学公司也卖氧化镁给农场局服务社。而农场局服务社把氧化镁添加进奶牛饲料中以提高奶产量,最后由于公司管理混乱导致悲剧发生。

1974 年 4 月,密歇根化学公司刚刚得知这些情况时,该公司并不承认它的“营养师”氧化镁居然是“火师傅”PBBs。很快,他们发现自己错了。州政府和联邦政府已经调查清楚,当公司印好 PBBs 标签的包装袋用完之后,雇员在没有印刷标签的袋子上面手写了商品名称。由于 PBBs 的包装袋与氧化镁袋子完全一样,都是褐色,再加上手写标签在搬运过程中被弄脏,难以辨认,最后,225—450 千克的 PBBs 被当成氧化镁运往农场局服务社磨碎并混入了动物的饲料中。

从这种化学物第一次进入密歇根食物链和哈尔伯特奶牛场到最终被鉴定出来大约花去了 9 个月时间,之后又花了一年半时间找出所有被污染的家畜和家禽。到那一刻,污染已经广泛扩散:几千个农场家庭消费了有毒的肉、蛋、奶。密歇根市民大多吃到过被 PBBs 污染的食物。事件发生后,密歇根 PBBs 长期追踪项目跟踪了居民的健康状况,结果表明,PBBs 暴露与罹患下列疾病有潜在关联:乳癌、消化道癌、淋巴癌、自发流产、月经紊乱。

到 1975 年末,约有 28000 头奶牛、5920 头猪和 150 万只鸡被毒死。整个密歇根州到处布满了大大的填埋坑,掩埋了 785 吨有毒动物饲料、8137 千克奶酪、1192 千克黄油、15442 千克奶制品和 500 万只鸡蛋。据估计,为了消除毒害,整个州花费了好几亿美元。更让人震惊的是,5 年后,还有 97% 的居民体内 PBBs 的含量还在可测出的水平。难怪那时最流行的保险杠贴纸上都印着:“PBBs 牛奶门事件超过了水门事件。”

后来,许多调查和更多指责接踵而至,1982 年美国政府、密歇根州和氯丹化学公司宣布,为了清除密歇根化学公司带来的 PBBs 污染,各方共支出 3850 万美元费用。

1970 年末,一些评论家说,他们希望新制定的 1976 年的《美国有毒物

品控制法案》,能够防止未来再发生 Tris-BP 和 PBBs 之类的灾难。但是,这种愿望没有能实现。美国环境工作小组的一位科学家伦德(Sonya Lunder)意味深长地指出:“当我们回顾阻燃剂的历史时,我们发现,对于公众健康的保护总是慢一步。”

油症

这本书已经多次提到PCBs,很多人显然已经很熟悉它。PCBs是多氯联苯的缩写,PCBs和DDT可能是最为著名的环境污染物。它们用于工业制造,比如增塑剂、电容器液体、液压油。人们第一次检测到PCBs是在1966年,在白尾海雕体内。不久后,科学家在世界各地一些意想不到的地方都检测到了PCBs,用伯格曼博士的话说,这个化学品家族很快开始展示它"明显的毒效"。

1968年夏天,在日本西部一场灾难毫无预兆地发生了,体现了PCBs的危险可怕。在一家米糠油生产公司,PCBs从热交换器里泄漏,污染了一些食用油,顾客购买了这些油之后,约1800人染上了后来才知道的"油症"而死亡,很多人生了重病,婴儿死产。随后的几年里还有300人死于中毒。中毒者都有一系列非常显著的特征,包括面部和身体恶疮(叫做氯痤疮)、皮肤黑头粉刺(甚至在罹患该病症孕妇所生产的婴儿身上都有)、眼周围腺体增大导致的分泌异常,以及呼吸和神经系统疾病。

1979年,台湾也发生了"油症"事件,日本和台湾这两起"油症"事件都是PCBs引起的大范围环境污染的案例,这些骇人听闻的病症史无前例地促使世界各国政府一齐采取行动。几年之内,很多国家都禁止了PCBs的生产和使用。PCBs成为唯一被美国国会投票禁止的化学品(在美国《有毒物控制法》修正案中禁止)。2001年,《斯德哥尔摩持久性有机污染物国际公约》把PCBs判了死刑。

PCBs的禁止是环境和健康保护的最伟大的胜利。在PCBs被禁止后,这种污染物在全球范围内的污染还会持续30年,在这30年内,整个世界大多数人体内的PCBs仍然可被检测到,不过水平会逐渐下降,我个人很清楚这一点,因为作为“有毒的国家”环保项目的一分子,我检查过自己体内这些化学物质的水平,共有 9 种 PCBs 达到可检测水平。如图 4.1 所示,总体比较糟糕,但我想强调一点有明显改善的地方:我体内的 PCBs 种类及含量,一定程度上低于比我年长的人,而大大高于比我年轻的人。

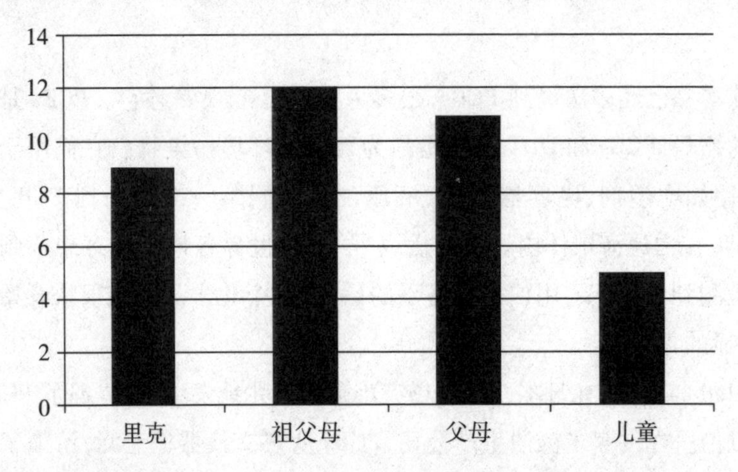

图 4.1　里克体内 PCBs 种类和加拿大居民检测数据中值

故事讲到这里,我得先停下来给大家额外上一堂化学课。PCBs 是多卤 POPs 中的一员。什么是多卤 POPs 呢? 多卤 POPs 指含有多种卤素(氯、溴、氟或碘)原子的持久性有机污染物。这些化学物质半衰期比较长,在环境中或者动物体内一般能存留 2—10 年。这个系列的化学物质还有一些其他成员如氯化物和溴化物[如 PBBs(密歇根奶牛门丑闻后被世界各国禁止)和PBDEs(当前最常见的阻燃剂之一)]等。PCBs 和 PBDEs 是子门类,各表示一组物质。每组物质的主链相同,只是主链上的卤素原子的数量和位置略有不同。

永久性有机污染物有三个主要化学特性特别有害:稳定(持久)、长期储存在脂肪组织中(亲油性)、潜在的内分泌干扰能力。它们的稳定性和亲油性使得它们具有生物放大性,从而能在食物链的顶端大量积累。这意味着高等级的食肉动物从它们所吃的低等级的动植物体内获得并储存了所有的 POPs。在食物链顶端的食肉动物(比如我们人类)集中储存的 POPs 数量最多。POPs 一旦释放到环境之中,就会进入孕期或哺乳期妈妈的体内,从而通过胎盘进入胎儿体内,或者浓缩在母乳的脂肪中被婴儿消化。

一些 POPs,比如 PBDEs,能够与细胞受体结合,产生类似激素的效果,它们有的类似雌激素活动,有的则产生一些反雌激素效果,有很多种影响健康的因素都已经被证实。多卤 POPs 可造成比如产妇哺乳的时间缩短、认知运动神经系统缺陷、儿童智力损伤以及罹患癌症的风险增大等。

总之,PBDEs 与 PCBs 十分相似,以至于一些科学家把它当作“一种新的 PCBs”,但是,如同我们所看到的,PBDEs 与 PCBs 不同,应对全球性的 PBDEs 污染还有很长的路要走。

妈妈的乳汁

正如赖斯(Deborah Rice)所说的那样,PBDEs 与 PCBs 的相似性首先引起了科学界的关注。赖斯,缅因州疾病控制预防中心的科学家,也是著名的溴系阻燃剂专家。她在位于奥古斯塔的办公室里与我通电话:"分析化学家看到了 PBDEs 的结构,他们说:'哇,它看起来好像 PCBs。据我所知,PCBs 具有耐久性,还具有生物累积性。哎呀,我想知道 PBDEs 在环境中到底会如何。'"

她说:"我们逐步认识到,PBDEs 实际上与 PCBs 一样,也具有耐久性,它们通过食物链的传递放大了生物累积性。当然,我们人类作为肉食动物位于食物链的顶端,这样人类得到了浓缩的剂量。如果将 PBDEs 带进实验室,你将观察到它们会干扰内分泌、干扰甲状腺激素、释放神经毒素,所有 PCBs 能够产生的效果,PBDEs 也能产生,因为这两类物质的性质十分相似。"

"人们似乎从不知吸取教训!"赖斯大声说,"对我来说,这真是个悲剧。虽然 1970 年代后期禁用了 PCBs,我们却把 PBDEs 和其他阻燃剂放进了环境之中。"

在 1977 年《科学》杂志上关于 Tris-BP 之争的文章中,布卢姆(Arlene Blum)和埃姆斯(Bruce Ames)实际上已经提出了警告,警告阻燃剂可能引起全球性污染。文章最后总结如下:"我们人类即将面临大规模卤化物致癌物的入侵,包括:PCBs、氯乙烯、毒杀芬和虱除灭、艾氏剂和狄氏剂、DDT、三氯乙烯、二溴氯丙烷、三氯甲烷、二溴乙烷、十氯灭蚁灵、七氯丹、五氯硝基苯等。在此之前,我们可能应该想想如何避免类似阻燃剂的情形再度出现。"这句话既表达了他们的不安,又提出了即将面临的合成化学物质层出不穷的挑战。

直到1960年代后期，当人们在野生动物身上发现了PCBs之后，世界各国才开始意识到PCBs的危害。韦伯斯特（波士顿大学公共健康学院）发现PBDEs与PCBs的情况接近，他认为人们对PBDEs危险性的认识要到某个特别时刻才能开始："在1998年之前没有人觉察到PBDEs的危害，直到一组瑞典科学家开始回顾母乳研究的进展。这组瑞典科学家发现从1970年到1998年，母乳中的PCBs和二噁英的含量开始下降，而PBDEs的含量却开始上升，这个结果一下子吸引了所有人的关注，因为PBDEs呈指数上升，而它是PCBs的亲戚。"

瑞典的研究结果成为了导火索，人类位于食物链的顶端是毋庸置疑的，而人类的婴儿则在更顶端。母亲的乳汁浓缩了PCBs和PBDEs等多种亲油性污染物，并将这些污染物喂养给下一代（值得一提的是母乳喂养对健康的有利影响仍然大于不利影响）。在对1972至1997年间上千份瑞典妇女的乳汁样本进行检测之后，研究人员在样本中发现了PCBs、PBDEs等各种污染物。1997年的乳汁样本中PCBs的含量是1972年的30%，而与之形成强烈对比的是PBDEs，从1972年至1997年，仅仅5年之间，乳汁样本中PBDEs的含量就翻了一倍。

这些研究结果被各方媒体争相报道，引起了世人震惊，促使大量仍然活跃在该领域的核心人物展开对PBDEs的新一轮研究。研究二噁英的专家韦伯斯特就是其中之一。斯特普尔顿（Heather Stapleton），杜克大学的一名后起之秀，常常与韦伯斯特合作的年轻人，也是其中之一。当瑞典的研究结果发表的时候，她还在攻读硕士学位，正在密歇根湖研究PCBs和有机氯杀虫剂。瑞典研究的成功使她放下手头的工作，马上开始在她所收集的密歇根湖样本里检测PBDEs。

每一次年会都令阻燃剂问题更加明朗化，在维多利亚会议中，关于这方面的演讲吸引了许多听众，走道两边展示了这一研究领域最新研究成果的海报前也有许多人驻足观看。这些来自世界各地的科学家的报告标题

汇集在一起,为我们讲述了关于阻燃剂的故事:

- 暴露于 PBDEs 与早产之间的关联(来源于美国妈妈的大样本数据表明 PBDEs 引起流产。)
- PBDEs 在圣劳伦斯:监控到的新污染(过去十年中,魁北克市附近 PBDEs 的浓度达到了过去的 5 倍,与世界其他地区的数据相似。)
- 加拿大的英属哥伦比亚地区和美国华盛顿州的斑海豹体内的 PBDEs:新兴的威胁(含量呈几何级数增长,将在 2010 年超过 PCBs 的含量。)
- 四大洲居民体内 PBDEs 含量的地理分布情况以及一些国家的食物和环境中的 PBDEs 污染(它无处不在)。

你对此应该已经有个大致的印象了。

尘归尘

PBDEs 的研究人员一直弄不明白的一个基本问题是 PBDEs 如何进入人体。它似乎与其他一些具有耐久性、生物累积性的有毒物进入人体的方式非常不一样,后者主要通过食物进入。事实上,多年以来,美国人体内的PBDEs 的含量并没有引起美国科学家的警觉。有些人体内含量很高,高于国家平均水平 100% —500% 。如果 PBDEs 污染来自食物,那么,大部分人体内的 PBDEs 含量将会差不多,因为每个人都要吃东西。显然,PBDEs 应该还有一些不为人知的来源,使得一些个人和其他家庭成员之间具有明显的差异。那么,那个来源到底是什么? 斯特普尔顿是第一批回答这个问题的人之一。

她想起了科学界注意到 PBDEs 之后不久,每个人都开始测量水生环境、土壤和沉积物里 PBDEs 的含量。但是,PBDEs 还被用于制造沙发、地毯和电视机外壳。“我还记得当时我的想法是:我们总是测量外部环境中 PBDEs 的含量,而实际上它们也存在于内部环境中。”因此,斯特普尔顿从实验室中拿出一些灰尘样品,本来她打算测试它们的杀虫剂和铅含量,而现在用来测试 PBDEs。她被测试结果惊呆了,阻燃剂的含量完全出乎她的预料。

接下来,斯特普尔顿测试了华盛顿特区 16 个家庭的灰尘样本,结果还是一样,PBDEs 的含量很高。斯特普尔顿发表她的研究成果的同时,加拿大居民家里的 PBDEs 含量也测量出来了。正如她所说:“我们宣布这些结果以后,人们如梦初醒,PBDEs 就在我们的眼皮底下冒出来,千真万确。这完全颠覆了人们对污染源的理解,使人们明白暴露于化学物中并非与自己不相干。”事实证明:PBDEs 会从产品(比如填充沙发的海绵、床垫里的填充物和电视机后盖)中逃逸出来,飘进空气,弥漫在我们的家中、办公室中、汽车里,甚至帆船里,最后落到地上变成尘土。

PBDEs 和婴儿

斯特普尔顿的研究指出,儿童暴露于 PBDEs 污染中具有极大的危险,因为儿童与地板接触更多,他们玩耍的地方都是灰尘潜藏的地方(比如床底下,是我孩子最喜欢躲的地方),所以,孩子暴露于这种室内污染时更容易受到感染。一些正在进行的对于不同年龄人群体内 PBDEs 含量的比较研究,包括我们的"有毒的国家"项目研究都证实了这一点:年轻人体内 PBDEs含量高于年长的人。我祖父出生的时候周围还没有 PBDEs。他们大部分日子都没有暴露于 PBDEs。而我孩提时期,PBDEs 就已经出现,但不如现在这么普遍。我的两个小孩现在则每天都在这些脏东西中打滚,以后的生活中还将继续跟这些污染物相伴。与 PCBs 不同的是,PBDEs 以及其他一些新的污染物,是我们这一代给孩子的"馈赠",留给他们的遗产。

斯特普尔顿继续她的研究并在维多利亚会议上就两种新的阻燃剂:叔丁基溴(TBB)和四丁基氢氧化磷(TBPH)作了发言,这两种阻燃剂都是最近从家庭灰尘中发现的。这些化学物质是一种新的阻燃物"火大师 550"的基本成分。"火大师 550"是科聚亚公司的产品(这是一家由大湖化学公司与克朗普顿公司于 2005 年合并组建的新公司)。化工家具制造商对斯特普尔顿说,如果她在家庭灰尘中发现了新的 BFRs,他们将感到非常惊讶。但是,她确实发现了。上市 3—4 年后,"火大师 550" 作为推荐的阻燃剂被用于北美很多沙发的聚氨酯泡沫中,其化学原料在灰尘中呈现出了可检测的水平。

谁曾想到这些小东西会变成如此危险的猛兽?

越来越多的证据表明 PBDEs 有毒有害,证实它与 PCBs 相类似,表明它已经污染到家里最私密的休息处,那么我们不禁要问:"为什么 PBDEs 还没有被禁止?”如果这个问题不解决,人类将又要为此付出惨痛的代价。

缅因州疾控中心的赖斯认为,这是因为迄今为止还没有“米糠油事件”里那种致命的“油症”灾难发生。无论 PBDEs 污染多么严重,它都是慢慢地、悄悄地进行着,不像 PCBs 那么震撼人心。在现有的记录中,未曾出现过有人因摄入过量 PBDEs 而死亡,因此人们忽略了 PBDEs 对他们的伤害,其实这种伤害是小剂量,长期积累的。对于这些小剂量尚需时日以待证实。说句不好听的,溴化产业还没有遇到麻烦,是因为 PBDEs 还没有与任何一具死尸有关联。

你是人

我去维多利亚的时候,带着自己血液的 PBDEs 检测结果。本书的化学物质都是我亲身体验过的,其中 PBDEs 最为特殊,我只体验一天,并抽了 10 小瓶血液作为样本,而不像其他化学物质那样逐渐增加暴露量。

之所以这么做是因为在和一些专家商谈之后,他们一致认为 PBDEs 那么普遍存在,半衰期那么长(长达数年),不可能几天时间内达到明显的影响水平。实际上,这不完全正确,我也可以很快地提高体内的PBDEs含量,只是如果那么做,我就不得不偏离日常生活轨迹,从而违背布鲁斯和我的初衷——与"日常"活动轨迹保持一致。

我们在一张破旧的沙发上跳上跳下几个小时之后,房间里面充满了带有 PBDEs 的灰尘。我们像吸尘器一样一口口地将这些空气吸入体内,坐下来吃沾满了灰尘的早餐,人体内 PBDEs 水平受到的影响可能需要数周或数月才能反映出来,仅仅数天是不够的。(然而,有趣的是,在维多利亚,伯格曼展示了对 8 个瑞典旅行者的最新检测结果。在经过长距离的海外飞行并回到家里几天之后,旅行者接受了测试,结果表明他们体内的 PBDEs 水平明显上升。飞机,这样一个充满装潢内饰和泡沫绝缘材料的封闭空间,绝对是充满了 PBDEs 污染物。因此,当人处于类似条件下时,体内 PBDEs 水平也可能迅速上升。)

当然,人体内 PBDEs 水平也可能是随时变化的。对于我们来说,重要的是如何降低体内 PBDEs 的水平,完全消除则是不可能的。比如,在瑞典政府采取了禁止含有 PBDEs 污染物行动之后,当地产妇母乳内某些阻燃剂含量开始下降。避免接触含有 PBDEs 产品一定会有帮助,我们只是没有足够的资金支持我们进行一年的实验来积累更多的证据证明这一点。

我在自己体内发现了 8 种可测量到的 PBDEs，汉密尔顿（Coreen Hamilton）开玩笑说："因为你是人。"她是艾克斯分析中心主任，她的实验室为我们化验了很多血样和尿样。她对我的检测结果的评价是："每个人体内 PBDEs含量大致相似，你的也一样。"

表 4.1　里克体内 PBDEs 含量与 NHANES 的测试数据比较，NHANES 是美国居民的血样，用于分析 PBDE 水平

		NHANES	NHANES	NHANES
BDE 种类	里克数据（ng/g lipid）	几何平均数（ng/g lipid）	中位数（ng/g lipid）	第 25 百分位（ng/g lipid）
BDE15	0.1	NA	NA	NA
BDE28	0.4	1.2	1.1	<LOD
BDE47	8.1	20.5	19.2	9.3
BDE49	0.1	NA	NA	NA
BDE99	1.3	5.0	<LOD	<LOD
BDE100	1.2	3.9	3.6	1.6
BDE153	4.1	5.7	4.8	2.4
BDE154	0.1	*	NA	NA

* 未报道，第 75 百分位取 0.8。

NA 表示 NHANES 没有测试该项目。

LOD 表示低于可分析检测的水平。

我和波士顿大学公共健康学院的韦伯斯特一起更深一层次地挖掘了这些数据的含义，韦伯斯特将我的化验数据与 NHANES 的测试结果进行了比较，NHANES 的这次测试是美国疾病控制中心对于美国人口环境污染物的常规调研。韦伯斯特将我的化验结果与 NHANES 共 2062 个样本的测试结果的几何平均数、中位数和第 25 百分位进行了对比。

"如你所看到的，对于所检测的同源物，从你身上测得的数值小于几何平均数和中位数。对于 BDE47 和 BDE100，你的数值也小于第 25 百分位。对于 BDE153，你位于 25% 和 50% 之间。总的来说，你体内的 PBDEs 含量

小于美国居民的平均水平。这也可能表示加拿大居民体内 PBDEs 平均水平小于美国居民。然而,在没有拿到加拿大有代表性的数据之前,我们还不能下结论。”

我一直回想着汉密尔顿的分析,这个分析结果让人纳闷使人困扰,有着两条眉毛 10 个脚趾的普通人类体内居然含有可检测到的 BDE#153。

如果未来的考古学家愿意,他们完全可以根据我们这一代人的遗骸中所沾染的化学物质毫不困难地精确判断出每具遗骸所属的年代。比如 PCBs 时期(1950—2030 年)、PBDEs 时期(1980—2075 年)、火大师 550 时期(2005—?),这就像树木的年轮或沉积岩的岩层一样准确。

全球溴寡头

赖斯认为,PCBs 很快被禁止,而禁止 PBDEs 则相对缓慢,还有第二个更重要的原因。她与众不同的经历令她敏锐地发现了这一点,那就是,工业界为保卫 PBDEs 付出了更多的努力,整个溴工业是有组织的。

正如《化工市场报告》所指出的那样:"全球化溴工业明显是被阿尔伯马尔(Albemarle)、大湖(Great Lakes)(现在的科聚亚)和死海溴集团公司(Dead Sea Bromine Group,现在的以色列化学公司)这三家公司垄断。"1997 年,这些大公司联合东曹化学公司(Tosoh Corporation)设立了溴科学与环境论坛(BSEF),为他们的利益游说。溴科学与环境论坛共网罗了全球 80% 以上的溴系阻燃剂生产企业,堪称是溴系阻燃剂的欧佩克组织。

很显然,这些公司成功地捍卫了他们的利益。市场对于溴系阻燃剂的需求从 1996 年的 3720 万吨上升至 2006 年的 4500 万吨。到 2011 年,市场需求预计将达到 10 亿美元。PBDEs 现在广泛用于各种生活消费品中,主要用途是制作日益增多的电子产品的外壳,这些东西就跟幽灵一样充斥于我们的生活中。

同过去几年与我们打过交道的工业集团不同,溴老板们藉由政府制定的产品规范法规来推广他们的产品。一般情况下,企业界对于规章制度避之犹恐不及,要么组织强大的律师团加以打压,使之无法实施,要么确保制度无杀伤力,形同虚设。而且,如我们不久将要看到的那样,溴科学与环境论坛的会员沆瀣一气。溴公司一方面努力试图说服政府不要对他们的活动制定规章制度,另一方面又对其他产业所面临的工业产品阻燃标准落井下石。让我们回顾过去发生的一切,婴儿睡衣裤里 Tris-BP 的应用以及防火标准使溴公司生意越做越大,防火标准越严格他们越有利。毫不奇怪,

溴科学与环境论坛成为制定新的阻燃标准重要法规的关键成员。

在维多利亚关于溴系阻燃剂的会议上,我碰到了以色列化学公司北美首席法律顾问坦尼(Joel Tenney)和溴科学与环境论坛加拿大说客贝内代蒂(Chris Benedetti),两人都友好而低调。然而,当谈到企业溴产品的贡献时,他俩的观点都与各自公司的政治策略保持高度一致。听他们说话,你会以为溴科学与环境论坛会员真的是在从事公共事务,他们只是做好自己那一部分工作——抢救生命和财产,与火灾作斗争(当然,他们还可以引用大量篇章和诗句来赞美 BFRs 神奇的灭火功能)。工业界"大象艾玛"式的似是而非的安全合理性,以及溴工业代言人,都在掩盖其长期以来对外界批评的漠视,掩饰其阻挠溴产品监管的意图。

PCBs 解决方案

PCBs 被禁止的时候,工业界试图阻止禁令执行的活动仅坚持了几年。PCBs 全球污染的证据,与人类健康问题相关联的证据,与欧洲和美国接连出现的 PCBs 泄漏事件一起发挥了作用,使得禁止 PCBs 的行动如火如荼地展开。从美国唯一 PCBs 制造商孟山都公司 1969 年的内部讨论文件——《消除 PCBs 环境污染计划》中,可以看出当时工业界对此行动的看法。该文件承认"PCBs 是全球性的生态问题",并制定了 3 个可能的行动方案,注明了每个方案各自的优缺点,以下是孟山都"解决方案"的摘录:

1. 什么都不做——我们将很可能被强制退出该业务领域,其他产品也不免受到不利影响。我们将树立起一个不负责任的公司形象。

2. 不再生产任何 PCBs 产品——尽管我们知道这可能最终是不可避免的,但不幸的是,这个解决方案并不那么简单……经济损失令人担心……竞争者会全线出击,我们还得承认自己的行为有错。

3. 负责任地回应,承认 PCBs 正在造成环境危害,并拿出实际行动解决问题。我们公开发布这些行动,以此最大限度地挽救公司形象……

另外,我们还能赢得一些宝贵时间去开发新的产品,并投资一些低卤素产品。

孟山都公司选择了第三个行动方案(似乎比第一个什么都不做的方案好很多),而没有选择第一或第二个,今天的溴公司也如法炮制。

1970 年代,孟山都公司宣布不再销售 PCBs 作为防水增塑剂或者作为液压液,但将继续生产 PCBs 用作变压器的冷却液。它不顾禁止 PCBs 不可遏制的势头,仍然继续生产了 6 年。直到 1976 年,孟山都才宣布将逐步减少直至完全停止 PCBs 的生产,直到此时,公司发言人仍没有给出停止生产

的时间表。

再来看 1990 年代后期瑞典的母乳研究。溴科学与环境论坛会员始终坚持说他们的产品是安全的,并开始采取安抚公众的对策,开始更多地保护五溴联苯醚,而逐步减少对八溴联苯醚和十溴联苯醚的保护。这 3 种化学品是最广泛使用的 PBDEs 产品。当欧盟和加州在 2003 年宣布禁止五溴联苯醚和八溴联苯醚的时候,大湖化学公司宣布 2005 年前自愿逐步停止这两种产品的生产,但希望继续保留十溴联苯醚和新产品"火大师 550"的生产。十溴联苯醚是 3 种之中使用最广泛的品种,也经过了国家科学院、世界卫生组织和美国环保署最严格的测试,溴科学与环境论坛宣布,所有测试机构都证明了十溴联苯醚的清白。

1970 年代的 Tris-BP 和 PBBs,1980 年代的二溴乙烷,1990 年代的五溴联苯醚和八溴联苯醚,今天的十溴联苯醚。溴工业的 PCBs 方案已经顺利实施了近 40 年。

弃卒保车

十溴联苯醚是维多利亚会议最热门的话题。

伯格曼博士的发言开宗明义("必须这么做,禁止十溴联苯醚的证据已经足够确凿"),科学界的共识非常清楚:很多消费品中含有的十溴联苯醚会逃逸出来。十溴联苯醚可能会分解,或在一定环境下"脱溴"成为更危险的五溴和八溴的 PBDEs,引起野生动物和人类的健康问题。然而工业界仍然不承认所有这些问题,在欧洲、美国和加拿大三个主要前沿阵地激烈反对全面禁止十溴联苯醚。

2008 年 7 月 1 日,欧洲终于禁止将十溴联苯醚用于电器,由于电器几乎消耗掉了所有生产出来的十溴联苯醚,禁令对于溴科学与环境论坛显然是一个沉重的打击。加拿大已经在国家污染法中将十溴联苯醚标上了"有毒"的标签,并且在考虑是否跟上欧洲的脚步。

而在美国,工业界的日子要好过得多。到目前为止,对于十溴联苯醚的禁令仅仅停留在各州范围内,目前只有华盛顿州和缅因州开始禁止十溴联苯醚。工业界发出了清晰的信号,只要谁挡道,就把他撂倒。2007 年,溴工业说客成功地将赖斯从环保署旗下为确定十溴联苯醚的安全暴露水平设立的同行评价小组专家会主席的位置上拉了下来。在一封写给环保署的信中,一个美国化学家协会的说客建议说,供职于缅因州疾病控制中心的赖斯应该被剔除出专家小组,因为她在缅因州立法时代表其雇主出具了赞成禁止十溴联苯醚的证词,因而她有偏见的嫌疑。迫于工业界的压力,美国环保署不仅将赖斯请出了专家小组,而且还从原本的评价文件中将所有提到她的地方和她所做的评论都作了删除处理。修改之后的文件重新发布在网上,对于已经做过的修改没有进行任何说明。

赖斯遭到如此“冷遇”有两个原因,一是美国环保署已经沦为工业界的傀儡,它处理工业界抱怨的速度之快令人吃惊。二是当与化工界交好的那些人出现在评价小组时,环保署就明显看不到他们也可能具有某种“偏见”。美国环境工作小组做过一个规模不大但有效的研究,他们调查了美国环保署2007年建立的7个工作小组,这些工作小组聘请非环保署员工的科学家来评价环保署建议的安全暴露水平。环境工作小组发现至少17个人有问题:有些人的受雇公司是正在接受审查的化工公司,有些科学家的研究由相关化工企业提供资金,有些科学家对于一些有问题的化学物的安全性发表过不负责任的声明。

尽管赖斯个人明显受到了工业说客集团的攻击,她仍然认为溴的捍卫者还是不够灵敏,没有意识到公众对于化工产品态度的变化,并且由于其带攻击性的过度反应更加失去人心。她提到在缅因州十溴联苯醚辩论中的一些特别事件时说:“他们真是搬起石头砸自己的脚,在这一点上,别人都比不上他们自己干得漂亮。他们下重手拼命了,在报纸上整版做广告,在立法机构面前歪曲提案内容,一周接一周地在电视上打广告,这完全就是恐吓战术,把我们老百姓当成一群乡下白痴。”

“这种做法完全是适得其反,”赖斯说,“立法人员是真的被工业界的伎俩惹火了。缅因州做得非常出色,因为缅因州是个小州,人口少,居民大多从事农业,也不富裕,所以我们从来没有在任何事情上做得如此引人注目过。”

巴莱里亚诺(Laurie Valeriano),华盛顿有毒物联盟的政策司长,她讲述了一个类似的故事,在华盛顿州,溴工业同样为了阻止华盛顿州禁用十溴联苯醚。而咄咄逼人、满口谎言、仗势欺人,结果反而落了个惨败。“他们遍地打广告说,禁令将影响防火安全,但他们没有支持者。他们没有火战士、火酋长或火元帅去帮他们宣传防火安全,他们失去了人们的信任。”

图 4.2 溴工业者发给华盛顿州居民的传单，用以抗议该州的十溴联苯醚禁令

这种信任的失去得不到同情，巴莱里亚诺说，企业界“将一个可怜的绅士带到法官面前，告诉他有人在飞机大火中被严重烧伤，而我们的提案却还没有考虑到机场的防火问题。”这场辩论后来出现了一个大转折：一个“国家防火基金会”的代表向立法委员会承认他实际上是在阿美利溴公司(Ameribrom，与溴界老大以色列化学公司和阿尔伯马尔公司有关联的公司)领薪水的雇员，立法委员很不高兴，因为他们被欺骗了，而所有这一切最终都登上了报纸的头版头条。

钱不能买到你的爱。而在缅因州和华盛顿州的溴工业案例中，钱用于疏通关系很有效。

火上浇油

我和妻子这段时间热衷于电视连续剧《广告狂人》(*Mad Men*),看到最后一集时,我突然想到,这部戏描述的情景其实可能就是溴工业最为钟爱的那种现实生活。《广告狂人》描写了1960年代早期纽约的大帮狂喝酒、乱追女人的广告狂人的生活。剧里每个人都抽烟,在工作室里抽、会议室里抽、办公室里抽、洗手间抽、床上抽、车里抽,在任何地方都抽。这种画面让人感觉不舒服。这样一个到处撒满了可能引起火灾的烟头的世界正是溴工业界梦想的世界。火灾越多、死人越多、财产损失越多、就有越多人支持在房间里每样东西里面都注入阻燃剂。

溴工业正在劝说大家在产品中注入阻燃剂,这里碰到的最大的挑战之一是国际上掀起了自熄灭香烟的运动,或称"减少起火倾向"运动(简称RIP,这个缩写有点悲惨①)。加拿大早在2005年就首先要求使用特种纸制作带有"减速棱"以降低燃烧速度功能的香烟。整个欧洲也都在朝着同样的方向发展。美国由于全国的步调不一致,各州根据自身情况在响应号召。截至本文写作之时,82%的美国人正在享受州级水平的香烟条例保护。据统计,以由香烟头引起的火灾死亡率来计算,这种新型香烟将减少3/4的死亡数量,溴工业界可能遭遇了一个完全无关利益的阻燃标准。火灾的危险越小,他们的论据就越缺乏说服力。

然而,即使这样,溴工业界仍然毫不妥协。最有意思的是,人们发现,当前溴工业界的首席说客施帕贝尔(Peter Sparber)居然是烟草界的前首席说客。为了新旧东家的利益,施帕贝尔一直就是反对香烟自熄灭运动的先

---

① rip有扯破、偷窃的意思。——译者

锋(烟草公司试图避免更进一步的相应的规章制度的制约)。他还参与过美国消费品安全委员会发起的请愿,请愿要求家具制造商生产的产品表面必须盖上一层防火垫,以防被烟头或小火星点燃,而要达到这种高标准的防火要求最好使用溴系阻燃剂。

谢天谢地,美国消费品安全委员会现在似乎更倾向于抵制这个做法。布卢姆告诉我,大约在 1970 年代后期,正是她的研究使得 Tris-BP 在睡衣问题中变得清晰了起来,而最近几年,她一直负责组织民众反对在一些消费品中添加溴系阻燃剂。她这么做的原因是她的一只猫得了甲状腺疾病,而在这只猫的血液中含有大量溴系阻燃剂。

“防火工业品市场营销计划的基础是人们总是使用蜡烛或者总有明火存在。”布卢姆说,“现存的蜡烛标准只有一个,就是 1980 年代初制定的加州家具标准,这个标准要求,加州所有的家具都必须具备防明火性能,因此,他们不得不使用溴系阻燃剂。”在溴工业界的花言巧语之下,其他没有建立类似标准的各州从 1980 年开始也着手消除火灾安全隐患。“美国消费品安全委员会似乎了解了这一点,”布卢姆说,“所以,他们最近开发了一种新的模式,代替阻燃泡沫,他们将要求布料只需抵抗焖烧,不需要抵抗明火。这样的模式可以既防火又不含很多化学物质。”

工业说客们的说辞不被支持,因为最近的一项研究发现,由于加州实施不必要的阻燃标准,加州百姓血液中的 PBDEs 的含量已经高达全国平均水平的 2 倍。共有 36 553 215 人(按照 2007 年统计的加州总人口计)被那些无可挑剔的软装家具所毒害。

布卢姆信心十足地准备在国内国际疑点重重的产品标准上与溴系阻燃剂产品拥护者决一死战。目前,她正在与一些不太知名的组织作战,如国际电工委员会、欧洲电工技术标准化委员会(CENELEC)、美国保险商实验室和加拿大标准协会。一旦这些组织协助溴工业制定阻燃标准,有毒溴系阻燃剂大军就会伴随着各类电器入侵到各个家庭、学校、医院和商业机构。由于溴工业正在开放、透明的立法辩论中逐步失去支持,你可以想象,

他们将会以更隐秘的方式来兜售他们的产品。布卢姆与溴系阻燃剂的斗争已经持续了30多年,阻燃剂辩论的很多特征,都很像著名的“脸部特写合唱团”(Talking head)所唱的歌:“感觉还是像过去一样。”

在我采访过程中,我问遍所有人,包括科学家、政府决策者、社会工作者,问他们是否受到触动,还是说他们情愿葬送在一种又一种阻燃剂的手里,用更糟糕的阻燃剂代替糟糕的阻燃剂。得到的回答五花八门。

一些专业观察家说没有看到事情有太大进展。韦伯斯特觉得人们依然没有吸取任何教训,不过他感觉,至少“人们的行动在加速”,也就是说,诊断有毒物的速度比以前快,而移除有毒物的速度也比过去快。

与资深专家伯格曼博士的谈话使我受到了一些鼓舞,他说,近半年来,他看到了一些变化。可能在欧洲决定禁止十溴联苯醚之后,溴工业界看到了PBDEs的不祥之兆。这种猜测可以从一个国际商业研究公司——弗里多尼亚集团最近所作的分析中得到验证。该研究公司预测,在2011年,阻燃剂世界范围的增长还将继续,但是也有一个重要的附加说明:“受非卤素产品增加趋势的影响,磷基阻燃剂增长步伐最快。然而,溴化物仍将在整个市场中保持领先的地位,因为美国的制度氛围近期不会发生剧烈的变化……由于政策不断对卤素化合物施加压力,溴系阻燃剂供应商正在设法使产品多样化,这种趋势越来越明显,因为以色列化学公司即将在2007年夏末之前收购旭瑞达公司。”

未来,人们可能仍将使用阻燃剂,不过阻燃剂可能不再是溴系。

欧文的睡衣

当然,珍妮弗是对的。我一直没有打电话弄清楚这些睡衣的情况,以至于冬天都过去了孩子们还不能穿上新睡衣,他们仍然穿着有点破的旧睡衣上床睡觉。当这些睡衣放在桌上过了8个月后,我终于不能忍受了,拿起电话打给卡特公司,问他们几个问题。

"我们100%聚酯纤维的睡衣中不含阻燃剂,"电话的另一端顾客服务中心一个友好的女声向我保证,"它们是纯天然的,聚酯纤维是天然防火的。"由于我不懂聚酯纤维如何能够"纯天然",我问她是否可以寄给我一些说明书来证实这一点。几分钟之内(让我相信可能之前已经有人提出过这样的要求),我收到了附有一份短短文件的电邮,强调卡特公司的产品"用聚酯纤维制作,100%符合美国消费品安全委员会的指导原则"。

在对美国消费品安全委员会的指导原则做了一点研究之后,我发现,大多数用于制作睡衣的聚酯纤维都含有各式各样的阻燃剂。这些阻燃剂不是像Tris-BP那样涂于表面(消费品安全委员会称之为"处理"),而是直接添加到布料之中。这类化学物有卤系阻燃剂(氯和溴),无机阻燃剂(氧化锑)和磷基化合物。我回了一封邮件,问他们混合在聚酯纤维里面的究竟是什么阻燃剂。一周后,质量部门回复如下:"我们依靠的是聚酯纤维天然的阻燃性能,产品在干净的环境中生产,并符合州和联邦的各项规定。"这并没有回答我的问题。

我先将此放下,转而向杜克大学的斯特普尔顿教授求助,斯特普尔顿在大家认为火大师原料会永远融入产品而决不会泄漏出来之时,在室内灰尘中发现了"火大师550"。

"你平时的生活中会很小心地避开含有PBDEs的产品吗?"我问。

“是的，只要条件允许。”她回答，“比如，我不喜欢在家里铺地毯，而更喜欢实木地板……宜家的产品完全不含卤系阻燃剂。所以，我尽量从宜家买家具，尽量不买‘防污大师’处理过的家具，因为我担心他们在‘防污大师’里面添加全氟化合物（见第三部分）……我尽量做到充分了解自己给家里所买的东西。”

她继续说道：“我未婚夫和我准备几年之后要小孩，所以我一定会尽量避免暴露在这些化学物质之中……比如说，你想去买个电视机，而你不知道这个电视机用什么阻燃材料处理过，这可是难办的事情。唯一的办法就是拿个射线扫描仪对着它扫一通，看看到底含不含溴化物，然而，这种设备非常昂贵，不是每个人都负担得起。”

我将卡特公司的答复告诉她，问她如果有孩子的话，小孩睡衣会选阻燃剂处理过的还是没处理过的。

“毫无疑问，我肯定会选没有阻燃剂处理过的那种。”

这个回答对我来说足够了，我们坚定地选择棉织品，而欧文的企鹅睡衣至今仍躺在我的办公桌上。

第五部分

快快吃柔慢慢死

布鲁斯狂吃金枪鱼

我一周吃4次金枪鱼。我时不时会哭，情绪低落、丢三落四、思维混乱，就像我在跟你说话，说着说着就不知说到了哪里，前言不搭后语。

——祖尼加(Daphne Zuniga)　演员

2005年，女演员祖尼加告诉ABC新闻社记者，她吃的所有东西都是“好莱坞最普通的减肥餐:鱼和低热量碳水化合物食品”。大家可能都知道，祖尼加是1990年热播剧《飞越情海》(*Melrose Place*)的女主角。她回忆说:“我们要出去吃寿司，当时心里在想:‘哇！至少可以不用去意大利餐馆了，意大利食品都是油和碳水化合物’。”然而，过了一段时间，她就注意到身体出现了异于往常的症状，包括全身皮疹，不得不去急诊室。她看了很多医生，但没一个医生看出所以然。后来她读到了一篇文章，其中引用了美国环保署的一些公开统计数据，说1/6的育龄妇女体内的汞含量过高，她马上想到应该去做个化验检查。检查结果不出所料，她血液中的汞含量已经明显高于安全水平。她马上改变了每日饮食，六个月后，身体异常症状大部分消失了。

祖尼加的故事为我们揭秘"为什么《人物》杂志采访的明星很多都注意力不够集中?"(答案是,他们的脑子进汞了。)祖尼加的故事还说明了汞是一种潜在的神经毒物,它特别擅长的本事就是攻击人的大脑。电影明星汞中毒事件被新闻媒体报道以后,几千年来一直在为害人类的幽灵终于显形了。这些故事可能还会促使好莱坞明星去号召大家行动起来,关注公共卫生问题,严肃看待水中和鱼体内的汞。

一个个真实的案例告诉我们:汞的故事是人类的一个悲剧,是一个关于工业界渎职、政府无能、人类束手无策的故事。我们应该借鉴汞故事中的一些惨痛教训,以便更合理地处置我和里克所检测的化学物。比如,为什么明知一种化学物质有害,制定法律去禁用它还要花那么长时间?为什么每一次污染事件发生以后,那些企业集团犯了错却从中获利,而老百姓反而要为它们买单?针对以上这些问题,我相信我们能一步步找到解决问题的方案。

布鲁斯的金枪鱼大餐

说到失去脑细胞,像我这样故意增加自己体内汞含量的做法本身可能就是缺乏脑细胞的早期症状,也可能仅仅是出于对健康科学的好奇。我希望是后者。作为长期以来倡导实施汞禁用政策的环保主义者,我与这个实验有些特殊关系:一方面,我花了 10 年时间告诉人们:汞不是个好东西。另一方面,似乎有点自相矛盾,我居然要主动吃下含汞的鱼,以增加自己体内的汞含量,从而验证实际情况是不是像科研人员所说的那么严重。

今天是星期六,吃金枪鱼的实验即将开始。我想说的是:我喜欢金枪鱼,我喜欢吃金枪鱼三明治、金枪鱼寿司、烤金枪鱼排等。由于喜欢金枪鱼,也喜欢所有海鲜,我饮食中金枪鱼所占的比例要超过北美或者欧洲人的平均水平。我的饮食习惯有点倾向于日本式,一周吃八顿金枪鱼对我来说也不稀奇,我曾经一周 4—5 个晚上吃海鲜晚餐,包括贻贝、螃蟹、虾或扇贝,可能还附带熏鱼开胃菜。每周工作日的午餐中,我可能吃一个金枪鱼三明治和一个三文鱼三明治,还可能吃寿司或者泰式虾盘。早餐,一般每周吃一次烟熏三文鱼早餐。总之,对我个人来说,鱼是重要的蛋白质和脂肪酸来源。本部分所说的并不是让大家不要吃鱼,而是要当心所吃的鱼是否被污染。我所吃的鱼大部分含汞不多,因此,当他们为这个暴露于汞的试验寻找人选时,我当然不会放过这个机会来做一次"金枪鱼小白鼠",吃点金枪鱼有什么难的?我确信 48 小时之内吃几顿金枪鱼对于我体内的汞含量几乎不会有什么影响,我暗暗这么想。

事先声明,由于我平时吃鱼很多,实验之前,我的第一件事是把吃鱼的数量降到北美人的平均水平。那个阶段,我没做预测试。为了安全,实验前 6 周,我坚持远离金枪鱼和其他鱼类食品。相对于汞在人体内的停留时间而言,6 周的时间对于我体内汞含量的影响应该是适当的。

我的一个朋友,任职于蒙特利尔魁北克大学,是汞研究领域里的世界顶级专家之一。不管什么时候出去做实地考察,出发前,他们必须测试体内的汞含量,返回后,也必须马上做测试。结果,在吃了当地鱼类之后,他们体内的汞含量总是会有显著增加,无一例外。

所以,我知道,如果我吃含汞的鱼,那么从血液中测量到汞含量上升,在理论上的确是可能的。我所不知道的是,假如我在 48 小时内吃一些鱼,我血液中汞含量是否会有明显上升。我担心,我平时就吃很多鱼,现在只是额外多吃一点金枪鱼,可能不会有什么效果。

为确定实验开始时我体内的汞含量,抽了第一次血。之后,我得到吃掉一个金枪鱼三明治的任务。我们采购了很多种罐装金枪鱼,我选了一块最喜欢的白色大块金枪鱼。白色大块金枪鱼碰巧也是含汞量最高的金枪鱼,而薄片和厚片的金枪鱼则含汞量相对较少,因为用于制作片状鱼罐头的金枪鱼相对较小,而小鱼的含汞量较低,因为它们比较年轻,自己本身吃的也是小鱼,相应地,其“生物放大性”也相对较小。(生物放大性是用来描述有毒物含量成倍放大的术语,食肉动物在食物链中的等级越高,毒性就越大。因为它们除了自己的毒素之外,还累积了被捕食者的毒素,被捕食者又累积了其所捕食的食物的毒素,依此类推。)大鱼通常年龄较大,有更多时间在体内累积汞毒素。金枪鱼能活 20 年,长到 1500 磅①,最适合做寿司。

大多数读者都熟悉经典的金枪鱼三明治和金枪鱼沙拉配方,而每个人都有自己喜欢的口味。我的金枪鱼三明治通常是一听金枪鱼,一两勺蛋黄酱,一段芹菜和一大滴柠檬汁。不妙的是,第一天芹菜就吃光了,所以金枪鱼沙拉有点单调,我把调好的馅放进买来的全麦面包里。

没有芹菜做馅,金枪鱼似乎太容易消失在面包里面,在我意识到这个

---

① 1 磅 =0.4536 千克——译者

问题之前,已经把一整瓶7.5盎司①的金枪鱼全倒进了三明治里面。6分钟之后,三明治就整个下了肚。里克不怀好意地盯着我,目光转到案板上的另一听罐头。

他说:"那么小个三明治一定吃不饱,再来一个怎么样?"

我又重复了一遍前面的步骤,将另一瓶7.5盎司的金枪鱼放进第二个三明治里面,现在我十分庆幸实验没有规定我必须模仿普通人的食量,当然,我的食量也没有太出格。吃第二个三明治花了不止6分钟,大约有15分钟,这两个三明治馅就是我第一天所吃的金枪鱼。

第二天,距离我上次吃金枪鱼已经有24个小时了,午饭时我又吃了一块金枪鱼三明治(下午5:15测试汞含量)。那时,里克和我正在进行吸入全氟防污化学品实验(见第三部分),我们迫不及待地到厨房吃东西,因为这样就走出了臭气熏天的屋子,可到外面透透气。这次,我仅仅吃了一个三明治,其中夹着7.5盎司的块状白色长鳍金枪鱼,吃的时间稍微比前一天久一点,我觉得这是因为我希望在相对干净的空气中多待一会。我还喝了杯茶,不过不是用PC塑料杯装的(见第八部分),同时暴露在两三种污秽的化学物之下已经够我受的了。蒙特利尔的一些同行在最近发表的论文中写道:茶能重新移动体内储存的汞。这意味着,茶可以将已经储存在体内的汞,从肝脏排出,与新吃下肚的金枪鱼所含有的汞一起排出体外,这似乎对于我们短期实验是有好处的。

坐在房间里呼吸了几个小时的PFOA(全氟辛酸铵)空气之后,我们的项目协调员萨拉自告奋勇出去买一些金枪鱼寿司。下午5:45,我吃下了满满一盆"健康"的金枪鱼寿司和刺身。对不熟悉这种美食的读者解释一下:寿司是把生鱼片铺在一层黏米饭团上,刺身则是大块生鱼,吃寿司和刺身时一般蘸着日本芥末和酱油一起吃。我并不知道,萨拉只是把这些东西当成开胃小菜。我刚刚风卷残云地吞下这些金枪鱼寿司,萨拉就给我端上了

---

① 1盎司=28.35克 ——译者

正餐(我得承认,这份看起来更诱人)——另一大盘金枪鱼刺身、寿司卷和日式寿司。这次我花了整整40分钟消灭了这一桌菜,同时还喝了1—2瓶啤酒。尽管我爱吃寿司,我也得承认,一个人坐在桌边一下子吃下这么多东西也不是件轻松的活。

第三天的情况大致类似于第二天,午餐是另一种金枪鱼三明治。说实话,这可不是让人记忆深刻的那种三明治,或者说,有可能汞已经开始侵入我的大脑里面,因为我已经记不起第三天发生过什么事情了。老实说,这一天苦不堪言。实验开始头两天,我一直都处于比较放松、悠闲、从容不迫的状态,然而,第三天我感觉很糟糕。我突然想到,这种慌张和易怒可能是由于汞在体内沉积引起的。我也没有心情说话,这种易怒和抑郁的情绪会不会就是汞中毒的早期征兆?这种情绪状态是说明血液中汞含量在上升,还是说明我就是得了抑郁症?我是在经历所谓的祖尼加式的"思想斗争"吗?此时此刻,体内的汞含量是否过高我并不知道,但我毫无疑问体验到了令人不快的焦躁感觉。

奇怪的是,尽管身体很不舒服,到下一顿晚餐时,我还是特别想吃金枪鱼。萨拉去鱼市买了一些又大又厚的金枪鱼排,我们决定一起吃鱼排,我也很乐意担任大厨。读到这里——或者说自第三部分往后——你可能已经猜到,我们使用的是带有特富龙不粘涂层的煎锅。当然喽,这种煎锅不仅保证金枪鱼不粘底,还保证里克和我不会放过任何一次增加空气中全氟化合物含量的机会。

在加热的平底煎锅里放上一点点橄榄油后,我把混合着黑白芝麻的金枪鱼排放进去煎。煎好以后,大家一起就着沙拉、芥末蛋黄酱,大吃特吃,当然,也少不了喝上一两瓶冰啤酒。尽管三天内吃了七顿金枪鱼餐,我仍然觉得这顿金枪鱼晚餐绝对美味。我不费吹灰之力消灭了1磅多(500克)金枪鱼,远远超过一般分量。实际上,新鲜金枪鱼如此昂贵,差不多20美元一磅,这绝对不是穷人每日的晚餐,只有富人才有钱有能力用这种方式"毒害"自己。

当然,假如你喜欢钓鱼,就有更省钱的提高血液中汞含量的办法。北美大多数湖泊都有垂钓告示,提醒人们某些鱼不能吃,其中有 80% 的鱼是由于汞含量超标而被告示的。如果你钓技不错,能钓到大小合适的梭子鱼或鼓眼鱼,那么恭喜你,你找到毒害自己的办法了。事实上,明尼苏达州一个家伙就"中奖"了,他得了严重的疾病,住进了医院,不能走路。经过大量化验和检查,医生终于想起来去询问他妻子,是否他做过什么不寻常的事情,吃过什么不寻常的东西。她想了一会说,他喜欢钓鱼,吃了不少自己钓的鱼。而且,他每天都会吃鱼。医生立即给他做血汞检查,不出所料,他血液中的汞含量足以使他患上水俣病。水俣病这个病名来源于日本城市——水俣,那里汞中毒曾经十分猖獗。本部分后面还将继续讲述这一臭名昭著的环境污染事件。

尽管我怀疑自己体内的汞含量已经在上升,但是只有血液化验的数据才能证明七顿金枪鱼餐中的化学物质是否足以使得血汞含量产生显著差异。通常,等待测试数据的过程都会使人心焦或者心慌,我紧张地等待着,想知道我血液中的汞含量是不是大大超过了正常水平。和其他所有血样一样,这批血样也按照医学标准要求送到西雅图的布鲁克斯实验室,应用美国环保署的规章中的 1631 号协议化验,在那里进行离心分离检验。

我查过许多文献,知道我们的实验可能会提高血汞水平。我也从蒙特利尔的同行那里了解并证实了这一点。然而,我仍然不相信七顿金枪鱼餐将会有多么惊人的效果,所谓的血汞水平明显上升究竟什么样?如果我的血汞水平上升 10%,是不是真的就很严重?上升 50% 呢?或者干脆想象一下,如果翻倍会怎样?那一定会使人印象深刻!而这似乎并不可能,因为实验开始之前,我吃鱼数量一直高于平均水平。还有重要的一点应该记住:对于汞含量,没有安全标准。医学研究人员已经证实,人体内汞含量只要不为零,就有害人体健康。

经过五周的等待,我拿到了化验结果。第一份血样(采血时间是在第一天,吃两大块金枪鱼三明治之前),化验结果为 3.53μg/L,北美平均数是小于1μg/L,也就是说,即使在实验开始之前,我体内的汞含量也差不多是北美平均水平的4倍。在测试之前,我差不多六个星期没有吃过鱼。因此,我估摸着,最后的检测结果可能会有所上升,但不会上升太多。

在三顿金枪鱼餐过后,我的血汞水平上升到7.55μg/L,不到48小时就翻了一倍,并且已经超过了美国环保署提出的5.8μg/L的参考数值。这个参考数值是美国政府设定的"安全"水平,任何高于这个数值的情况都必须引起重视,尤其是育龄妇女。这个数值是在大量样本研究基础上得出的结论,样本是来自经常吃鱼和海产品的人群,比如北大西洋法罗群岛上的居民。

最后一份血样,也就是在第三天吃了那顿金枪鱼大餐之后抽的血样,化验结果为8.63μg/L。也就是说,三天内吃完这七顿饭和点心后,我体内血汞水平翻了一倍多,准确说,几乎是原来的2.5倍。事实上,这个实验成功了。它不仅证实了一些金枪鱼体内汞含量很高,而且也证明了仅仅吃几块金枪鱼三明治和几顿金枪鱼晚餐就可以轻而易举地使血汞水平上升。看着这些实验数据,我亲自见证了那些餐餐吃鱼的人们是如何不知不觉中毒的。

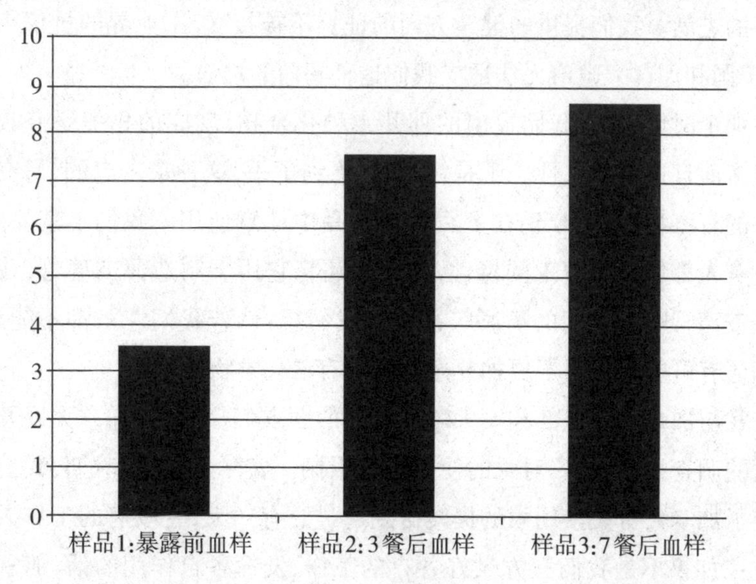

图5.1 布鲁斯吃鱼后血液中汞含量显著上升(单位:μg/L)

汞和我

汞是一种奇特的东西,我花了十多年时间研究它的使用范围、它对健康的影响以及污染源等,同时也支持政府制定政策减少汞排放。

我对汞的研究开始于15年前加拿大环境工作组的一个叫做“污染探源”的项目。那时候,大多数环境科学研究人员的工作重点还放在禁止氯化物上面。我们当时的想法是:既然很多有害的化学物质都是含氯的,与其花一个世纪一个一个地禁止有毒化学物质,还不如对一整类化学物质,如含氯化合物进行限制,因为同类化学物质毒性基本上是一样的。表面上看,这个主意相当不错而且很科学,但是实施起来不可能成功。

我们花了三年时间试图解释含氯化合物对健康的危害,却没有取得实质性的进展。我们提供的健康方面的证据不被接受,工业界的抗议十分强烈,美国和加拿大政府无法适应我们这种超前的想法。

那个时候,关于我们提出的那几十种化合物,现成的相关研究数据不是很多而且还有争议性。于是,我们便想到了汞,这种最古老的、研究数据最多的有毒物质,至今仍在上百种消费品中肆意使用。我们不禁要问:既然所有人都那么了解汞的毒性,为什么还将它用于制造薄玻璃管,并且将这些玻璃管贴近人们的嘴唇等部位?我们想:倘若我们连汞都不能阻止,我们还有可能阻止得了更加复杂的新的有毒化学物质吗?

我与加拿大环保部和安大略环保部的朋友们一起,在加拿大展开了针对汞的调查活动,倡议对汞的使用进行限制。实际上,那段时期,我们三方促使了加拿大有关禁用汞的提案得到通过。有一天,省政府的工作人员伊恩说:“如果不是我们三方做好各自的工作、发挥各自作用的话,加拿大在汞禁用方面将不会取得任何进展。”其中,我的任务是敦促政府制定政策,他的角色则是最大限度地从内部推动庞大的官僚组织采取行动。

行动之始,我们先弄清楚所有排入环境里面的汞是从哪里来的。检查发现,污染水和鱼的很多汞其实就来源于日常消费品。十多年来,我一直想弄清楚,汞的危害都已经明确了几千年了,为什么至今人们还允许自己的身体被汞毒害?怎么会这样呢?

汞是人类最早了解的古老有毒物质之一,也是人类经常暴露在其中的毒性最强的物质之一。汞用途广泛,有成千上万种的用途,也是地球上被研究得最多的有毒物之一。由于这些原因,汞能帮助我们更全面地理解污染这个主题,特别是,为什么有些剧毒物如此有害但还会被广泛使用至今。

在第一部分中,我们简略地描述了污染的发展所经历的以下几个阶段:直接暴露阶段、工业爆发增长阶段、工作岗位暴露阶段,直至最后深入到全体人类的食物和水中的无处不在的轻微污染阶段。与我们测试过的多数有毒物不同,汞在其漫长的发展历史中几乎经历了上述所有的发展阶段。

汞的神奇旅程

打破过温度计的人都知道，温度计里面的汞会变成银色的小珠子冒出来、散开来，看到过这种场面的人一定了解这是一种多么神奇的体验。更怪异的还在于，把10颗小珠子放在一起，它们会神奇地聚成一个完美的大珠子。这带给炼金术师一些幻想，幻想用发光的魔棒将乌鸦变成人。

由于这些迷人的特性，很多民族相信汞具有神秘的力量，有的民族甚至相信汞能延长人的寿命。一些拉丁文化中，汞被用来驱鬼。墨西哥和部分中美洲的街市中，现在仍然出售汞做的护身符，最危险的事情莫过于在婴儿床上撒上液态汞来驱魔保平安。在纽约的拉丁社区，这种事情甚至最近都还在发生，这使得当地的公共卫生机构开展了一些专项科普教育活动，告诉那些拉丁父母这么做会带来严重的后果。

几百年来，汞还被用于许多其他方面。一个丹麦研究人员最近发现，中世纪的修道士使用汞基墨水抄写宗教文件，其中有六个修道士似乎因此而死亡。这些死掉的修道士用笔蘸含汞的红墨水划细线，他们的手稿中的划线至今依然十分鲜艳。

古罗马人发现，汞能与黄金等贵金属结合形成汞齐，早期的采矿业利用这个特性提炼黄金白银。文艺复兴时期，有医生利用汞来治病。美国南北战争期间，汞被当作"灵丹妙药"包治百病，从皮肤伤口到便秘各种疾病都使用汞来治疗。有医生给林肯(Abraham Lincoln)开了"甘汞"片，幸好他比较警觉，不久就发现中毒的迹象停止了服用。

1960年代，人们对西班牙汞矿工人进行调查，其中一个画面至今使人记忆犹新。研究人员在纸上刻好线段，让采矿工人在刻好的线段上面照着画线，但是那些采矿工人根本就无法画成直线，全部画得歪歪扭扭、弯弯曲曲,就像孩童学画画时画的闪电。而不由自主地颤抖就是汞中毒的早期症状之一。

大家都知道这样的故事,西班牙大帆船从中南美洲土著居民那里抢走了成吨的金银珠宝战利品,而很少有人知道,正是那些大帆船将成吨的汞从西班牙运到了“新大陆”。在杀人无数之后,西班牙征服者将阿兹特克人和玛雅人的金银财宝熔化铸成了金条、金币,随后还用汞采到更多的金矿、银矿。西班牙统治的400多年间,有成千上万吨的汞就这样从西班牙运出。加拿大环保部的特里普(Luke Trip)访问了墨西哥城市萨卡特卡斯,在那里,西班牙人废弃的汞多达3.4万吨。特里普说,可能随便舀一勺泥浆里都能提炼出液态汞。要知道,1吨等于1 000 000克,而如果条件适当,1克汞就能污染120亩湖面的鱼。简直难以想象,西班牙带来的上亿克的汞对拉丁美洲造成了怎样的伤害。

18世纪,欧洲流行戴海狸皮帽,或者说那种我们印象当中典型的黑皮帽。由于汞具有杀菌特性,制帽业用汞来防止毛皮变质。不幸的是,帽厂工人跟汞打交道的日子并不好过,他们经常由于吸入了有毒的汞蒸气而发疯,短语“疯如帽厂工”就来源于此,人们还用“疯帽匠”来代表疯疯癫癫的人。易怒也是汞中毒的早期症状之一,几乎也是汞中毒的“信号”。最著名的疯帽匠恐怕是《爱丽丝漫游奇境记》中的那个疯狂的、爱猜谜的疯帽匠。

那时,汞污染还是个复杂的问题。现在大家已经不再担心直接暴露在汞污染下而引起的直接或间接的疾病或死亡,而更多的是关心那些长期暴露在食物链中轻微汞污染而引起的神经发育问题,特别是汞污染对儿童的影响。

汞,不同于我和里克正在实验的其他化学物质,它是自然界中存在的元素,而不是人造的化学品。自从有文字以来,汞就一直记录在案。元素是构成自然和人造化学物质的要素。我和里克检测的其他化学物质都是人工合成的,是化工厂的化学工作者在实验室里创造出来的。汞则与之不同,它不能被创造也不能被摧毁,而是广泛分布于岩石、植物、水和大多数生物活体中。火山、森林火灾和海洋都能向大气中排放汞,这就是所谓的“自然汞”,因为其进入环境的源头是自然界。还有一种来源于人类活动的汞称为“人为汞”,所有因为人类活动(比如垃圾焚烧、火力发电、汞温度计和荧光灯制造)而产生的汞都被称为“人为汞”。还有一些来源看起来不像是人为汞,而实际上却是人为汞,稍后将进一步说明。

汞有多危险

每次我与人闲聊提起汞的时候，人们都会马上问我："小时候每次打碎温度计，我们就把汞拿起来玩，这很危险吗？"

"哦，可能也不是真的很危险，只要你不是每天玩几个小时。"我回答。我知道很多人都玩过汞，我也一样。

然后，我就会给他们讲一个英属哥伦比亚牙医自己用炉子加热汞的故事。这个牙医似乎对汞特别着迷，有一天，他突发奇想把汞放进锅里煮。汞蒸气是有剧毒的，结果，把他毒死了。不仅如此，汞蒸气还弥漫到整幢大楼，导致大楼里的所有居民都不得不搬进附近的汽车旅馆去住。

俄亥俄州有一个男孩，由于染上一种神秘的疾病而虚弱无力，他被送进医院之后，医生发现他是汞中毒。原来他所住的公寓出现过汞泄漏，那是早先的一次事故造成的，而使得这个15岁的男孩生病的正是汞蒸气。中毒后他出现的症状包括：皮疹、盗汗、畏寒、颤抖、易怒、失眠和厌食。在确诊汞中毒之前，他曾被误诊为麻疹、精神病以及心理疾病。

还有一个例子，一个九岁的男孩，被诊断为神经疾病和肾病并发症，而真实病因是家里的温度计破碎导致汞泄漏。这真是个悲剧，男孩的母亲用真空吸尘器清除了泄漏的汞，这个不经意的举动，使得吸尘器成了汞蒸气的传播装置，成了致病元凶。每吸一次尘，热空气就把汞加热一次，然后传播到房间的每一个角落。

我还想起了达特茅斯学院化学教授怀特汉（Karen Wetterhahn）的可怕的故事。怀特汉专门研究汞对人类和生态系统的毒性影响，他在实验中使用的是剧毒的二甲基汞。二甲基汞不是普通汞，通常只用于科学研究，因为它能迅速引起汞中毒，可以缩短实验时间。当然，实验中操作二甲基汞

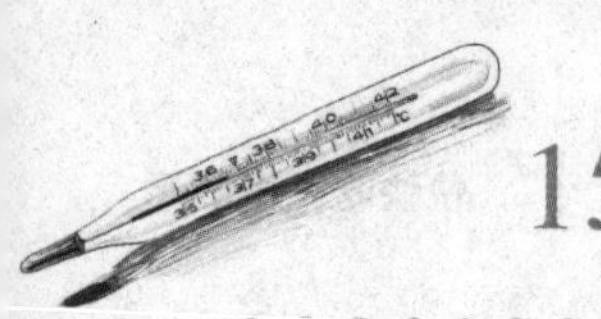

时也需要特别小心。怀特汉戴着乳胶手套,使用排风罩进行保护。但是有一次,她感觉到一两滴致命的液态汞漏进了她的乳胶手套,并到达皮肤表面。这些微量的汞迅速被她的身体吸收,使得血液中的汞含量达到了致命的水平。怀特汉清楚汞中毒的后果,记录下了汞中毒的各种症状:发抖、说话含糊不清、视野变窄等,这些数据成了她留下的第一手记录资料。

事故发生之后不到一年时间,怀特汉去世了。她直接暴露于汞污染的时间很短,而剂量几乎是致命剂量的100倍。为了研究如何防止汞对人类和环境的危害,为了自己的科学使命,这个年轻的女科学家献出了自己的生命。而这个故事最可悲的还在于,如果早50年,在汞的危害十分显著时,政府和工业界就负责任地禁止了汞的使用,那么她也不需要在1996年还从事此类研究。

每天暴露于高浓度的汞污染之下,即使不是二甲基汞也会有相当严重的后果,可能引起永久性的脑损伤、中枢神经系统紊乱、记忆丧失、心脏病、肾衰竭、肝损伤、癌症、视力下降、感觉丧失和颤抖等疾病。汞还被怀疑为"内分泌干扰素",会影响胎儿及婴儿的生殖系统和激素系统的成长。有些研究显示,汞还可能会引起神经系统疾病,比如多发性硬化症、多动症和帕金森氏症,只是还没有结论性的研究结果。

卡加里大学的医学研究则已经证实了汞对于大脑的实际危害。实际上,汞主要集中攻击大脑和肾脏,瓦解大脑某些部位的神经元,导致各种神经系统紊乱。卡加里大学的研究人员拍摄的视频资料(现在可以在Youtube视频网站上看到)显示,汞分子吞噬大脑神经元细胞的过程就类似于经典电脑游戏"吃豆子"里面的场景,阿尔采默氏病和自闭症就是与大脑神经元细胞受损有关。

因此,重申一遍:汞对于大脑有潜在的严重神经毒性,如果你吸入、吃下或者以其他方式暴露于足够强的汞污染之下,它将无情地夺走你的生命。即使暴露在较低水平的汞污染下,在持续一段时间之后也同样会遭受严重的身心伤害。

冷液态金属

汞有许多令人难以置信的、独特有趣的特性，其中最酷的就是，它是唯一在室温下呈液态的金属。请在脑子里回味这个词一分钟：液态金属。大多数金属不加热到成百上千摄氏度根本无法熔化成液态。在我们的印象中，金属冶炼工人都穿着防护服、带着安全帽、拿着长火钳，把液态金属倒进铸造锭中，而液态汞却不需要那样，可以安全地使用塑料瓶来储存。

和其他金属一样，汞也能导电。由于汞既是液体又能导电，它已经被用于电源开关之中。还记得1950年代开始使用的房屋环绕式恒温器，或者1970年代流行的墙面静音开关吗？在这两种装置中所含的汞，都足以污染120亩湖面的鱼，使其中的鱼都不能食用。

那么，为什么开关中会使用汞？很简单：每次按开关时液态汞颗粒会前后滑动，使得电流接通或断开，灯就能开或者关了。检查一下你家里是否还使用静音开关，这很容易判断：如果是静音开关，那么当你按开关时，开关非常平滑安静，几乎没有任何阻力。开关外壳很容易打开，打开后可以看到1—2个1角硬币大小的银色金属圆盘，每个含有1克汞。当你把圆盘拿出来，晃动一下可以感觉到汞在里面滚来滚去。如果你真的在家里找到了汞开关，记住开关坏掉以后不要扔进垃圾桶，要放到有害垃圾回收处。

你也许会认为汞开关毕竟使用不多，那么，不妨看看那些随处可见的“倾斜开关”吧，谁想来只冰淇淋？去打开冰箱门，一颗小的汞珠就会滑下接通开关，嘿，灯就亮了。再来看一下车后备箱里面的备用轮胎，好，很幸运，当你打开后备箱的时候一个小灯就会亮了，这些都要感谢倾斜开关，而这玩意中就包含了汞。

如果你家墙上还有幸（或不幸）拥有一台老式的环绕式恒温器，你就可以自己亲眼看看这种汞开关。先抓住恒温器两边,轻轻取下弧形圆盖。圆盖通常用金色塑料做成,中间有个大洞,那里放着温度盘,看起来就像个大汉堡包。盖子打开后,可以看到恒温器最上方是一些电线,电线下面有一个玻璃管。当你调整温度时,可以看到玻璃管向前或向后倾斜,亮闪闪的液态汞便在试管内从一边滚到另一边。温度调高时,开关倾斜,汞滑到下面,接通导体,火炉子就点着了,这就是倾斜开关的工作原理。

汞还有其他用处。汞挥发性很强,很容易从液态变成气态,常用于制造荧光灯和氖光灯。汞蒸气在玻璃管内可以导电,电流通过的时候就使得各种气体发出荧光。汞还具有受压强和温度影响均匀伸展的特性,可以用来制造温度计、气压计和血压计。

汞还可以与其他金属组成合金(其他金属溶于汞,就好比盐溶于水),称为汞齐。最广为人知的是银汞齐,可用来填补牙洞。银汞齐中汞占一半分量。现在仍有一些牙医使用银汞齐来填补牙洞,但大多数已使用白色树脂复合材料代替银汞齐。围绕汞齐填充物对于健康影响的争论非常激烈。一部分人对于汞齐填充物非常敏感,他们通常会用树脂填充物替换汞齐(不过,我们不建议大家一下子换掉过多牙齿填充物,因为这会导致汞污染的短期集中暴露)。

在嘴里粘上一块汞,这真是一件令人目瞪口呆的疯狂之事。我跟埃里克松(Peter Erickson)谈起这件事,他是现居于得克萨斯的加拿大内科医生,专门治疗对环境过敏的病人,包括对汞敏感。埃里克松为我讲述了汞是如何成为北美最为流行的牙齿填充物的故事。那时,汞的毒性已经为人们所了解,也被认为是危险的牙齿填充物。但由于它易于使用,远比金子便宜,而且,汞的毒性杜绝了任何细菌感染,这也被认为是附加的优点。

1833 年,一个法国牙医,是个使用汞齐的高手,却被禁止在治疗中使用汞,因此他搬到了美国。在美国,他开的牙医诊所非常成功。19 世纪中期,美国牙医均加入“美国牙医协会”,协会遵从那时欧洲的标准也禁止牙医使用汞。埃里克松医生说,这个法国医生和他的兄弟以及很多使用汞齐的牙医一起联合起来,找到了一条可以继续使用汞的途径,这就是脱离美国牙医协会,而组建了自己的组织"美国牙科协会"。美国牙科协会(以及加拿大牙科协会)完全不顾150年前就被证实的汞有害健康的说法,坚持使用汞齐填充物。至今,美加牙科协会仍然是最坚定的捍卫汞齐填充物的组织。他们激烈反对任何限制使用汞的做法,甚至反对向病人介绍有关汞的信息。尽管有人反对、有人拖后腿,潮流已经不可逆转,汞齐的使用最终开始减少。

汞还有一个最显著的特性就是杀死微生物,包括杀死霉菌和真菌,这些特性早在十五六世纪就已经为人们所认识了。在20世纪早期,小到便秘、癣菌病,大到梅毒都使用汞来治疗。甚至还有一些与汞相关的丑闻,比如说,一些亲王和权贵由于用汞治疗梅毒而出现汞中毒。

整个20世纪,汞广泛用于油漆中,刷在洗手间、厨房和医院的墙壁上,以防止霉菌生长。干燥油漆中汞的挥发是十分明显的,现在大多数西方国家都禁止油漆中添加汞。有些国家,比如加拿大,直到现在,有毒物管理的规定才逐渐为人们所知。制造业一般遵循国际标准。(相对于美国、欧洲和日本市场,加拿大市场比较小,因此加拿大的工业标准一般不会比其他国家更严格。我们没有制定法规禁止油漆中使用汞,但加拿大的工厂自愿放弃销售含汞的油漆涂料。)在农业中,汞还用于灭菌,比较有名的是用作西红柿灭菌。在爱德华王子岛上,大量种植西红柿的农民罹患癌症,这可能与西红柿杀菌剂和杀虫剂有关。

虽然汞的毒性广为人知,但奇怪的是,为什么还有那么多地方在用汞?人们将汞用于儿童牛痘疫苗、喷鼻剂,甚至隐形眼镜药水中。令人欣慰的是,最近几年,汞的大多数应用要么已经停止,要么严格受限。唯一一个得以保留的用途,猜猜看是什么?就是用于牛痘疫苗注射进入婴儿身体。然而,值得庆幸的是,这个应用最近也已经受到了严格的检查。

156

跳舞的猫和人间悲剧

1956年,日本水俣市的居民陷入严重疾病困扰,直到那时候,汞污染的严重危害才引起了国际上的广泛关注。在日本南部九州岛的一个小渔村,人们先是发现了猫的奇怪行为,然后才发现出了大乱子。全城的猫都在跳跃、打滚和后空翻,所以,后来把这种猫科动物中毒后无法控制的肌肉痉挛和颤抖称为"猫舞病"。对这种情况的进一步研究,使得当地健康科学家得出结论,汞污染了猫吃的鱼和贝类,导致了猫患上了这种奇怪而致命的疾病。除了猫跳舞以外,人们还发现,海鸟也从空中坠落,再也飞不起来。

海鲜,从古至今都是日本的主要蛋白质来源,也是渔村食谱上最重要的一部分。随着猫咪跳舞,水俣湾的居民也开始出现汞中毒的症状,比如发抖、麻木、易怒和视野变窄。而那时当地医疗机构对于汞中毒的症状还没有十分了解。

水俣湾事件的发生给地方医疗研究人员提供了重要线索,使他们掌握了汞中毒发生的规律。汞是先污染了水,再污染鱼类,最后毒害人类。水俣病悲剧发生十年后,现代环保运动开始在世界各地出现,那时对生态系统的了解还处于早期发展阶段。尽管如此,日本当地的医疗工作者还是很快从死去的跳舞猫身上找出了中毒的元凶——甲基汞。补充说明一下,甲基汞是汞的有机化合物,在食物中的毒性更大。这是因为有机化合物最容易被人类的血液和组织吸收。这里的"有机"是指含有碳氢原子的化学物质,不是指环保农场生产的食物。

一旦找出了元凶甲基汞,那么不难找到它的来源。原来水中的汞来源于水俣湾一家生产聚乙烯塑料的工厂。工厂把掺有汞的工业废料直接排进了水俣湾,而当地渔民在此撒网捕鱼。

日本渔业面临着一场悲剧,因为甲基汞的生物累积性和放大性比任何其他物质都厉害,即使水中的生物累积率较低,汞浓度相对较小,生物放大性也能使水里的鱼中毒。那些处在食物链顶端的大鱼,它们体内的汞的浓度可能是它们四周海水汞浓度的百倍、千倍,甚至百万倍。这就是为什么大型鱼比如鲨鱼、金枪鱼、剑鱼和枪鱼体内的汞含量最高的原因,也是为什么吃水俣湾的大鱼就是自寻死路的原因。

对水俣湾人来说,吃有毒的鱼还不是最悲惨的事情。水俣病事件中最可耻的一幕是什么?是政府对问题的疏忽和化工厂对于汞废料倾倒责任的推托。十多年里,政府官员无视当地医疗研究人员确凿的证据,没有采取任何行动。由于政府没有采取任何行动,企业也完全没有责任感,化工厂依然继续往水俣湾里面倾倒有毒废料。尽管医疗证据确凿,日本政府依旧拒绝承认成千上万日本公民的死亡与汞中毒有关。日本政府和化工厂如果不是漠然地对待人民的疾苦,如果采取防治行动,那么,成千上万的死胎、畸形和中毒事件其实是可以避免的。

今天,严重汞中毒的症状还被称为“水俣病”。水俣城的受害家庭为了毒害补偿的问题至今还在和日本政府打官司。日本政府和化工厂不仅在这次浩劫中严重失职,事件发生后,日本政府还千方百计地降低对受害者的损失的评定,企图减少对居民的赔付。按照官方统计,遭到甲基汞毒害的有 2265 人,而熊本大学研究人员披露的数字是 35 000 人。很多病情严重的受害者至今仍然生活在水俣湾,而更多的受害者则已经去世了。

158

纸、石头和鱼

日本发生汞中毒事件后不久，北美也相继发生了一系列严重事件。1969年一家纸浆工厂将废料倒入安大略北部的英属瓦比贡河，水质严重污染以致水中的鱼再也不能食用。这不仅摧毁了当地的食物来源，也摧毁了当地传统的生活方式。

造纸加工厂的氯碱车间制造纸浆和纸产品需要用汞，因此他们消耗掉很多汞，并且经常把成吨的汞排进当地的河流。

通过化验，白狗部落和纳罗斯草地部落①的血液和头发中汞含量很高，而对于这些化验指标是否能导致水俣病还存有一些争议。联邦政府和地方政府都宣称他们体内汞含量只是中等水平，因为他们得到通知后及时停止吃鱼。然而，尽管没有结论性证据，一些独立的研究机构发表了不同看法，这是继日本水俣病事件之后，又一起引起国际社会广泛关注的、更为严重的向江湖倾倒汞的政府失职事件。类似事件在北美此起彼伏，导致了一些渔业公司倒闭，很多社区的食物供应被中断。

氯碱化工厂使用的汞是单质汞，也就是纯粹的金属汞，与倒进水俣湾的毒性较强的甲基汞不同。然而，英属瓦比贡河的鱼体内检出了类似水俣湾的有机甲基汞，这是怎么回事？回答这个问题还需再给大家讲一些化学知识。好吧，长话短说，汞进入了一个甲基化作用的过程，甲基化作用是理解汞如何进入鱼、猫、鸟和人这个食物链的关键因素。

甲基化反应是将汞从无机状态转化成有机状态的化学反应过程。有

---

① 原文为White Dog and Grassy Narrows First Nations，是加拿大的两个土著部落。——译者

机汞含有碳原子,这种状态的汞更易于被生物体吸收。如果条件适合,世界上各种江河湖系统中,甲基化反应过程会自然发生。事实上,多数湖泊,特别是北美洲北部的湖泊中都含有甲基汞。比如明尼苏达、安大略、魁北克和威斯康星,这些地方似乎都特别适合形成甲基汞,这与很多因素有关,包括岩石类型、水的酸度和湖泊中的有机成分。

为解释甲基化反应接下来的变化过程,我们去看看水电站的水库。在那里,1970年代末,水库里的鱼体内的汞含量呈上升趋势。甲基汞污染至今仍然存在,这种情况特别值得加拿大人注意,因为目前还有那么多在建的水电站大坝。与日本的化工厂和北美的造纸厂里的汞不同,水电站水库的汞不是来源于倒进来的工业废水,而是来源于土壤。湖里的汞含量还受到来自雨水中汞的附加影响,而这些雨水则可能是来自遥远的中国和东欧的火电厂,经过北极吹过来。

汞也是一种自然界中存在的元素,可以在岩石和土壤中找到,当江河被大坝拦截时汞也受到影响。首先,大坝会引起大面积土地被水库淹没。其次,当水库淹没大面积森林的时候,树木在水库中死去并分解。这是关键性的一步,因为腐烂的动植物为甲基化微生物提供了完美的生存条件。水库底部的岩石中出现了汞的甲基化现象,这种甲基化作用是由于水底植物腐烂分解后产生了细菌活动的增加而引起的,甲基化作用的增强导致了甲基汞含量的提高。魁北克北部有着世界上最大的水电站大坝,那里水库里的大型鱼体内的汞含量远远超过了食用标准。大坝建成几十年后,当地的克里人一直吃的鱼不能再吃了。

前面提到,甲基汞是汞系中较易进入人体内的一种形态。从健康风险的角度来看,有毒物质进入人体内并对人体主要机能产生危害的能力越强,它的危险性就越大。甲基汞无疑具有这些特性,包括两个最毒特征:一是可以越过血脑屏障,二是可以越过胎盘屏障。所以,无论我们的身体如何努力阻止脏东西进入大脑和未出生的胎儿体内,甲基汞都能不费吹灰之力越过屏障。事实上,甲基汞不仅能够进入大脑,而且还特别钟意大脑的灰质部分,因此有"神经毒素"之称。汞还可以与蛋白质结合在一起(这还不同于储存在脂肪层中的亲油性氯化物如杀虫剂、PCBs 等),因此,汞除了会在大脑里面聚集,还能在人体的主要器官比如心、肝、肾内聚集。肾坏死是汞中毒后导致人死亡的主要原因之一。

综上所述,英属瓦比贡河里的有机微生物将汞转化为甲基汞,然后,鱼(那些还活着的鱼)就不可以被食用,最终,当地就失去了食物供应,当地大部分人也就失去了谋生手段,同时,造纸厂却得到了一堆洁白的白纸。

被污染很容易

在进行金枪鱼实验之前，我就已经直接参与了汞污染。我们所有人都参与了汞污染，只不过有些人参与得多、有些人参与得少而已。

因纽特人生活在加拿大北极地区，这里堪称是世界上最纯洁也最脆弱的生态系统。悲哀的是，北冰洋现在已经变成了全世界的“尾气管”。各种各样的有毒化学物质，包括汞在内，统统都排放到了北冰洋，这是由全球气候变化规律和集中在北半球的污染源引起的。北极的动物比如鲸、北极熊和海豹又都是大型又长寿的吃鱼动物，这使得它们都成了高汞携带者。在加拿大的一些北极社区中，近三分之一的妇女血汞含量超过世界卫生组织建议关注的水平。另外，PCBs、二噁英和氟化物在她们体内的含量，也同样超过世界卫生组织关注的水平。政府严重损害了因纽特人的利益，对因纽特人来说，无论是冷冻鸡肉还是其他外来食品都不如他们当地的野味好吃、健康。

今天，汞污染主要来自于大气，而大气中的汞主要来自两大污染源：燃煤发电和垃圾焚烧。垃圾焚烧的时候，废弃的日光灯、旧电池、含汞的石膏板和电器等会释放汞进入空气。煤炭中的汞是天然汞，火电厂的煤燃烧时，汞通过烟道排放进入大气。一旦进入大气，汞就可以随气流旅行千万里，在远离原产地的地方飘落下来。

1980 年代有句流行的话：“稀释是降低污染之路。”这句话对于大气并不合适，而且，这种想法还导致了我们现在面临的汞污染问题。汞一旦进入大气，就会随着气流环游世界，最后，随雨雪飘落下来，因此，污染物的下风向会遭受严重大气污染。总体来说，由于火电厂和垃圾焚烧厂排放的废气随着西风飘散，降落在下风向地区，因此，加拿大各地区的汞污染水平从西往东呈上升趋势。

医学人员发现长期低剂量摄入汞也会对人体健康构成危害。因此,研究大气汞污染的科学家也就把注意力从区域性汞排放转移到污染物全球扩散的问题。医学人员选择了两个小岛,北海的法罗岛和印度洋的塞舌尔群岛,对岛上的儿童进行了追踪研究。这两个小岛都有一个特点,既远离直接汞污染源,又以鱼为主要食物来源。研究几年后,他们确定人体内的汞不存在安全界限,有汞就有伤害。很多人曾经认为,人类只要将汞污染控制在一个"安全门槛"之内,就不会对身体造成伤害,这种想法是完全错误的。这些研究中最有名的是格朗让(Philippe Grandjean)的团队的研究,他们的研究队伍在法罗岛发现,那些体内含有低剂量汞的孩子有"认知缺陷"和"运动神经受损"现象。而孩子身体吸收的汞,不是来源于渔场附近排放出来的工厂废料,而是目前海洋中存在本底汞。

这些研究结果导致了与汞相关的健康标准的大幅修改,改变了全世界新闻报道的主题,大声呼吁怀孕妇女在妊娠期间不要吃高汞鱼。研究表明,即使最小剂量的汞对于胎儿和婴儿的大脑发育也有影响。对于世界上很多妇女来说,这是一个两难的处境。当地产的鱼类可能是蛋白质和 ω-3 脂肪酸最重要的来源,因此不吃鱼对于胎儿的危害并不比吃含汞的鱼小。吃与不吃,都不好。尽管存在这些风险,加拿大还是建议,土著人还是得继续吃这些被污染的鱼,因为鱼是他们最重要的蛋白质来源。

那么所有这些研究和法规究竟为我们留下了什么呢?有好消息也有坏消息。好消息是,千百年来对付这种剧毒物的经验使得我们终于开始理智行动。十五年前,我担心的是,如果我们连汞都不能限制使用,就更不用说限制其他有毒物的使用。近二十年来,由于政府制定相关规定(主要是欧洲和美国的),消费品中汞的含量已经大幅下降,大多数的电池、油漆和开关都不再含汞。汞温度计和恒温器也在逐步退出市场,甚至牙医似乎也赶上了潮流,开始逐步放弃使用汞。

日光灯中仍然还含有汞,不过,其含量比十年前要少了很多。最近节能灯的使用则是个主要的挑战(实际上节能灯的销售量已经超过 10 亿只)。这种灯节能(如果你使用的电是来自燃煤发电,节能灯也可以减少汞排放),但灯里面却含有少量汞。当这些灯丢弃时,采用正确的循环利用方式能回收大部分的汞,但至今这种循环回收项目所见不多。

坏消息是,燃煤使用继续急剧增长,特别是在中国。但是汞从哪个地方排放出来并不重要,因为它会飘到世界的每个角落,所以,尽管很多消费品中的汞含量下降很多,但全球汞含量仍旧继续保持增长。不对火电厂的汞排放进行限制,世界各地易受伤害的人们就得继续忍受一个重要的食物来源遭到破坏。

爱吃金枪鱼、寿司的人,特别是其中的孕妇儿童,更应该严格控制高汞鱼的摄入。不幸的是,对于此类问题,政府提供不了任何帮助。在加拿大,在任何鱼市场都可以买到含汞的鱼,这些鱼身上的含汞量都超过政府规定的健康指标。我吃的金枪鱼排肯定也在这个超标之列。所以结论是:最可能超出健康指标的鱼在加拿大都尚没有受到联邦政府的限制。

我请联邦政府官员对此作个解释,怎么可能又是怎样做到将金枪鱼排除在限制之外?他们告诉我说,政府考虑到金枪鱼是鱼中的“珍稀品种”。我猜,金枪鱼是鱼中的“法拉利”。那么,将金枪鱼排除在外的想法是出于这样的考虑:金枪鱼那么贵,一般老百姓哪有那么多钱吃金枪鱼吃到中毒的程度?

我想,我已经证明这种说法是错误的。

第六部分

洁癖

里克开始抗生素实验

我不喜欢细菌，这就是为什么我不喜欢跟人握手的原因，因为你永远无法知道那只伸给你的手刚才做过什么……

还剩最后一个忠告：不要按电梯间的“1楼”按钮，那个按钮上面绝对细菌丛生。我想，今后，我还是走楼梯算了。

——特朗普(Donald Trump) 2006年

一个惊人发现：我家花园的水管里居然含有三氯生这种化学物质。

本书所讨论的几种化学物质中，三氯生是唯一一种我自信已经脱离了关系的化学物质。如果你平时细心留意的话，在很多抗生素产品的主要成分列表上都能发现它的踪迹。多年来，我和我的家人，一直在尽量回避这种化学物质。所以，我完全相信自己已经彻底地将三氯生拒之门外了。终于有一样化学物质是我可以掌控的了，至少我比较有信心。

然而，一天晚上，我在小菜园里给蔬菜浇水时，却发现手里的水管上居然写着字。那些字非常小，而且密密麻麻地布满了整条水管的表面，看起来不像字，而像一条条细长的花纹。那年我是第一次种菜，也是第一次仔细观察那根水管。之前，我从未凑近去检查过水管，（谁会没事做的时候凑近水管仔细端详?）这是我第一次注意到，这水管上有字。我把水管拿到眼前，看清楚了上面写着这样几个字："妙抗保防护"。妙抗保就是一种抗菌产品，一直使用三氯生灭菌。

太荒谬了！我看着地里的西红柿苗，心里想着，我竟然在这种毫不知情的情况了下使用了这种带有杀菌剂的绿色橡胶水管来浇灌我的西红柿！看着三氯生渗入我家后院的土壤里，一股怒火油然而生！我虽然没有确凿证据，但我相信，商家又在骗消费者购买抗菌水管了，其实只有实验室才需要用这种水管。

我相信，那个晚上我一定满脸涨红，都是被那根水管气的。

"看在上帝的份上，"我想，"化工厂能不用这些有毒的化学物质生产这种愚蠢的、毫无意义的产品吗？现实生活中是否还能找到一个尚未受到化学大军入侵的角落呢?"

明显不可能……

汽巴婴儿

塔夫茨大学的微生物教授利维(Stuart Levy)听到我说起花园水管的事情便会心一笑,他也知道,“抗菌”产品正受到越来越疯狂的追捧,滥用三氯生的情况十分常见。他说:“中国城里有抗菌筷子,丰田汽车的广告说他们的方向盘也抗菌,你家花园的水管也抗菌。我还看到,有些热水浴缸也声称能抗菌。我想说,如果这些人真的想宣传自己的产品对健康有益,那么,就应该专注于产品本身的功能,而不是抗菌。妙抗保其实已经泛滥到每样东西里面了,现在,你甚至都能买到整套的三氯生卧室用品,包括三氯生枕头、三氯生枕套,甚至三氯生拖鞋。”

三氯生的市场扩张的确非常成功,利维信手拈来的这些例子也只不过是冰山一角而已。就连我家的水管那样的商品中都含有三氯生,这简直不可思议。环境工作小组还发现,很多用途各异的家用物品中都含有三氯生,比如洗手液、牙膏、内衣、毛巾、地垫、浴球、浴帘、电话、地板、切菜板、纺织品和儿童玩具等,总计 140 多种产品。

而且,这样的产品清单永远没有办法列举完整,不断有新产品冒出来。2006—2007 年,加拿大广播公司对这类产品进行调查,他们发现,当时联邦政府登记在案的化妆品中有 1200 多个品牌的化妆品中含有三氯生。要知道,三氯生从 1972 年才开始使用,那时还仅用于外科手术消毒。而且之后的大部分时间里,三氯生都只是在医院或实验室内使用。可见,这种化学物质的扩张速度真是令人咋舌。

在很多方面,三氯生的历史与第四部分谈到的溴系阻燃剂很相似。两种产品都在不断寻找新的(快速扩张的)应用领域。溴系阻燃剂在最初几十年仅用于含铅汽油的添加剂。当含铅汽油变得臭名昭著、穷途末路时,阻燃剂化险为夷,生产商们马上调转方向,把这个产品当作农用化学品和防火材料来兜售。制造商还利用国家的防火条例,将溴系阻燃剂添加到他们能想到的所有地方。

三氯生的故事也与之相似。妙抗保及其他相关企业都意识到,如果冠以"抗菌"这样的术语,并降低这种化学品的浓度,再把它注入到各种各样的产品之中,比如香体露、厨房消毒剂等产品之中,那么,就有可能将一种原本仅在医院使用的化工产品变成一种生活日用品。

兜售三氯生的各种广告都极力鼓吹无菌生活。美国肥皂和洗涤剂联合会(SDA)在一次于情人节召开的新闻发布会上喊出了这样的口号:"要传播爱,不要传播细菌!"一则宠物洗发露的广告词这样说:"温和而有效的抗菌、清新的绿苹果香味让你的狗宝宝毛发清新闪亮。"还有一则广告说:"我公司出品的吸油纸能有效祛痘控油,因为它用三氯生抗菌、水杨酸保护,有效防止复发。"

"这让我想起李施德林的故事。"爱森堡(Katherine Ashenburg)脱口而出。她曾写过一本关于洗澡的奇闻轶事的书:《干净之尘——不卫生的历史》(*The dirt on Clean: An unsanitized history*)。李施德林诞生于1879年,是一种含有香草酚、薄荷脑、水杨酸盐和桉油精的药物,起初也只是用于外科手术消毒。后来,看到妙抗保花样百出,李施德林的制造商决定重新定位自己的产品。爱森堡说:"他们丝毫没有改变产品配方,也没有改变产品标签、价格和包装,什么都没做改变,就开始宣传李施德林的新用途。"1890年代,李施德林开始成为牙医诊所的口腔消毒剂。1914年,又变成了漱口水卖给普通民众。爱森堡继续说:"如此的销售业绩老总们还不满意。到了1920年代初,李施德林公司总裁要求他的化学工程师给他列一张李施德林的用途清单。从这张清单中,这个老总又找到了一个新用途——防口臭。其实这位总裁先生甚至连口臭是什么都还不知道,当然整个北美洲也不知道口臭是什么,所以,李施德林在接下来的5年中不停地打广告,大肆宣传,教育大家,口臭是个什么东西。"

东奔西跑介绍这种新症状,宣传李施德林的治疗功能的确很辛苦,但这一切都是值得的,因为李施德林的销售额开始直线上升,达到了原来的200%。爱森堡总结说:“我猜想,精明的化学家总能为产品找到新的用途,或者激发出人们未曾发现的新需求。”

李施德林不断扩大的使用范围使得利维警觉起来。利维不仅是塔夫斯大学“基因适应性与耐药性研究中心”的主任,还创建了“慎用抗生素联盟”(APUA),并担任该联盟主席。APUA 在自己的网站上声明自己的宗旨是:“加强抗生素管理,指导人们正确使用抗生素以及在世界范围内控制抗生素的抗药性,从而提高全社会对传染病的抵抗力。”

这可不是个简单的任务!传染性细菌就像是狡猾的怪兽,它们对抗生素的适应性正不断地向医生发起挑战。“抗生素是一种独特的能影响全社会的药物,因为病人每次使用抗生素后都可能使细菌耐药性增强,对医疗机构、环境乃至整个社会造成影响。”APUA 知道自己正承担着一项艰巨的任务。“世界范围内抗生素的滥用和病菌的耐药性正在对全世界的传染病防治以及医疗保障提出新的挑战。”

在这个背景下,利维博士开始注意到抗菌产品的问题,他开始担心,抗菌产品的滥用会不会增强细菌的耐药性。利维博士说:“我进入这一领域主要是因为我对抗生素治疗、抗生素运用的兴趣,也因为我是 APUA 的负责人。就在抗生素滥用现象刚刚出现的时候,孩之宝公司推出了一款含有三氯生的玩具,宣称该玩具可以防止病菌在玩玩具的孩子之间传播。随后,一家厨房设备零售商陈娇怡推出了一款注入了三氯生的切菜板……企业营销人员发现,‘抗菌’这个词用于销售是个绝佳的噱头,因此,他们开始大打‘抗菌’牌。最讽刺的是,立奇牙刷没有把三氯生注入刷毛内,而是注入刷柄内,就这样,立奇牙刷也自称是‘抗菌牙刷’。”

与本部分中接受采访的其他微生物学家一样,纽约大学医学中心临床微生物学与诊断免疫学研究院主任铁尔诺(Philip Tierno)也很热衷于讲述细菌的故事。他曾经上过欧普拉脱口秀,也上过 MSNBC 新闻频道的“今日”节目,专门谈论细菌专题,谈日常生活中哪里会有细菌。铁尔诺说他也是从“孩之宝玩具事件”开始关注三氯生这个化学物质的。然而,铁尔诺与利维的观点不同,他认为孩之宝的创意很有意思,可能还挺有用,并对此加以赞扬。尽管铁尔诺很喜欢三氯生产品,他自己也使用三氯生牙膏和三氯生香皂,但他对一些三氯生产品也是十分不满。他说:“有些产品中注入三氯生,是因为想与抗菌产品这个时尚概念沾边,从而更容易赚钱。而这些三氯生并不能阻止细菌在人与人之间传播。比如说,披萨刀的刀轮是金属制品,刀把是塑料制品,刀把中注入了三氯生,当人们用披萨刀切披萨时,刀轮上粘有奶酪残渣和披萨饼碎末,这时候去清洗披萨刀轮的时候必然也会清洗披萨刀把。由此可见,三氯生披萨刀就是一种典型的无用产品。”

铁尔诺还说:“很多标明含有三氯生的产品,其中三氯生的含量要么太少而毫无效果,要么浓度不适当,不足以发挥抗菌功能。”他主张淘汰这类产品,他说:“这些产品中的三氯生完全没有作用,反而增加环境负担(包括人体内部环境负担以及自然环境负担)。这些三氯生已经失去了灭菌的基本功能。”

有趣的是,就连发明三氯生的公司也对某些滥用三氯生的情况感到不安。1972 年,汽巴公司首先用三氯生制造外科术前消毒液,这家公司至今仍是全球知名的三氯生生产企业,努斯鲍姆(Klaus Nussbaum)是这家公司卫浴用品部门的全球总裁,我给他打电话进行采访,当时努斯鲍姆在位于瑞士巴塞尔的办公室,国际长途信号很差,噪声很大(汽巴公司的一位公关人员聆听了整个采访)。不出所料,努斯鲍姆对于三氯生这种化学产品十分支持,他说,三氯生进入商业领域已逾 40 年之久,证明它安全、用途广泛的论文堆积如山。然而,采访快结束时,努斯鲍姆突然说,他们正在淡出一些他们自己也并不赞成的应用领域。我对此感到惊讶,居然还有汽巴公司不支持的三氯生的应用领域存在?这可跟汽巴公司一贯的立场——三氯生对环境和人体健康无害——不一致。于是,我请他说得再具体一点。他说这是个“产品定位问题”,还字斟句酌地说,那些“普遍使用的,一次性的”

物品,比如添加了三氯生的垃圾袋,都是汽巴公司所担忧的产品。

看来,就连汽巴公司也无法否认他们生产的三氯生会一直留在垃圾场里,逐渐析出,进入水系当中。我觉得,化工界将会告诉消费者,细菌也是我们这个世界的一部分,是不可避免的。

细菌反扑

地球上三氯生泛滥之所以不容忽视,是因为它导致了一系列十分严峻的问题:

1. 大量事实表明:很多时候,含三氯生的产品并不比不含三氯生的同类产品效果好。

2. 人体中以及环境中三氯生的水平已经影响健康,甚至可能诱发严重的问题。

3. 三氯生还使得细菌耐药性增强,导致"超级细菌"出现。

下面我们将对这些问题依次进行分析:

首先,"抗菌"香皂的抗菌效果真的不比"普通"香皂好? 是的,在居家环境下事实的确如此。美国医学联合会、美国食品药品监督局和美国疾控中心联合出版的杂志《急性传染病》上发表的文章也得出了类似的结论:在居家环境中,没有证据表明抗菌皂比传统的普通香皂更能减少细菌或降低疾病的发生率。另一项针对200个美国家庭的调查结果表明,使用抗菌产品并没有降低感染、传染疾病的风险。

最近,另一项针对美国家庭的大型调查发现,三氯生含量低于0.3%的抗菌产品在防止传染病和减少手上细菌方面并不优于普通香皂。无论何处采集的样本,都无法证明使用含有三氯生的香皂优于使用普通香皂。

这些调查研究报告的作者之一利维指出:"家用产品中添加的三氯生的浓度是医用产品的1/5至1/10。"利维支持谨慎使用三氯生(尤其适合医院使用),但反对大范围使用低浓度的三氯生。加入三氯生的产品实在太多,都只是为了贴上"防菌"的标签,然而,其中三氯生的含量并不足以杀死我们手上的细菌。

第二,越来越多的证据表明三氯生具有生物累积性和持久性。三氯生会聚集在动物和人的脂肪组织中,脐带血中也检测到了三氯生。欧洲和美国的研究都在婴儿的脐带血中发现了三氯生。瑞典发表的研究论文记载了母乳中的三氯生达到了较高水平。2002 年发表的一篇论文记录道:每 5 个哺乳期妇女中就有 3 个母乳中含有三氯生。美国疾病预防控制中心发现,2500 个人中有超过 75% 的人的尿液中含有三氯生。

由于三氯生在消费产品中的运用越来越广泛,越来越多的三氯生被排放进入了水系,因为含有三氯生的产品中约有 95% 最后都被冲进了下水道。"美国地质调查"活动在对美国河流的调查中发现,三氯生是最常被检测到的化合物之一,这可能是废水经过处理后排放进入江湖的结果。该活动检测了 95 种不同的有机废水污染物,研究人员发现尽管废水处理能够去除其中大部分的三氯生和其他化合物,但无法清除所有的这些化合物。考虑到水中尚有三氯生存在,这些三氯生还存在杀死藻类和破坏水循环生态系统的危险。

三氯生对甲状腺的影响也越来越受到关注。在老鼠实验中,研究人员已经发现三氯生会使体温降低,抑制神经系统。日本针对鱼类的研究表明,三氯生虽然没有影响雌激素,但却影响了雄激素,导致鱼鳍的长度发生变化,鱼的性别比例也受到影响。对青蛙的研究表明:低剂量的三氯生影响甲状腺的功能,使蝌蚪向青蛙变形的速度加快。在斯堪的纳维亚半岛,政府已经开始控制使用三氯生,以防止激素干扰,降低细菌的耐药性。

最后,关于"超级细菌"。三氯生的广泛使用是否会增强细菌的耐药性?这个问题成了三氯生被讨论最多的话题。有些专家认为有这种可能性存在。美国医学联合会则坚信过度使用三氯生会导致细菌对抗生素产生耐药性,并建议大家在家里尽量不要使用抗菌产品。

不过,美国肥皂和洗涤剂协会的桑索尼(Brian Sansoni)认为细菌耐药性的指控是"大学和学术出版机构杜撰出来的谣言"。他指出,三氯生导致细菌耐药性增强的证据全部来自于实验室,"真实世界里根本找不到抗菌产品及其配方导致细菌耐药性增强的证据。”桑索尼认为:“继续鼓吹这种猜疑是一种误导。”因为这分散了人们的注意力,无助于找出细菌耐药性的真正原因。显然,细菌耐药性的真正原因就是医生乱开抗生素处方和病人滥用抗生素。很不幸的是,我们把抗生素药物和抗菌产品这两个完全不同的事物相提并论,这就像拿珠穆朗玛峰跟一个小山丘相比较。

作为桑索尼的首要攻击目标,利维小心回应:“我清楚地说过,三氯生不是导致我们今天不得不面对的细菌耐药性的首要原因,首要原因是人类和动物滥用抗生素。”利维继续说道,“但这并不意味着抗菌剂没有问题。我们应该关注三氯生的使用,权衡它的利弊并进行持续追踪。更好的处理方式是我们应该提出这样的问题:如果一种商品可能有害,那么,买下它又有什么用?”利维承认,现存的证据都来自实验室,并表示:“我一直使用‘潜在’一词。如果能在实验室里观察到这种现象,那么外部世界出现这种现象的可能性就一定会存在。如果你使用的抗菌剂足够,你就会有耐药性。”

利维的同事艾洛(Allison Aiello)同意,对三氯生和微生物耐药性之间的关联进行研究探讨是很重要的,她说:“我们一定要牢记这种关联。”艾洛是密歇根大学公共健康学院流行病学教授,对于在相应规章制度缺失的情况下,三氯生向众多消费产品中渗透的情况,她也感到忧心忡忡,因为“如果我们要在常规状态下研究这种化学物质,分析它的应用、效果和风险,那么,我们需要结合其他研究人员的研究结果,比如,三氯生在环境中的归宿、它对人体的影响、它的毒性及其他方面。”

细菌恐惧症

西尼罗河病毒、禽流感、李斯特菌、非典病毒、食肉细菌、具有青霉素耐药性的金黄色葡萄球菌等等,似乎常常都有一些新的细菌冒出来,给人类带来恐慌。

亚利桑那大学教授杰尔巴(Chuck Gerba)觉得这些细菌并非无缘无故冒出来。杰尔巴在他的畅销书中自称“细菌博士”并且一炮而红,成为研究细菌及其传播途径方面著名的权威。(他还做过一项鲜为人知的研究,研究如果不盖马桶盖冲水,水花能将多少细菌溅到空气中。)在《细菌弗里克预防伤风感冒指南》一书中,杰尔巴指出,100 多年前,传染病是引发死亡的最主要原因,到 1980 年,它的排名下降到第 5 位,最近 10 年,它又回升至第 3 位。

杰尔巴强烈地感觉到,我们应该对这种情形进行反思,并在本世纪“重建卫生观念”。他说:我们必须这么做主要出于两个原因。第一,“对于严重疾病,易受影响的人比以前更多了,约有 1/3 的人口属于这类人。他们多数是老人、婴儿、缺乏免疫力的人群(如癌症化疗患者)和孕妇。我们的人口正在朝老龄化的方向发展,普通疾病,比如痢疾,对一般人来说只是个小问题,而对 65 岁以上的老年人来说,就有可能带来生命危险。”

第二,杰尔巴说,“生活方式的改变”使得我们比以前接触更多的细菌。“我们的食物供应越来越多地来源于发展中国家,这些食物使我们暴露于更多的病原体。有些病原体可能是之前我们从未接触过的。现在,80%的人在室内工作,100 年前,大多数人在农场或田野里工作,一周只进城一次。如今,我们在写字楼里工作;在大商场里闲逛;在载客量从 100 人到 3000 人的游轮上观光;在超大型的体育馆里运动。总体来说,我们与更多的人一起分享更大的空间。当你参与其中时,也就与更多的人分享了更多的细菌。”

杰尔巴以饭店账台上信用卡的签字笔为例来说明当代细菌的传播。“躺在账台上的签字笔在你今天拿起它签字之前,它至少已经被100只手摸过了。每个人都会在笔上留下他的印迹,所有人留下的细菌都在上面等着你去拿起来。”有时候,细菌还会出现在意想不到的地方。“你从不会与别人合用你的手机,没人想到去清洁手机。宾馆房间里细菌最集中的地方是电视遥控器,因为没人去给它消毒。”杰尔巴说,“所有这些与人合用的电器设备,正是细菌传播的要害。”

细菌具有顽强的生命力,具有对环境的超强适应性,杰尔巴说:“人类每次改变生活方式,细菌都能从中受益。”谈到非典病毒时,他说:“它似乎是来自蝙蝠。由于人类的扩张,人口的增长,人类与动物之间的接触更加密切,蝙蝠身上的病菌便传染到人身上。”还有一种叫做“军团菌”的微生物,性喜热水。在天然的环境下,除非“泡在温泉中”,否则军团菌难以存活。然而,在淋浴房、热水浴缸、热水喷泉和水族箱中,军团菌已经大量滋生,并开始对人类健康构成威胁。

那么,怎么办?与利维不同,杰尔巴并不认为三氯生和细菌耐药性之间有关联,但他确信,许多三氯生的运用的确是不必要的。他说:“我对三氯生的担忧在于它的很多应用方式并未被证明是有效的。我觉得人们不应该走极端……没必要对所接触的每一样东西都消毒。我是说,即使你外出到过公共场合,那么,回家好好洗手就足够了。”

不幸的是,那些患有细菌强迫症的人并未把杰尔巴所说的常识放在心上。而且,对于这些不幸的人来说,他们对细菌的担忧已经超乎寻常。休斯(Howard Hughes)就是个典型案例,他的后半生因为害怕细菌和污染而瘫在床上。最近出现的一个洁癖典型是电视连续剧《蒙克》(*Monk*)的主角蒙克,他在片中饰演一名旧金山警察局的警界新秀,但是如今却变成了一个偏执狂,被怀疑谋杀了自己的妻子,这个案件至今仍在调查中。蒙克有

严重的心理疾病，害怕生活中的每一样东西：细菌、人群、高处甚至牛奶。电视节目“成交不成交”(*Deal or No Deal*)的主持人曼德尔(Howie Mandel)也是一个典型，他坦言自己在现实生活中就是有洁癖，所以从不与上节目的嘉宾握手。他的个人网页上有一张搞笑图片，图片上他女儿在打橄榄球，而橄榄球外则套着一个巨大的球形塑料仓鼠笼，上面写着：“我女儿赖利(Riley)说，她爸爸的洁癖已经严重到影响赖利的课外体育活动了。”

罗斯(Jerilyn Ross)，美国焦虑症协会会长，华盛顿著名焦虑症研究所所长也注意到了这些现象，她说：

“我有一个病人，她太害怕细菌了，以致于不敢洗澡。每次洗澡，她总觉得自己没有洗干净，淋浴一次要花6—7小时，每一根头发都要洗过，这样就太费事了，所以，她一个月只洗一次澡。无须解释，这已经不关乎清洁与否了。还有一个病人，特别害怕地毯上有细菌，每天都要吸尘。地毯上的毛都要顺着一个方向，为此她得忙上一整天。另外还有2—3个病人，他们一直不停地洗衣服。实际上，那些衣服已经非常干净。在洗衣服之前，他们先用洗涤剂把洗衣机和干衣机洗干净，一直洗到他们确信干净了，才把衣物放进去清洗。我还见过一些人，一天洗手50—60次，以至于双手常常又红又粗糙。”

罗斯还举出许多严重洁癖病人的案例(临床上把洁癖称作“细菌恐惧症”)，她说，这其实是一种特殊的强迫症。

我们问罗斯，当前整个社会的这种极力想要摆脱细菌的集体心态是否加剧了强迫症患者的洁癖倾向。她说：“其实，这倒的确有可能。如今，你去的任何公众场合无不备有纸巾。我曾经和我的培训师一起在外工作，那里正好有个纸巾自动售卖机，正好就在我们旁边，很方便取用。我想，这跟其他东西一样，对于那些有强迫症或强迫症倾向的人来说，清洁用品触手可及就使得他们的强迫症变得合理，但这并不一定会使病情好转或恶化。”

罗斯指出，强迫症是一种临床症状，是一种病，也就是说，你要么有这种病，要么就没有。她举出一些在911事件发生后观察到的案例，来说明社会认可度如何引导人们说出他们的紧张慌乱。“911 以后，人们不再羞于说起自己害怕飞行。他们会直接告诉老板：‘我不能出这趟差，因为我不想坐飞机。’而老板也会说：‘好的，我理解，我也一样不想坐飞机。’这令他们的求助心理合理化。对于强迫症，也是一样。”

唐纳德·特朗普非常害怕带菌的电梯按钮。有报道说，珍妮弗·洛佩兹（Jennifer Lopez）会一直不停地给她的双胞胎孩子的房间消毒。获奥斯卡提名的男演员泰伦斯·霍华德（Terrence Howard）要求那些跟他约会的女人使用婴儿纸巾，而不用洗手间里的普通纸巾。如果她不这么做，他就觉得不干净。

细菌恐惧症已经不再是说不出口的秘密了。

肮脏的真相

我们人类其实并不是一直都像现在这样爱干净。

事实上,很多世纪以前,我们的祖先不仅很少洗澡,而且还相信洗澡会有生命危险,他们甚至对于自己的邋遢洋洋自得。爱森堡说,西方人对于个人卫生的态度可以明显划分成几个阶段。"罗马时代真的很干净,公元1世纪时,人们每天都要在浴室里泡上几个小时;欧洲中世纪,一切都毁了。而后,十字军东征,带回了拜占庭帝国仿造罗马帝国的浴室建立起来的蒸汽浴室,当时大约是11世纪,我们中世纪的祖先建立了庞大的蒸汽浴场,过起了美好的旧时代生活,直到14世纪鼠疫大爆发。"当时,每三个欧洲人中就有一个人死去,医疗机构找出肇事原因:蒸汽和热水是带了病菌的媒介。1348年,索邦大学(今巴黎大学)医学院得出结论:热水打开了人们身上的毛孔,使得细菌易于进入体内。从那时起,约有4—5个世纪——取决于你居住在何处——"人们一直避免使用热水,不用热水做任何事情,"一个医生曾这样讲,"洗澡被看作是无可奈何之举,只有在死马当活马医的情况下才不得不采用此招。"也就是说,只有当医生确认病人已经病入膏肓,而别无他法可医时,才能使用热水。

爱森堡最津津乐道的是17世纪法国人对于洗澡的态度。国王亨利四世传诏他的财务大臣,让他立刻到卢浮宫晋见。当国王的信使到达财务大臣家中的时候,他惊恐地发现那名财政大臣正在洗澡。那时,洗澡是个巨大工程,一次澡得花上三天时间,涉及灌肠和一些极其复杂的准备工作。财务大臣得知国王的要求,立即准备跳出浴池,但他的伺浴者按住他说:"不行,你不可以这样做!"信使折回卢浮宫回报,国王的私人医生说:"哦,天哪,出大事了,这个人在洗澡,在做医学检查,这简直就是个灾难。他不可以到处跑的,只能在家待着别动。”于是,国王再给大臣送去口信说:“你得呆在浴池里面,不要才洗了一半就跑出来,我明天亲自过来看你。”后来国王应该是不会真的去大臣家中。在这个事例中,洗澡被视为可怕而又不寻常的事,所以人们才会如临大敌。

法国历史上最著名的不肯洗澡的是皇帝路易十四。路易十四酷爱体育,很长寿。一生中只洗过两次澡。据记载,两次洗澡他都极不情愿(据他的私人医生的日记记载)。国王怎么做,国王的大臣们也就怎么做,国王的臣民们乃至社会最底层的老百姓也跟着效仿。国王早上起床,很少洗手,就只用一点点葡萄酒和水沾湿一下手指头,有时候也顺便抹一下脸,仅此而已,别无再多其他方式,他的大臣和臣民也都跟他一样。

在整个漫长的害怕洗澡的岁月里,那些对于个人卫生特别讲究的人就显得格格不入,引人侧目。19 世纪,著名的花花公子布鲁梅尔(Brummel)每天用刷子刷身体,还在牛奶中泡浴。爱森堡说:“即使今天,我们也认为布鲁梅尔的卫生习惯颇为古怪,更不用说,在 19 世纪早期,那时人们简直就认为他发疯了。”尽管布鲁梅尔被视作怪物,但是由于他跟上流社会关系密切,他的行为举止还是具有相当大的影响力。就是这个布鲁梅尔引领了燕尾服加领带的男装时尚,这一装扮至今依然影响着全世界。而到他去世的时候,男士们已经开始重视身体的清洁卫生了。

爱森堡说:“拿破仑(Napoleon)特别爱干净,每天早上,他都和约瑟芬(Josephine)一起花很长时间泡热水浴。拿破仑的压力越大,洗澡时间就越长。1805 年,阿眠城的和平被打破的时候,他每天要在浴池待上几个小时,让助手给他读报纸、电报和信件。有时候,他一天要泡浴 5—6 小时。在那段时间,拿破仑非常挑剔,难伺候。”

洁癖患者所惧怕的东西——微生物在 20 世纪之前还尚未被人们认识和熟悉。在漫长的古代历史中,人们认为疾病是自发产生的,或者是一种叫做“瘴气”或者“瘟气”的不良空气引发的。中世纪,“瘴气”的说法被普遍接受,直到 19 世纪后期,人们还在捍卫这种理论,在克里米亚战争中,著

名护理员南丁格尔(Florence Nightingale)也支持这种说法。那时的人们不害怕细菌,但是害怕各种腐肉、垃圾堆和腐烂物释放出来的臭气。为了不受臭气困扰,人们不得不营造一个良好的通风环境。直到科学家通过实验进行验证,人们才真正相信细菌的存在。例如,李斯特(Joseph Lister,李斯德林和李斯特菌都以他的名字命名)通过科学实验展示了防菌措施的惊人效果(比如,通过洗手大大减少医院里的感染)。

19 世纪后期,肥皂变得便宜起来,中产阶级也买得起肥皂了。那时,人们还只是用肥皂洗衣服、洗地板,但洗澡并不用肥皂。随着精细化工的发展,洗澡用的肥皂开始制造出来,大规模的宣传开始出现。爱森堡的书中有一章"肥皂剧",里面写道:肥皂和广告一起扑面而来。"恐吓式广告营销"(针对百姓的不安全感的广告营销策略)很快成了广告营销业的一种惯用手段。20 世纪初,李施德林公司宣称,口臭是一种全国性的流行病,并声称身体异味肯定会影响母亲和孩子之间的感情。因此,他们对妈妈们说:"你自己的孩子不喜欢你吗?"并对那些剩女说:"皮肤替你回答:'我愿意'"或者"**呼吸**(口臭)导致我们分手!"

广告不仅仅针对女人,也针对男人。一家由北美肥皂商赞助的机构——"清洁学院"在 1920 年代末推出了一则广告:"**肥皂**和**水**里才有自尊"所配画面是一个衣着整洁、手提公文包的男士,低着头、斜着眼,鄙夷地看着一位胡子拉碴、头发蓬乱的男人。近来的"防菌"产品的广告依然延续这种"建立长久、美好的人际关系"的风格。

一般人会以为我们的祖先是因为没有合适的技术、没有下水道、没有输水设备,才不讲究卫生。然而,爱森堡坚决否定这种观点,她相信,需要才是技术发展的源泉,有需要才会有技术。"在罗马时代,皇帝浴室中就拥有了输水道、下水道和加热设施,他们掌握的技术并没有丢失,但是直到 19 世纪,人们才重新对罗马人的技术感兴趣。据说在 19 世纪,英国人比法国人更讲究卫生。1830 年代,伦敦的大部分房屋都配备了水管管道。法国人对此很清楚,但并不愿意追随英国人的步伐。其实,所有这些都与人性有关。在1830年代的那段时间,法国人并不关心清洁卫生,而由于各种复杂的历史和社会的原因,英国人更在意卫生。”爱森堡的结论是:许多世纪之前,许多国家的国民都已有能力让自己更加清洁卫生,但他们对此不感兴趣。她说:“我认为,人们的卫生观点其实跟很多东西相关,比如宗教信仰、身体的感受、对隐私的需求、个性以及性别等。群体观念比较重的人群对自身的体味和邻居的体味比较不在意。”

爱森堡把当前西方世界这种严重的卫生强迫症形容为:“好像自己不是地球人。”这种卫生强迫症其实反映了社会需要的最新变化。她总结说:我们“对于细菌的恐惧和对于防菌产品的热爱”是跟恐惧相关的,就像“害怕恐怖主义和911一样,细菌被当成恐怖分子,成为看不见的敌人,你无法知道它们何时会发起进攻。我认为,目前很多卫生观念都与美国人的控制欲有关”。

当前抗菌产品的使用率飙升,这显然会令三氯生大量排出,无法控制也难以监督。

杀虫剂牙膏

看看那些我为实验所准备的含有三氯生的产品，气味浓烈、包装精美，绝对达到了肥皂革命的顶峰，人类过去那段漫长的不爱洗澡、忍受异味的历史早已不堪回首。

与本书所提到的其他几种化学物质相比，三氯生实验的组织安排相对比较容易。三氯生成分都会明确写在产品的标签上，其实多年以来，我一直刻意避免使用这类产品。如果"防菌"字样出现在产品包装上，这种产品就不可能进入我的家门。而为了进行这个实验，我在附近商店购买了各式各样含有三氯生的产品，并按照正常方式使用两天。就这样把自己暴露于三氯生，我感觉有点不自在，因为三氯生与邻苯二甲酸酯、双酚A不同，后两种化学物质在体内停留的时间一般只有几个小时，而三氯生则长达几天，把它从体内排出来也需要一周以上的时间。

在准备实验过程中，我也查阅了一些关于三氯生的研究报告，试着去预期实验的结果。有研究者把实验室合成的三氯生加入润肤露和漱口水，结果表明，使用这些产品之后，尿液中的三氯生含量便很容易大幅度升高。而现在市场上充满了如此之多的三氯生产品，人们就很容易同时暴露于多种三氯生污染。2000年的一项消费品调查发现，超过75%的液体肥皂和差不多30%的固体肥皂（占市场所有肥皂产品的45%）都同时含有几种防菌剂，其中三氯生是使用最多的一种。比如在瑞典，1998年时，25%的牙膏都含有三氯生。

表 6.1　里克的三氯生产品购物清单

浴室: 高露洁全效牙膏 可伶可俐泡沫洁面乳 黛亚三氯生洗手液(汉高出品) 吉列剃须膏 雷特止汗香体膏(吉列出品) 滴露松香沐浴皂
厨房: 黎明高浓缩洗洁精/抗菌洗手液 洁牌抹布(含妙抗保,苹果味)

使用这些产品仅仅两天以后,我体内三氯生的含量使我目瞪口呆,尿样中的三氯生含量从实验之前的 2.47ng/mL 达到实验之后的 7180ng/mL,这种巨大的差异甚至很难用图形描绘,因为相对于变化量,实验前的数值小到几乎为 0。而且,为什么我多年来一直远离三氯生,而实验前的初始值为什么不是 0?原因可能是三氯生无处不在,在水里、在食物中,我们每天得吃得喝,难以完全杜绝。

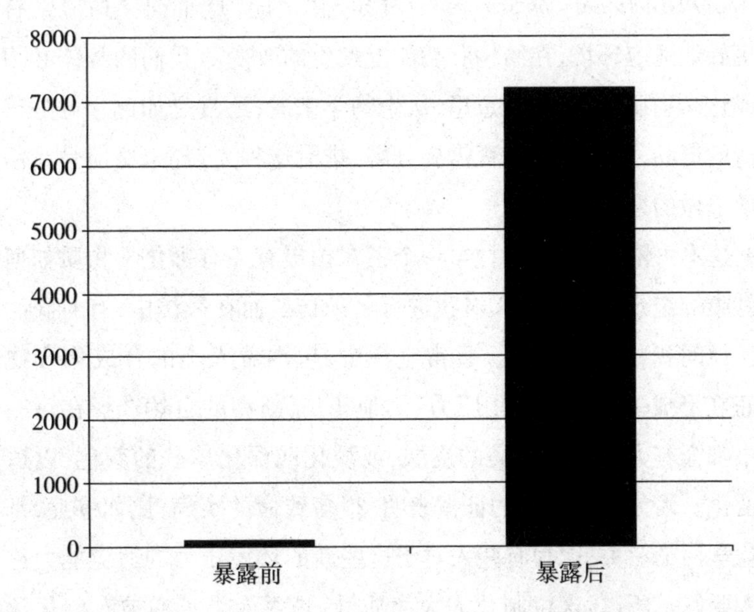

图 6.1　里克暴露于三氯生之前、之后间隔 24 小时的尿检数据(单位:ng/mL)

与美国疾病控制和预防中心(CDC)近来的检测结果对比之后,我们发现,我的实验结果很有意思。2003—2004 年间,一项针对 2000 多名美国人的尿检结果显示,三氯生含量的几何平均数是 13ng/mL,变化范围为 2.3—3790ng/mL。

仅仅经过两天时间的三氯生暴露,就使得我体内的三氯生含量从谷底直线飙升,并远远超过迄今记载的美国人体内三氯生水平的最高值。在实验期间,我同时使用 8 种不同的含三氯生的产品,大部分人也许不会同一时间内使用这么多产品,而从 CDC 的测试结果来看,有些尿检中出现含有几百纳克的三氯生,说明同时使用几种三氯生产品的情况是常有的事。

当我将这些实验结果告诉汽巴公司的努斯鲍姆(Klaus Nussbaum)时,他说:"这表示你的身体排空三氯生的功能正常。"而当我问他,7180ng/mL 这个数据是否才是最让人担心的时,他回答说:"短时间内来看,这个数值有点高,而你身体功能正常,你应该知道,人体的适应能力很强,所以三氯生可以被代谢掉。"我被努斯鲍姆的"适应"一词雷倒了。《牛津科学辞典》(*The Oxford Dictionary of Science*)这样定义"适应"这个词:"适应是有机体为了更好地适应环境,在结构和功能上发生的改变。"我们的身体必须去适应合成化学物质,这可真有意思,从生物学来看,还真是如此。可是三氯生是人造的产品,新陈代谢过程需要分解、排泄这种人造品,这便是我们身体需要学习做的事。

在这本书刚开始写的时候,一个正在拍摄有关有毒化学物质如何影响人体健康的纪录片的制片人对我进行了采访。而在采访中,有时我问他的问题比他问我的问题还多。日常生活中,包围着人类的合成化合物非常多,"正在形成一种新的进化压力"。他相信,新型的自然选择在每一个小过程中都会有力地影响人类的皮肤,或淡化或深化皮肤的颜色,以适应气候的变化。因为越来越多的证据表明,很多致命的疾病,比如癌症,都与暴露于化学污染有关;因为有些人对于这些新的环境压力的适应能力比另外一些人要好。所以,这位制片人大声质疑:是否人类正在被有毒化学物质

“选择”。由于每个人运气有好有坏,有些人不得不每天遭受有毒化学物质的侵害,有些则安然无恙。

我不知道人类将来的形态是否要由这些我们置身于其中的化学试剂来决定,也不知道物种进化的定义是否要从“适者生存”转变为“化学免疫者生存”,我所知道的只是:三氯生之类的合成化学物质在日常生活中普遍存在,并且在人体内累积;化学物质的生产商和那些制定政策允许生产商进行有害生产的决策者一起,把这些化学物质强加于我们身上。

而且,我当然不愿意没有经过我的允许,就在我的身体里激发出任何与三氯生有关的新陈代谢过程。

纳米技术和有毒的跑步机

如果说三氯生还不是什么大不了的问题,那么,纳米技术作为最先进的抗菌技术新成员,向我们提出了更新更复杂的挑战。纳米是一种超微粒子,仅仅相当于几个原子或分子的大小。

近年来,一种崭新的技术无声无息地变成了一种大众产品,大多数消费者对此还所知甚少。据“新兴纳米技术项目”的资料记录,2006 年 3 月—2008 年 8 月,基于纳米技术的消费品种类已经增长了 3 倍,2006 年时,市场上约有 212 种产品,而到 2008 年时,达到了 609 种,在所有新出现的纳米技术中,消费品使用最多的是纳米银。市场上可归于纳米银产品的商品就超过 200 种。

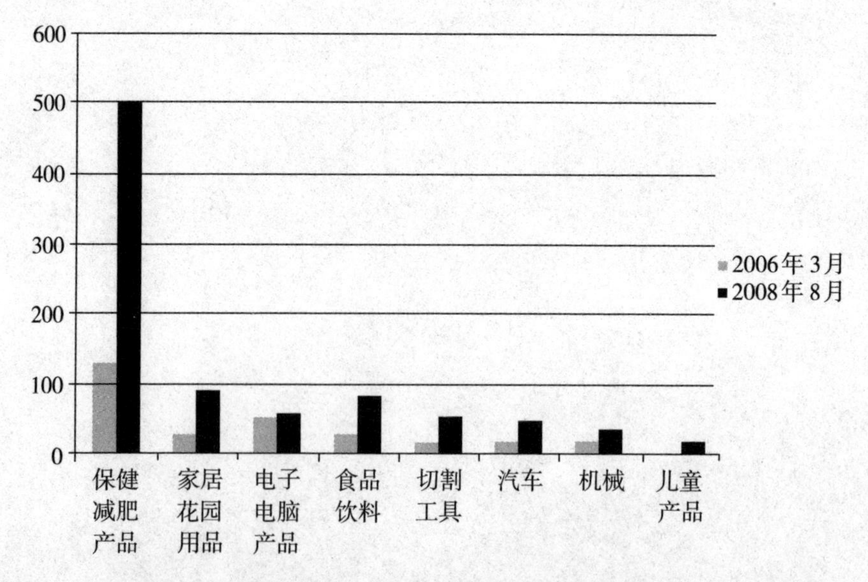

图 6.2 “新兴纳米技术项目”资料:2006 年 3 月与 2008 年 8 月,各类纳米产品数量比较

华盛顿"新兴纳米技术项目"科学部主管梅纳德(Andrew Maynard)觉得,一般情况下,普通消费者都会接触到纳米产品,不过,他们未必知道那些产品就是纳米产品。他说:"目前,含有纳米材料的产品范围很广,比如:消费者与之直接接触的有:用作防菌剂的纳米银粒子;消费者与之有一定接触的有:用于护肤、美容和防晒的二氧化钛纳米颗粒和氧化锌纳米颗粒;消费者与之偶尔接触的有:纳米胶囊美容产品;消费者与之非直接接触的有:用作燃料添加剂的氧化铈纳米颗粒和一些嵌入产品之中的碳纳米管。可见,虽然消费者不愿意暴露于纳米材料,但他们还是会使用包含纳米材料的产品。"

那么,纳米银的问题是什么呢?梅纳德解释说:几百年前,银就被当作有效的抗菌剂,只是不太便于使用,因为不可能在产品中加入一整块银。唯一可行的方案是使用它的化合物形式,比如银离子。在最近几年,生产商发现,如果把银熔化成很细小的微粒(直径大约20纳米)就可以将它掺入很多种产品之中,从而提高这些产品的抗菌能力。梅纳德说:"所以,现在你可以看到,纳米银出现在很多产品中,比如:表面涂层、袜子、食品容器的内涂层和冰箱的表面等。在不久的未来,市场上几乎所有抗菌产品中,都能找到纳米银的踪迹。一些市场分析人士预计,到2010年,25个欧盟成员国的纳米银市场需求量将达到每年110—230吨,美国市场的需求量也差不多如此。"

虽然纳米银是新技术,但我们对于银的认识却并非刚刚开始。由于银对于水生植物和动物存在毒性,美国环保署将它列为有害于环境的物质。2005年发表的一篇研究报告称:纳米银的毒性是普通银的45倍。另一篇报告称:纳米银有可能会杀死污水处理中的有益菌。2008年9月发表的一篇论文写道:2007年9月,市场上有近1/3的纳米银产品可能正在向环境中释放纳米银。

2006年,韩国三星电子公司推出一款洗衣机,该洗衣机可以向衣物中释放银离子,而这些银离子也随着污水排入下水道。而且,当含纳米银的

袜子被清洗的时候,纳米银会离开袜子,与污水一起被排入下水道。斯德哥尔摩水资源管理委员会宣称:在瑞典,使用纳米银洗衣机的家庭排入下水道的银比使用普通洗衣机的家庭多2—3倍。

最近还有一项研究,研究人员对6双袜子进行实验,6双袜子都标榜防臭和注入纳米银。他们发现,这些袜子释放出来的银的数量区别很大。有的袜子第一次洗就释放出银,有的洗过几次才有银释放出来,而有的根本就不释放银。这个研究是此类研究中的第一例,他们还在不断努力,以便弄清楚究竟有多少纳米银颗粒离开袜子进入洗衣服的水中,然后进入下水道,并最终进入庞大的生态环境,包括水生生物和人类。然而,当普通消费者在商店的橱窗前挑选纳米银袜子的时候,实际上没有任何渠道让他们知道哪些袜子会释放纳米银,哪些不会。

纳米银缺乏监管,而梅纳德(Andrew Maynard)又说纳米银在环境中的行为"异常复杂",因此,需要投入更多的力量研究纳米银对土壤的影响。归根到底是细菌在保持土壤健康,细菌可以消化无机物,释放养分,为土壤增肥。如果土壤中充满了这种"太空时代"的杀菌剂,那么,土壤中的细菌就会碰到生存问题。有些现存的研究表明,纳米银对细菌有毒性,从而会影响细菌的"脱氮"能力(在土壤、湿地和一些潮湿的环境中,细菌分解硝酸盐、释放氮气的过程称为"脱氮")。"脱氮作用"很重要,因为硝酸盐过量会导致植物产量下降,也会导致江、河、湖、海生态系统富营养化,还会污染饮用水。科学研究结果表明:纳米银的毒性还会影响哺乳动物的肝细胞、干细胞和脑细胞。

最近,有天晚上,我去多伦多参加一个关于纳米技术的专题小组讨论会。这次讨论会被邀请的该领域的一些专家,集中探讨了如何为这些新生的、蓬勃发展的纳米产品制定合适的管理规章。会议中,我得知:目前,完全没有相应的规章制度对纳米材料进行监管;很多厂商承认他们不完全了解自己的产品。我得承认,在那个夜晚,当我得知这些真相时,我感到很担心、很害怕,就好像我们所有人都在毒物中挣扎,怎么都挣不脱。刚刚处理完一种有害健康的化学物质,又要面临另一种有害化学物质。人类似乎无法逃离这样的困境,从来就不会从错误中吸取教训。

我直言不讳地告诉梅纳德:纳米银是这类现象的典型案例。而他比我预想的要乐观得多,他说:“其实,情况还好。现在,各种纳米技术的开发尚处于初始阶段,而我们就已经开始就如何负责任地应用这种技术进行比较全面的分析。虽然纳米技术有一些潜在危险,但是我们对它的处理方式还是比以前进步很多。”

买家的恐惧

我们每个人多少都有点强迫症,这是症结所在,化工企业就是因此得以发展壮大的。

化工业打出铺天盖地的广告赞美三氯生并不存在的功效,引发全社会对于细菌的恐慌。这种利用人们的恐惧心理来兜售化工产品的促销手段还将在本书其他部分中不断出现。比如,利用人们怕火灾的心理兜售阻燃剂;利用人们怕虫子的心理兜售杀虫剂;利用人们怕异味的心理兜售邻苯二甲酸酯。最近,工业界为了防止邻苯二甲酸酯和双酚 A 被禁用而采取的措施也利用了人们的恐惧心理,他们暗示说:如果禁用这些化工产品,那么孩子就没有玩具可以玩,商店货架上的许多常用生活用品一夜之间都得下架。

我所见过的最为恶劣的促销案例是宝洁公司为提高一种含有三氯生的产品——“维克斯早期预防泡沫洗手液”的销量而采取的促销策略。他们为维克斯系列产品设计了精美的网页,并在网页上对妈妈们说:“没有人比维克斯更了解妈妈的力量。维克斯知道,您有能力在所到之地创建细菌防护带,包括家里、车里、办公室里,甚至孩子们的学校里。那么,勇往直前吧！叫上你的家人、朋友和邻居,大家一起努力,创建自己的防护带。”网页还设置了一个让妈妈们参加的“维克斯妈妈挑战:誓言”,这个活动要求妈妈们说:“我宣誓,无论在哪里,我都要创建一个细菌防护带。我已经获得了维克斯秘笈,将应用此秘笈阻止细菌的传播。此外,我计划使用维克斯早期防护泡沫洗手液,以使我的战斗更有力。”那些参加宣誓的妈妈们在网上登记她们的邮政编码,这样可以在美国地图上标出自己的位置,地图上密密麻麻地布满了妈妈们的标记,表示“细菌防护带”活动参与者已经遍布了整个美国。

这不是利用恐惧心理来进行市场推广，还会是什么！2007年9月，美国食品药品管理局（FDA）责令维克斯停止宣传“早期防护”系列产品，因为它言过其实地声称，这些产品可以阻止感冒病毒传播。维克斯的一位发言人声称，公司相信，他们一直都依照FDA的规定行事，他们愿意配合FDA，消除误会。截至本文写作时，美国各地市场上仍然在销售这些产品，只是不再宣称可以预防感冒。

所有这些事件中，具有讽刺意味的是，包括鄙人在内的环保主义者，常常被化工业界指责成“恐慌制造者”。他们不断地说：“我们的化工产品是安全的，不要相信那些臆造的恐怖传言。”在提到“有毒的国家”活动时，他们把我称为：“利用危言耸听与夸大其辞来混淆视听的大师”。最近一次会议中，一位工业界代表干脆叫我“化学品恐惧症者”，我觉得这个称呼挺酷，尽管我并不同意他的论断。

让我们打开天窗说亮话吧！我没有“化学品恐惧症”，我甚至热爱化学品。我觉得日常生活中的大多数化学物质，包括咖啡因、乙醇，乃至一些墙面上低挥发性的涂料，都很不错。

我读大学三年级时，曾经在英属哥伦比亚的荒野上种树，种得手都疼了。由于种得不是很好，第二年没有报上名。种树其实挺辛苦，计件付酬。要赚钱就得靠提高速度和技巧，因为是以埋进地里的树木的数量来计算工钱的。我记得有一天，地里虫子太多了，我迟早会发疯，或干脆眼不见为净。我拉起长袖衬衣蒙住脸，然后在全身上下，包括头部都喷上了含DEET的强效驱虫水，满满的一瓶驱虫水哦！可想而知，虫子多么厉害！DEET是一种强效化学品，甚至能溶解塑料。现在，市场上已经买不到20年前那种浓度的驱虫水了，但当时只有一种驱虫水，没有别的可以选择。

因此，我想给化工业同仁们留个口信：我没有“化学品恐惧症”。在某些情形下，我甚至还是个“化学品爱好者”。我所反对的只是像三氯生这样的化学物质：既毫无用处，又有潜在危险性，并且还是每天在我们不知情或不愿意的情况下硬塞给我们的！

第七部分

冒险的生意

布鲁斯对弥漫的杀虫剂忧心忡忡

草坪是被极权主义控制的自然环境。

——普兰(Michael Pollan)

健康绿色的草坪看上去赏心悦目,躺上去心情愉悦。难怪人们形容妒嫉的心情时会套用一句俗话说:"隔壁草坪总是更绿些。"我还清楚地记得,在十多岁的时候,可喜欢在家里的草坪上忙活了,比如修剪、浇水、施肥以及喷洒农药。每次看着刚刚剪好的、没有杂草的、带着割草机清晰印迹的绿草坪,我都有一种特别强烈的满足感。想到路人将会称赞我们家的草坪是最绿的草坪,我都无比自豪。

绿色的草坪需要付出劳动,也体现了主人的细心呵护。甚至在某种程度上,绿色的草坪也是好邻居的标志。但是,我们必须反思:"我们最看重的究竟是什么?"难道为了让草坪不长杂草,我们就可以不顾孩子面临呼吸道疾病的风险,不顾草坪护理工患非霍奇金氏病的风险,不顾后世子孙患上学习障碍症的风险?我相信,任何使用草坪护理产品的家庭都不想冒这样的风险。其实,大多数人并不了解杀虫剂的潜在危险。

事实的真相是，草坪是杀虫剂和除草剂的消耗大户。在美国，草坪每年消耗的杀虫剂和除草剂是0.9亿磅。巧合的是，这也是美国人在“超级碗”（美国国家橄榄球联盟冠军赛）当天消耗的鸡翅的总数。虽然我们不确定鸡翅是否有毒，但杀虫剂的毒性却是毋庸置疑的，这才是问题的关键。农药会杀死有害生物：杀虫剂可杀死虫子，除草剂可杀死杂草。还有一种神奇的化肥，它们为花园和草地提供养分的同时，还可以除掉杂草，人们通常称之为“除草肥料”。这种“除草肥料”中含有2,4-D（2,4-二氯苯氧基乙酸）——世界上使用最多的除草剂。

“DDT 对我们有益”

多数俗语都源远流长，而“栅栏那边的草地总是更绿”这句俗语却是最近才出现的，最早的使用记录出现在 1957 年。同一年，美国森林服务部下令禁止在河道附近喷洒 DDT。同一年，纽约时报还报道了纽约市拿骚县禁止使用 DDT 的努力以失败告终。这个故事促使《纽约客》的编辑劝说卡逊动笔写《寂静的春天》——这是卡逊的第一本关于杀虫剂危害的专著。1950 年代后期是 DDT 在北美使用的全盛时期，至 1959 年达到巅峰状态。这些事情看似都是一些奇怪的巧合，不过，会不会是化工企业预见到 DDT 和 2,4-D 前景堪忧，所以发明了这样的口号：“草坪更绿了……”或者说，这像不像杀虫剂偏执狂说出的话？

杀虫剂集中使用的时间并不长——从第二次世界大战结束后开始，它推动了美国的杀虫剂制造业飞速发展。蚊子传播的疾病包括疟疾和伤寒，曾经给南欧、北非和亚洲军队造成巨大的损失。这些军队都希望尽快找到解决办法。那时，合成杀虫剂还没有广泛使用，甚至人们对此所知甚少。第二次世界大战之前，DDT 还没有发明。而到了 1943 和 1944 年间，军方对 DDT 的需求量已经从 1 万磅/月迅速增加至 170 万磅/月。美国政府迫不及待地想得到 DDT，不仅对 DDT 制造厂的建设 100% 免税，还迫使 DDT 专利持有者嘉基公司把 DDT 的生产权和销售权转让给杜邦公司，直到战争结束。

第二次世界大战后美国具备了强大的 DDT 生产能力，但却没有市场。制造商们清楚地了解到 DDT 的经济潜力，战争期间他们看到了军方对这种化学物质的迫切需求，所以他们趁机向政府申请补贴。尽管科学家表达了对于 DDT 的担忧，DDT 一夜之间还是引起了轰动，美国农场主马上大量使用 DDT,直至今日,农业还是在延续这种不断投入化学品的模式。DDT 还用于根除花园里的害虫和苍蝇,DDT 的成功推广也使得各种合成化学杀虫剂和除草剂得以相继开发。氯丹、狄氏剂和艾氏剂于 1940 年代问世,这三种产品都是 DDT 的亲戚,分别用来驱除不同的虫子——白蚁、蛾子和蝗虫。2,4-D 的专利注册于 1945 年。作为世界上第一种"激素除草剂",2,4-D 成为现代除草科学的里程碑。

合成杀虫剂成了当时街头巷尾的谈资,成为战后吃穿不愁无病无灾的乌托邦梦想的组成部分,尽管如此,使用 DDT 的潜在危险开始浮出水面。1940 年代中期,科学家开始说出对 DDT 危害人类健康和危害生物的担心,把 DDT 称作"昆虫世界的原子弹"、"可能危害人类种族发展的恶魔"。1949 年,美国食品和药品管理委员会成员邓巴(Paul B. Dunbar)说出了他的担忧:那些长时间暴露于小剂量的 DDT 及其他化学品的人们所承受的风险要远远大于那些短时间暴露于大剂量污染下的士兵所承受的风险。

战争中使用 DDT 是因为当时环境恶劣,不得不使用,而 DDT 的新用户,农民和家庭主妇所处的环境与士兵们完全不同,与疟疾、芥子气和炮弹相比,DDT 对健康的长期危害几乎没被人当回事。但是,是否有必要为了对付家蝇、吉普赛蛾和玉米象鼻虫而在自家或全国的食物中喷洒 DDT 则是一个值得商榷的问题。为了让美国公众了解 DDT 的好处,生产商颇费心思,这条路也可谓征途漫漫。1947 年《时代》杂志上的一则广告可以为证。广告说:"DDT 对我们有益!"DDT 可以让牛产更多的肉、让家庭更健康、让苹果摆脱看不见的虫子等等。DDT 被描写成解决很多问题的重要物质。而到了 1949 年,突然间,玫瑰凋谢,神话破灭。一夜之间,DDT 失去了杀虫效力,蚊子产生了耐药性,需要 10 倍于过去的剂量才能杀死蚊子。而且,当 DDT 的攻击对象抵抗力增强时,非攻击对象受到的影响却变得不容忽略。

作为一个"奇迹"产品,DDT 是短命的。到 1972 年,DDT 投入商业用途还不到 30 年,美国及许多国家便全面禁止使用 DDT。两年之后,美国又禁止了 DDT 的亲戚艾氏剂和狄氏剂。禁用了?是的。消失了?没有。几十

年过去了,自然环境中仍然能检测出 DDT,甚至,在可预见的未来,DDT 的持久性还将令它的毒害长久不衰(DDT 在疟疾盛行的国家仍然在继续使用)。

2008 年的一项研究表明,体内含有 DDE 的男性患睾丸癌的概率是不含 DDE 的男性的 1.7 倍。DDE 是 DDT 的副产物之一。最新研究还表明,DDT 还会阻碍一种抑制癌症肿瘤生长的天然激素的活动,从而加重乳腺癌的病情。DDT 在北美的使用仅 30 年,而在禁用 40 年后,DDT 还在引发癌症。这真是不可思议,也是持久性有毒物质危害人类的典型案例,是值得我们铭记的深刻教训。

图 7.1 《时代》杂志在 1947 年 6 月 30 日刊登的关于 DDT 的广告

我与2,4-D激素除草剂

当DDT走向衰落时,2,4-D开始走向兴盛。

2,4-D是2,4-二氯苯氧乙酸的缩写,是一种合成化学除草剂。2,4-D对于我们来说,更为重要的意义在于,它是最早的激素除草剂之一。它的工作机制是:通过干扰植物体内的激素活动,引起生长失控而倒地死亡。2,4-D主要用于杀死阔叶草(如蒲公英)、杂树和水生植物(牡蛎养殖场里的海藻)。它的与众不同之处在于,它是有选择性地清除杂草,只除去有花的植物和树,而放过草和草类植物,因此,我们在整个草坪上喷洒2,4-D只会除去杂草并不会破坏草皮。那些种植玉米、麦子和稻谷的农民也喜欢使用2,4-D,因为这些植物都属于禾本科,使用2,4-D可以有效地除去行间的杂草和其他植物,而不伤害禾苗。

与其他杀虫剂一样,2,4-D对于人类健康也有许多潜在的严重危害。事实上,这些已知的和疑似的危害简直囊括了所有人间最惨的状况。在此,我略去2,4-D意外溅到身上导致的恶心、头痛、呕吐、眼睛发炎、呼吸困难、身体失调等症状不谈,只谈长期暴露于2,4-D导致的非霍奇金氏淋巴瘤(血癌的一种)、神经损害、哮喘、免疫系统抑制、生殖系统问题和生育缺陷等严重疾病。

杀虫剂臭名昭著还因为它曾经是橙剂的活性成分之一。橙剂是越南战争期间美军喷洒的一种化学品,用以使丛林里的树叶掉落。橙剂含有多种致命配方,使得美国参战士兵受到伤害,有些士兵因此患上癌症和多种疾病,现在,他们正提出法律诉讼要求得到应有的赔偿。

由于了解这些化学品的毒性,我和里克都不太喜欢2,4-D的实验,但是考虑到低剂量、短时间的暴露至少比长时间的暴露对身体的危害稍小一点，所以，我们苦苦思索如何采取最好的实验方法去增加并检测我的血液中 2,4-D 的含量。一个简单的办法是往某户人家的草坪上喷洒带有 2,4-D 的杀虫剂，并在喷洒之前、之中、之后抽血化验。很明显，如果一年之前写这本书，那么，这个实验实施起来就很容易。然而，当我们开始计划让自己暴露于化学污染下的实验的时候，我们已经不能在所居住的多伦多进行这种实验，因为多伦多规定从 2004 年 4 月开始禁止使用 2,4-D 杀虫剂维护草坪，此外，加拿大还有差不多 200 个城市也制定了地方法规禁用杀虫剂。尽管如此，我们还是能在附近找到一些接纳杀虫剂的小镇。当然，这似乎有些不厚道，因为尽管我们只是想对自己进行毒物实验，但是难免也会污染别人家的院子。

正当我们开始实施计划的时候，真是太巧了，安大略政府突然决定在全省范围内禁止使用杀虫剂和除草剂维护草坪。因此，我们的实验在安大略省也不合法了！我们打算逃过监控跑到多伦多附近的一个地方去做实验，但是，我们感觉这样跑到郊区往别人的草坪上喷洒有毒物也不大好，况且，我们知道，不久后这里也将要禁用这种有毒物。

最后，我们决定不追踪 2,4-D 在血液中的上升过程，而是一次性检测血液中的各种不同杀虫剂的含量——同样的检测在 2007 年开展的"有毒的国家"的研究项目中也做过。当时做这个实验是为了引起加拿大公众对于有毒化学物质的关注。由于我的食谱中大约 50% 是有机食品，并且有调查显示，那些食用有机食物的人群，特别是儿童，体内的杀虫剂含量比一般人低。所以，我觉得我的血液应该会很干净。

结果出来，好坏两方面都有。坏的方面是：如同环保署的其他被测试者一样，我的静脉血中检出了六氯苯。六氯苯是一种广泛用于谷物的杀菌剂，在 1970 年代初，美国和加拿大就已经逐步开始禁用，至今已经完全禁用了好多年。而在 2008 年，我体内居然还是检出了 1.2ng/mL 六氯苯，这个数值与美国的平均水平相比有点高。DDE 在我体内的含量为 2.9ng/mL，较为接近美国的平均水平 3.5ng/mL。尽管美国和加拿大在我儿童时代就已经禁用了DDT,而DDT污染的印迹至今还在我的血液中徘徊,不肯离去。氯丹,一种普遍用于玉米和柑橘类果树的杀虫剂,也用于家庭草坪和花园,这种化学物质在1980年代后期被禁用。如今,我的体内仍可检测到它的两种分解产物——氧化氯丹和反式九氯。最后,直到前不久还在北美洲使用的农用杀虫和灭虱的林丹也在血液中检出。所有这些杀虫剂不仅在我体内有,在许多美国人体内也都可以检出。

表7.1　布鲁斯血液中的杀虫剂含量

杀虫剂	在布鲁斯血液中的含量,单位:ng/mL①	对健康的影响
六氯苯	1.2	已知:致癌物、生殖/生长毒性 疑似:激素干扰剂
林丹	0.5	已知:致癌物、神经毒性 疑似:激素干扰剂、生殖毒性
氧化氯丹	0.4	疑似:激素干扰剂
反式九氯	1	疑似:激素干扰剂
DDE	2.9	已知:致癌物、生殖/生长毒性 疑似:激素干扰剂、呼吸系统毒性

好的方面很有意思:没有检出2,4-D。可能的原因有好几个:首先,2,4-D是水溶性的,与其他脂溶性杀虫剂不同,因此它不容易在脂肪组织中累积。另外,2,4-D分子在环境中的半衰期至多也就几个月,而我实验时,它已经被多伦多市禁用了4年多。不过,很多美国人则不如我幸运。比如,一份报告显示,2005年,美国疾病控制和预防中心对曾在2001或2002年参加血液检查的6—59岁美国人的血样重新检测,结果发现有1/4的血样中含有2,4-D。最近,有人对北卡罗来纳州和俄亥俄州暴露于2,4-D的135个家庭的学龄前儿童及其看护进行研究。这两个州都没有禁用2,4-D,他们检测了被测者48小时内所接触过的固体食物、液体食物、擦手巾以及

① 血清测试。——原注

被测者的尿液样本。研究发现,俄亥俄州的儿童尿样中2,4-D浓度的中值,是北卡罗来纳州的儿童的2倍(俄亥俄州的儿童是1.2ng/mL,北卡罗来纳州的儿童是0.5ng/mL)。而俄亥俄州和北卡罗来纳州成人看护的中值相同,都是0.7ng/mL。另外,在这两个州被研究的区域中,2,4-D弥漫在整个大气层中,因为80%以上的被试家庭的尘埃样本中都检出了2,4-D。

专家无法解释这两个州成人与儿童体内2,4-D浓度的差异,但却发现,俄亥俄州的儿童接触的用具中2,4-D的含量高于食物中的2,4-D含量。比如,俄亥俄州家庭地毯灰尘中的2,4-D含量是北卡罗来纳州家庭的3倍。俄亥俄州孩子手上的2,4-D含量是北卡罗来纳州孩子的5倍。然而,真正的问题不是孩子身上2,4-D含量差异,而是研究人员发现了由此引发癌症的可能性。

喷吧，宝贝，喷！

尽管过去的几十年里有机食物越来越多，然而，杀虫剂的使用量还是非常惊人。根据美国环保署的资料，2000 年全世界杀虫剂的消费总值超过 320 亿美元，其中除草剂所占比例最大，超过 120 亿美元。美国人每年喷洒在草坪上的 2,4-D 总量超过 900 万磅。

对于环保事业来说，最大的挑战是保守的思想。化工业只要努力保持现状便能够继续使用杀虫剂。这就像一场由杀虫剂生产企业制定规则的，没有悬念的游戏。赢家继续叫卖更多的化工产品，输家则负债累累，时时都有患癌症和神经系统发育疾病的危险。游戏规则也颇为简单：首先假定目前使用的化工产品都是安全的。因此，化工企业只要保持住自己的优势便可以让现存产品上架销售，如果有禁止令出台，化工企业必定马上发起法律诉讼进行抵制。所以，政府一般只是限制和禁用新产品而不去管现存的产品。在加拿大，如果公共卫生倡议者与化工企业出现法律纠纷，那么公共卫生倡议者必须承担举证责任。所以，加拿大总是跟在其他国家后面亦步亦趋，只有其他国家禁用某种产品之后，加拿大才开始实行禁用。加拿大历史上已经禁用的产品都属于这类情况。相比其他西方国家，加拿大人生活在最宽松的杀虫剂标准之下，因此，我们没有理由认为政府是在关心大家的健康问题。值得安慰的是，还有一些迹象表明，加拿大政府正在摆脱过去的懦弱。因为在监控双酚 A 之类的物质方面，加拿大似乎已经占据了全球领先的位置（见第八部分）。

游戏规则第二条：从不质疑一个产品的基本功能，当然也从不会采取合适的方法使产品发挥应有的功能。以草坪护理剂和 2,4-D 为例，对于平整、绿色、无杂草的草坪的需求导致了 2,4-D 销量大涨。很多得到杀虫剂企业资助的科学家都会有意无意地维护企业的利益。比如,基辅大学毒性研究中心开展的关于2,4-D的环境耐久性及其对人类的影响的项目,其研究报告这样开头:"在一个设计精良的草坪专用草养护方案中,杀虫剂的使用是非常重要的……"这句话的潜台词是:"草坪专用草纯粹是一种需要消耗大量有毒杀虫剂的毫无意义的地面覆盖物。"

用本地的草和灌木来建成的草地,并不需要杀虫剂,而且还比常规的草地草坪更易于维护。然而,就在前不久,一些市政当局开始禁止用其他草代替草坪专用草。环保署也深陷其中的著名多伦多道格反击案就是一个例子。在多伦多市通过地方法规禁止在草坪美化中使用杀虫剂之后,多伦多市议会准备把一个园艺爱好者种的本地植物全部剪掉,还好那片植物最后保住了。另一案子中,一个马尼托巴妇女因为在她的草坪里种上本地的草而被市政当局告上法庭。市政当局认为她的草坪不整洁。幸亏环保律师接过她的案子,成功保护了她的利益。

值得高兴的是,现在更好的草坪管理方案正在快速推进。加拿大市政当局在草坪限用杀虫剂方面是世界的楷模(比如,马尼托巴的两个最大城市已经采用了禁止使用草坪杀虫剂法规)。这种草根(我无意用双关语)市民发起的禁用草坪杀虫剂的做法最初由蒙特利尔外围的古老偏远的哈得孙和魁北克省发起,如今已席卷了全国100多个市镇。1991年,哈得孙通过了限制使用草坪杀虫剂的地方法规。这样的改革在加拿大尚属首例。不出所料,很多化工企业将该小城告上了法庭,声称地方行政当局没有权力禁用杀虫剂。他们辩解说:控制杀虫剂需要省级或者联邦级别的法规。(值得一提的是:杀虫剂的安全性不是他们所关心的。)他们认为:地方行政当局无权在他们的辖区内限制杀虫剂的使用,换句话说,一些人正在试图改变游戏规则,而这些人并非化工界一路人。

十年之后,经各方同意,哈得孙诉讼案被移交加拿大高级法院。2001年,小城一方赢得了官司,哈得孙制定的地方法规得以合法保留。哈得孙诉讼案的胜诉极大地推动了加拿大其他地方政府禁用杀虫剂运动迅速发展,使得这运动在全国范围内得以深入。更值得一提的是:高级法院判定哈得孙一方胜诉也意味着“预防原则”取得胜利。也就是说,尽管杀虫剂引发某种癌症的必然性还没有得到完全证实,但是,在已知杀虫剂与很多健康问题的形成有关联的情况下,按照“证据的重要性”判决法则,高级法院倾向于采取防护预防行为,以保护人类健康为重,因此,他们选择了支持禁用杀虫剂。

哈得孙县的“决议”开创了一个成功的先例,多伦多市紧随其后,于2004年通过了禁止杀虫剂的地方法规。珀克斯(Gord Perks)回忆说:“哈得孙决议”通过之后,“我们紧接着跟上去,(为本地立法而)努力,努力,再努力。”珀克斯曾经是“多伦多环保联盟”(TEA)的成员,长期活跃在环保界,在多伦多环保界颇具名声。珀克斯十分激进且能言善辩,这些特点使他所向披靡。TEA是多伦多倡导禁用杀虫剂的主要机构,尽管如此,珀克斯回忆说:“十多年来,我们一路前行,一路上很多同盟军加入进来,如护士、教师等,一起争取禁用杀虫剂。”

我问:“那么,你们怎样保持(‘哈得孙决议’通过之后所带来的)这种发展势头呢?”

他回答说:“那时候,我们一直在组织一些小规模的抗议活动,不断提出新的论据,促使这个议题保持更新,引起官方的重视。老实说,我们这么做的确让公关卫生部感到了压力,他们很头疼,但是……就在某一个关键节点上,鲁尔(Sheila Basrur)终于发话了,她说:‘你们别再抗议了!我们会行动的!’然而,就在局势已经明朗,鲁尔将在市政厅向大家宣布之时,却有几件事情发生了。首先是企业界转变了战略,他们决定建立一个打动人心(其实不然)的前沿阵线。”珀克斯所说的这个“前沿阵线”指的是企业界建立的“多伦多环保同盟”(注意:不是“多伦多环保联盟”)。杀虫剂生产商自作聪明地想利用这个“同盟”,使自己的观点得到更多的认同,变得更易于接受。他们为这个机构选择了一个更加亲民的名称,听起来更像是一个民间组织而不是工业界的说客。“多伦多环保同盟”这个名字与“多伦多环保联盟"十分相近,仅一字之差,而后者才是真正的环保组织。珀克斯强调说:"他们就是想混淆视听,暗中搞破坏,但是我们一定会赢得这场充满勇气与智慧的战斗。"

珀克斯继续说:"市长(David Miller)组织了一系列的会议,以协调我们与杀虫剂生产企业的关系。我以为我们已经达成了协议,但是某个企业的一名女员工在市议会投票的前一天打破了这一协议。"按照珀克斯的说法,该死的化工业界突然在那个周末翻脸,发动了"大规模的广告大战……我大致估算了一下,就这个广告大战他们就花了差不多100万美元,他们的广告居然用纸质传真发出去,而不是用电子邮件,真是太黑了!市议员收到了一叠叠厚厚的传真,发自草坪维护公司的客户。而我们呢,只能用小环保团体微薄的力量,尝试着进行一点点可怜的反击。"

"我记得曾经和一个市议员谈过,她说她不会改变态度投票给我们,因为那些发传真的选民们都跟她说'别禁用杀虫剂'。"珀克斯跟她商量之后,她要珀克斯去说服选民,如果能说服75个选民支持禁用杀虫剂,那么,她就投票支持禁令。"我们去足球场、去各种比赛场地宣传,一家一家地走访,去说服大家,终于,我们说服了150人,而她也投了我们一票。"然后,就剩下市长了。市长也支持了赌注赢家,投了决定性的一票。珀克斯总结说:"多伦多胜利作用巨大!"因为它是加拿大最大的城市,这个城市通过了禁用杀虫剂的地方法规,对全国其他城市的进展起到了很大的推动作用。而多伦多的另一个重大收获是:珀克斯成为市议员。

现在,在加拿大已经有150多个市镇通过了禁用草坪杀虫剂法规。而草坪杀虫剂的禁用又有效地导致了2,4-D的禁用,因为2,4-D是最主要的用于维护草坪的杀虫剂。2003年魁北克省成为北美历史上第一个制定法律条款禁止在公共草地使用草坪杀虫剂的省份,从此,各市县的行动上升到省级层面,从而使得禁用杀虫剂的活动在省级范围全面展开。2006年,杀虫剂的禁用范围从原来的公共草地扩大到了私人草坪和商用草坪。据统计,1995年以来,魁北克同意使用杀虫剂的家庭数量也从原来的30%下降到了15%。

当然,看到2,4-D使用量的直线下降,化工界十分气恼。事实上,他们还组织了反击,2008年,一家2,4-D的制造商——美国陶氏益农公司发起了一项耗资200万美元的法律诉讼。该诉讼宣称,在北美自由贸易协定(NAFTA)的框架之下,魁北克的省级禁用杀虫剂法规是不合法的。“陶氏”还表示,魁北克的禁用令缺乏科学依据。在不少医学界的社会团体(甚至很多医生本人)都在支持禁用令的情况下,这个指控的立场可真是很稀奇。支持禁用令的有:加拿大儿科协会、加拿大癌症协会、加拿大护士协会、安大略家庭医生学会、加拿大公共健康联盟以及许多其他专业医学联盟。在这样的背景下,化工业面对这些禁用令,并被质疑的时候,他们的做法居然是:去告他!

当加拿大人口最多的安大略省颁布全省范围内禁止使用杀虫剂的细则时,几乎同一时间,化工业立即发起了诉讼。原告方“陶氏”称,安大略细则在北美新法中最为严厉,大约禁止了300种产品,其中包括2,4-D。有人质疑:为什么2,4-D也在被禁止之列?环境部长格雷特森(John Gerretsen)说:“我们确信,禁令清单上的所有产品和所有配方都是应该被禁止的。我认为,我们是在做正确的事情,不会被所谓的‘北美自由贸易协定’所动摇。我们所做的一切都是为了保护孩子,保障他们在自己家花园等地方玩耍时的安全。”陶氏益农公司提起法律诉讼,似乎只是为了阻碍禁止令的星星之火继续燎原之势,特别是害怕这火烧过加拿大边界进入美国,因为美国还没有禁止杀虫剂的使用。2008年11月,艾伯塔省加入了安大略省和魁北克省的行动,宣布禁止使用杀虫剂产品“除草肥料”。这就意味着,超过75%的加拿大人将生活在限用杀虫剂的社区里,这在几年前是无法想象的。

这个故事告诉我们:如果任由化工制造企业制订游戏规则,那么,几乎可以肯定的是,我们的未来,不会有任何改善。而幸运的是,游戏本身最终引起了明智的社区领导人和有思想的政治家的质疑,老百姓赢了,而且还会一直赢下去。

双重暴露

把2,4-D喷到你身上,你肯定不乐意,不幸的是,你无法避免这种情况发生。根据大量的有毒物毒效研究资料,可以把2,4-D暴露可分为三种情况:一种是意外暴露;一种是职业性暴露,指在工作岗位上意料中的暴露;最后一种是日常暴露,指的是日常生活中每个人都面临的无法避免的暴露。意外暴露指的是:喷洒杀虫剂时,2,4-D溅到了人皮肤上、衣服上而产生的暴露。针对曾经受到过这类暴露的人进行的科学研究和临床诊断发现,这种暴露的特点是副作用大,毒效发生快,中毒症状明显,会引发头痛、恶心、呕吐和眼睛发炎等症状,这些症状表明,2,4-D很容易经皮肤和肺被人体吸收。这些案例中,还有不少人行走能力都受到了2,4-D暴露的影响,影响时间长达三年以上。然而,在进行风险评估时,由于这些事故被判定为意外事故,因而在杀虫剂工业界的眼里,这类2,4-D暴露都不作数。化工企业方面出具的任何报告、披露的任何信息,无不这样阐述:只要在"被允许"的情况下使用并且"按照使用须知操作",那么,这种化学物质就是安全的。这就意味着,任何使用2,4-D的人员,在实际操作中,必须戴手套和护目镜、穿上连裤衫以避免出现意外暴露。而如果没有完全按照这种规范操作,就很可能发生意外暴露。

2,4-D职业性暴露指的是:农民和专门喷洒农药的人员(包括为草地喷洒农药的园丁)工作时频繁遭受的直接的暴露。这类暴露的特点是:杀虫剂喷洒到他们身上的可能性更大(不是因为他们笨拙,而是因为他们总在使用杀虫剂),遭受2,4-D暴露的程度更加严重,也更加频繁。假如保护得不足够,2,4-D会从他们的肺部吸入进入体内,还会经由衣服和皮肤进入体内。大量研究资料证实:这一类型暴露引起了很多种健康问题。其中最严重的是:被暴露者罹患非霍奇金氏症(血癌的一种)的几率是非暴露者的2.5倍,而且,他们还很难生出健康的宝宝。比如,在北美,农民家庭胎儿流产和先天畸形的比例要高于一般家庭,在安大略省,农民的精子也比一般人数量较少、质量较差。

除了意外暴露和职业性暴露之外,世界上大多数人还长期经受着低剂量2,4-D的暴露。他们每天都在食物中、灰尘中甚至花园中遭遇农药残留。在加拿大,直到现在,某些地区还允许人们在花园里喷洒杀虫剂。更不幸的是,婴儿也由于吃母乳而受到杀虫剂毒害。长期低剂量有毒物暴露可能引发很多副作用,这些副作用还特别难以甄别辨认,很多疾病都与此相关,比如类激素干扰、内分泌干扰和神经发育障碍等等。在身体发育过程中,杀虫剂等化学物质就会干扰身体的一些重要功能,比如脑功能、神经功能和生殖功能等从而使人得病。

显然,杀虫剂暴露与多种癌症之间有重大关系,因此,医生对此十分关注。最近,一些医生和科学家对100多个案例进行的研究发现:大多数非霍奇金氏综合征和白血病与杀虫剂暴露显著正相关;有些案例显示,遭受杀虫剂暴露的小孩和孕妇罹患癌症的可能性与杀虫剂暴露正相关;脑癌、前列腺癌与杀虫剂暴露的相关性最强。

当医生在调查杀虫剂暴露的副作用时,他们发现,杀虫剂暴露除了引发癌症以外,还会引发其他一些疾病,这些副作用导致的结果更令人感到不安,杀虫剂暴露引发疾病的结论也更直接。医生反复研究了124个案例,他们发现:所有的数据均显示,杀虫剂暴露增加了神经系统、生殖系统和基因系统等受到毒害的风险。他们还发现:有充分证据可以证明,新生儿缺陷、死胎和发育畸形与杀虫剂暴露之间存在关联。通过白血球中的染色体变异的情况看,杀虫剂暴露使得基因出现缺陷的程度翻倍。化工界声称:杀虫剂是安全的,没有科学依据证明它不安全。而根据医生的几百个案例,神经系统问题、癌症、先天缺陷和许多疾病与症状,都与杀虫剂暴露有关联。

这里面有两个问题值得注意:第一,是什么动机促使医生发表论文,去揭露杀虫剂问题? 让我们听听医生自己怎么说的:“在杀虫剂对健康的影响问题方面,家庭医生必须了解那些基于事实的信息,才能对病人作出诊断意见,才能参与社区限制杀虫剂使用的决策。”第二,面对这些证据,是什么动机促使第一大杀虫剂生产商(陶氏益农)起诉一个行政单位(魁北克省),抗议他们禁止使用草坪杀虫剂的?

如果通读了陶氏益农公司诉讼案的几十个相关报告,人们就会比较容易理解“为什么人们总是弄不清原告和被告谁对谁错? 医生是不是过于恐慌? 杀虫剂是不是真的安全? 化工企业有没有道理? 人们的担心是不是多余?”就此,我请教了加拿大环境医学联合会(CAPE)的执行会长福曼(Gideon Forman),问他如何看待杀虫剂之争中化工企业的角色。

“化工企业宣称,禁止令没有科学依据。而事实上,大量的科学研究证明了杀虫剂与各种严重疾病之间具有关联性;化工企业宣称,杀虫剂无可取代,但事实上,那些没有使用有毒杀虫剂进行维护的草地也很漂亮。我的意思是:许多质量最好的草地历来都不用有毒杀虫剂,但它们依然漂亮。化工企业目前所采取的策略是沿用烟草业说客的思路,他们所用的说词也是模仿烟草业说客的腔调。烟草业说客亮出来的第一个观点是:抽烟与肺癌无关;而化工企业所持的第一观点也相类似:杀虫剂与癌症无关。然后,化工企业把所有的力气都用到质疑立法机构上去了,并不进行任何必要的证明,只是向对方提出质疑,这个套路实际上也是跟烟草业说客一样的。”

福曼还指出,还有另一组医生再次专门核查了上述的2,4-D研究案例。由于那么多毒性研究均表明,儿童对2,4-D尤其敏感,毫不奇怪,儿科医生也对此产生了浓厚的兴趣。一篇发表在《儿科医学和儿童健康》(*Pediatrics and Child Health*)杂志上的报告总结道:2,4-D暴露与癌症、神经缺陷和生殖系统疾病之间的关联性是确定无疑的。

这几年以来,为各省、各市镇禁止杀虫剂活动的开展提供有力声援和组织支援的,是加拿大癌症协会。加拿大癌症协会是一家大型慈善机构,在全国各地拥有几万名志愿者,为当时禁止杀虫剂的活动发展作出了重要贡献。我问加拿大癌症协会安大略分部负责公共事务的高级主任平托(Rowena Pinto):"为什么一向保守的癌症协会在杀虫剂问题上变得如此激进?"她告诉我:"我们重新审视了这些研究资料,从这些研究资料中,我们了解到,儿童脑瘤、儿童及成人白血病、神经母细胞瘤等各种癌症,都与杀虫剂暴露之间存在潜在的关联性。而我们最无法忍受的是:仅仅为了私人花园和草坪的美化美容,人们就无所顾忌地使用杀虫剂,毫不理会这种化学物质对健康的危害。"平托说,癌症协会关注很多致癌风险因素。"我们知道,杀虫剂所含的化学物质极有可能使人罹患癌症,并且加速癌症恶化。而且我相信,只要能减少罹患癌症风险,任何方法我们都应该提倡。比如改变那些可以控制的事情,去掉那些不必要的物质,改正那些对健康没有好处的事情。"

2,4-D 等杀虫剂会引发严重人类健康问题,医学研究人员显然对此十分确定。当医生提出杀虫剂具有有害性时,并没有任何人给他们任何经济上的好处。那么,为什么还会有那么多争议存在呢?尽管没有哪项研究能够提供 100% 准确的证据,来证明杀虫剂 100% 会引起某种特定毒效(因为人类毒性研究通常无法达到如此确定的结论),但是对杀虫剂提高警惕还是有必要的。化工企业称:不管多少研究指出了杀虫剂与癌症有关联,要想让他们停止销售那些杀虫剂,我们必须对他们提出的所有疑问给出肯定的回答。然而,难道我们真的需要为了除掉那些蒲公英而搭上自己的身体吗?

希尔·科尔伯恩的思量

与杀虫剂有关的各种潜在风险中,最危险的一种莫过于对儿童大脑的危害。科尔伯恩(Theo Colborn)是美国很有影响力的环境卫生专家,也是很有经验的动物学家,在毒理学和流行病学方面造诣很深。科尔伯恩于1996年与人合作出版了《我们被偷走的未来》一书,她在这本书中提出了关于内分泌干扰的问题,从此名声大噪。2006年1月,科尔伯恩发表了一篇学术论文,不仅质疑杀虫剂的安全性,还对杀虫剂暴露引起神经发育障碍的医学研究进行了总结。她一直致力于胎儿和新生儿的脑发育研究,她在这方面作出的一项重要贡献是:她指出了杀虫剂会攻击大脑里的神经元这一现象。这听起来有点不妙,可事实就是如此。科尔伯恩说:"神经元能够加工信息,它们是神经系统的信号传输元件。"神经元的任何损伤都会影响大脑的发育和功能。顺便说一句,第五部分中所讲到的"汞",也会攻击和摧毁神经元细胞。而在政府或企业界组织的杀虫剂使用效果的评估中,并未把汞暴露和其他暴露的危害作为潜在影响因素计入大脑伤害因素中。

研究发现,杀虫剂影响大脑发育并导致智力和身体缺陷。这个发现意义深远,它不仅观测到小剂量的暴露产生的危害,还对实验进行详细分析。这些研究还告诉我们,婴儿(和胎儿)接触的日常用品(包括母乳)会使他们暴露于杀虫剂并出现健康问题。对此,我们至少需要了解以下五种情况:

第一,每一滴杀虫剂,即使剂量比现在规定的安全水平还要低,都可能损害婴儿大脑。第二,北美每年使用的杀虫剂的种类超过800种,总量大约10亿磅,因此,我们有理由相信,只要是生活在地球上的动物(包括人),他们身上的任何一个器官和体液中都有杀虫剂残留。北美农民及其后代体内的杀虫剂含量明显高于其他职业人群。第三,神经元损害在婴儿大脑发育期就可能发生，但是不到青少年或成年时不会病变，所以看不出来。事实上，大多数的神经损害都是在中老年时才出现症状。第四，与杀虫剂有关联的疾病种类很多，从小儿多动症、自闭症、运动技能障碍，到生殖问题和激素紊乱等。第五，人类的神经损伤难以检测，因而很难确诊。

要想使风险管理者和政府官员作出杀虫剂不安全的认定，光靠这些科学研究还远远不够。那么，怎么办呢？我们就只能采用预防原则，也就是加拿大高级法院审理魁北克的哈得孙案件所依据的原则，应对杀虫剂风险的对策，就是进行预防。在2006年1月发表的论文中，科尔伯恩对所做研究进行了总结，指明了这一方向，她说："我们需要用一种全新的办法来判断杀虫剂的安全性"，我们还需要"一套新的管理办法"。那些已经受到杀虫剂毒害或可能受影响的人会首先赞同科尔伯恩的意见。

蕾切尔·卡逊的直觉

卡逊所著的《寂静的春天》一书是北美公开出版的第一部揭露杀虫剂破坏生态的读物。那时,该书的出版引起了很大的争议,甚至遭到了某些评论的严厉批判。尽管如此,这本书标志着一个全新时代的到来。在新时代里,人们不再人云亦云,不再被动接受那些传说中的杀虫剂可广泛使用的说法。

《寂静的春天》的出版是在约50年前,卡逊这本书的主要内容是她本人亲自进行野外考察的记录以及她对生态环境的直觉感受。鸟儿的歌声正在明显减少,但是,没有明确的证据可以证明这与喷洒杀虫剂有直接的关联。卡逊用她的直觉进行思考,直觉是人类与生俱来的本能,只是这种本能如今已经被主宰现代社会的机械主义替代了。古时候,人类依赖自然,能够根据自然留下的痕迹感受到步步逼近的危险。其他物种的健康状况、叫声、迁徙模式等情况都在透露着自然的信息,人们可以根据这些信息来纠正自己的行为。

当今的科学家、风险管理人员和工程师都在努力,试图将污染对人和动物的影响区别开来。实验室里的小白鼠因杀虫剂而患上了癌症,一些鸟类也由于污染而濒临灭绝,然而,尽管出现了这么多问题,风险管理人员却仍然说:"人类应该不会受到影响。"

另一个违反直觉的例子是:在加拿大,很多城市至今仍将未处理的废水直接排入水体中,有的地方尽管安装了废水处理装置,但废水仍然会溢出来流进饮用水源的上游。这种规划根本就是无视人类健康,无视生态安全,然而,很多风险管理人员、工程人员、规划人员和政治家,经常会设计出这种规划。当有人对此提出质疑时,他们想的似乎只是要么添加更多化学物质进行中和,要么造一个更大的管道。

我们的祖先所面临的疾病和死亡的威胁是有明确原因的。而如今,我们的境况不同于以往,有毒化学物质可能导致癌症和帕金森氏病这类隐性疾病,这些疾病总是潜伏多年以后才突然爆发。另外,有毒化学物质可能会引起不易察觉的神经系统问题。例如,人们不大可能会发现,一个孩子有学习障碍是因为他的母亲暴露于杀虫剂。

如果连科学家都不能弄清楚这些问题,那么,普通百姓就更没办法弄清楚这些产品是否有害,有多大危害。有些人仍保留着对危险的直觉,尽管他们的直觉并不总是准确,政府在制定管理法规时也不会参考他们的直觉,但是我们不应该完全无视这些直觉。卡逊的直觉意义重大,《爱的运河》(*Love Canal*)中的吉布斯、战胜太平洋电气公司从而赢得铬污染官司的布劳克维奇、帕克斯堡的基格(第三部分)的直觉也是如此。他们都在洞察身边的一切,有时也关注自己的健康状况,他们都感觉到有些地方不对劲。他们手中没有传染病案例的数据,也没有双盲纵向研究结果可以展示,但他们有眼力,有常识。

危险的生意

加拿大一个著名报纸专栏作家把我的受人尊敬的合作者里克说成是个“扯淡科学大王”。这个专栏作家为一家严肃而又激进的右翼报纸写稿，他是一个臭名昭著的作家，专门攻击那些致力于保护森林、减少自然环境中合成化学物质的污染、保护动物的环保人士。他还把那些研究气候变化的人称为“史上最强的环境阴谋家”。在加拿大，衡量一个环保运动是否成功的评价标准之一就是：它是否扰乱了市场并被这位作家点名批评。这位作家应该是加拿大“理性科学”运动最杰出的拥护者。所谓“理性科学”运动，实质上是工业界的智囊团和公关团队打着理性的幌子发起的进攻行动，他们不断鼓吹杀虫剂、烟草以及核电厂的种种优点。

“理性科学”运动的基本战略就是创造一种有误导性的、与事实背道而驰的科学研究，再将其用于抵制环保、卫生和安全方面的管理法规。以杀虫剂为例，那些企业界资助的科学家专门与禁止令作对，专门鼓捣一些不相关的、离谱的所谓研究。

根据企业界以及它们所笼络的说客的说法，“理性科学”是相对“扯淡科学”而言的。“理性科学”这个词显然是他们捏造的，目的是把自己放在一个较为有利的位置之上。而那些与他们立场不同的，否认“所有东西都是安全的，除非有确凿证据证明其有害”的科学则被列为“扯淡科学”。他们利用所谓的“理性科学”来攻击那些对他们不利的人。也就是自由市场支持者所说的，那些想为后代保存良好气候，想让水可以安全饮用并且不会为了美化草坪而喷洒致癌杀虫剂的“傻瓜”。那些支持环保主义者的科学家常常被“理性科学”拥护者讥讽为自私自利的人。

常常有人问我，为什么人们明知山有虎，偏向虎山行？明知化学物质引发癌症和各种疾病,为什么还要使用这些东西呢?我总会回答他们:这是“风险评估、权衡利弊”的结果。可是,“风险评估”本来是用来预防有毒物暴露的,怎么可能又变成了人们继续使用化学物质的依据呢?答案是:“风险评估”有助于企业界推出所谓的“理性科学”,这种科学要求科研工作者提供越来越多的研究资料,以有效推迟那些保护公民健康的法规条例的推出,“风险评估”评价的是“可被包容的伤害”,而不是“缺乏包容性的安全”。

下面,我们举例说明“风险评估”如何推迟了法规条例的颁布。比如,当人们指出 DFOA 和不粘涂层有可能损害帕克斯堡居民的健康时(见第三部分),杜邦公司立即邀请哈佛大学风险分析中心(HCRA)帮助它进行安全评估。HCRA 的创始主任格雷厄姆(John Graham)于 2001 年被布什总统任命为美国信息和事务管理办公室(OIRA)主任,负责环保、卫生和安全的监督管理工作。然而,一些观察员指出:格雷厄姆博士(不再担任 HCRA 主任,却仍然担任 OIRA 主任)有意削弱环保署对有毒化学物质进行调控的权力。一位内部人士说,格雷厄姆“对于癌症风险评估另有企图”。在格雷厄姆还在担任 HCRA 主任期间,我曾经到华盛顿,在 HCRA 组织的一次会议上听过他的演讲。尽管该会议的主题是预防原则,而我却明显感到,与会者竭力想让华盛顿的立法者相信:预防法则不能用,甚至值得怀疑。在演讲开头,格雷厄姆做了令人印象深刻的陈述,他说全球变暖有潜在利益,说燃煤发电厂排放的一氧化二氮对于农场有很大的好处,甚至还说二噁英这种几乎最毒的有毒物对于人类健康有潜在好处,并且抱怨这方面的研究还太少。

HCRA 的主要经费提供者有的来自于化工业、制药业、石油工业和一些大型工业企业,有的来自于美国政府以及加拿大卫生部。HCRA 的赞助商的名单差不多就是世界顶级化工企业的名单。

如前面提到的,一些风险管理者还质疑实验室里进行的老鼠实验,对那些在老鼠身上表现出来的健康问题是否也会出现在人类身上表示怀疑。

而多年来,科学家一直在用老鼠进行实验,因为动物(包括人类)之间的基因差别很小。比如说,人与猩猩97%的基因相同,老鼠与人超过80%的基因相同。几十年来,老鼠实验是化学实验领域普遍接受的、发展完备的实验方法,包括有毒物实验。另外,老鼠繁殖迅速,寿命相对较短,使得对基因相似的动物使用不同化学物质、不同剂量并研究它们的影响成为可能。由于老鼠的衰老速度很快,因此它们身上的肿瘤和其他疾病发展也很快,从而缩短了研究时间。

为了让市民、政府立法机构和法院相信化工企业生产的产品安全无害,企业大鳄们可谓费尽了心机。而对于科研人员使用的是老鼠进行实验这个问题,化工企业提出的第一条质疑就是:老鼠不是人。而更具讽刺意味的是,他们认为老鼠对有毒物的反应比人更敏感。与强大的、衣食无忧的人类婴儿不一样,可怜的老鼠住在垃圾桶、吃着垃圾。这些啮齿类动物对放在它们毛茸茸的小肚皮内的化学物质居然比人还敏感,谁能想得到?

剂量问题

风险管理者最喜欢的一句话就是:“剂量决定毒性。”换句话说,小剂量的化学物质完全无害甚至对生活有益,只有大剂量才可能致命。比如说:盐就是最好的例证。人类的食物中需要放盐,而在短时间内摄入过量的盐则会致命。有些风险管理者甚至用水来作例子,没有水会渴死,水多了会淹死。

这种说法在有些情况下是正确的,也符合早期毒物学的基本观点,那时的毒物学家的研究方向就是确定化学物质产生毒性的“临界值”,剂量低于临界值的有毒物是安全的。然而,现代环境毒物学和内分泌学的观点是:有些有毒物根本没有安全剂量。这就意味着,任何大于零的剂量都会造成伤害。就在10年前,这种观点还未为人所知,但汞(见第五部分)就是一个极好的例子。多年来,医学科研人员一直着眼于探索汞在人体内的“安全水平”。然而许久之后,他们发现:无论汞的剂量多么少,都会对人体造成伤害。最终,最复杂的汞研究证实,汞的安全界限是零。也就是说,没有所谓的安全剂量。

当答案是零的时候,风险管理系统失去作用了,因为这个系统的功能就是找出可测量的安全值。在风险管理系统中,“零”既是一个不可能达到的目标,又是一个不能量化的数值。就是由于这个原因,风险管理人员反对诸如“零排放”和“真正根除”之类的环保概念,他们习惯使用“安全水平”这样的术语。此外,所有与“零”有关的概念都与风险专业相对立,因为风险管理人员喜欢说,没有什么东西是零风险的。

对2,4-D的研究结果完美地揭示了风险管理的另外一个问题:传统的风险管理之所以要确定一个“安全水平”(基于“剂量决定毒性”的规则)是

因为传统观点认为化学品的危害性会随着剂量的增加而增大。这意味着，人们接受的有毒物质越多，受到的伤害就越严重。这种规则的确适用于很多化学物质，但对于2,4-D和一些有毒物却不适用。一般的“剂量—毒性”关系呈线性变化趋势，也就是说剂量越大伤害就越大，但这种线性关系对2,4-D之类的激素除草剂不适用。激素干扰化学物质的危害作用呈现“U形”曲线：很低剂量可能引发严重危害，中等剂量引发危害的程度减小，而至大剂量时危害程度再度变大，由此形成“U形”曲线。

很不幸，风险评价系统和风险管理系统还没有进步到接受新思维模式的程度，这可能是因为风险管理的学术研究与咨询得接受来自石油化工业的经济支持，也可能是因为人们大多懒得改变，即使出现了更新更好的信息，某些人对于这些变化仍然具有一定的抵触性。坚持“剂量决定毒性”这种思维模式的风险管理体系，最终将找不到真正保护公众健康和环境卫生的解决方案。

狐狸和鸡窝

如果杀虫剂真的有问题,那么,为什么人们依然在继续使用杀虫剂呢?部分原因在于监管体制的改变。过去十几年中,美国和加拿大对于杀虫剂的监管,已经由政府直接监管转变为生产企业与关联企业的联合监管。比如在加拿大,联邦环境与可持续发展委员会曾经批评杀虫剂管理监督机构(PMRA)对杀虫剂的监督不力、不作为。PMRA 判断杀虫剂是否安全的所依据的标准是由那些受化工业资助的研究机构制定的。联邦环境与可持续发展委员会指出,化工企业提供的风险评估报告缺乏质量保证和独立有效性。2008 年,李斯德林污染的食品导致十几个人死亡的事件发生后,加拿大食品调查局也对 PMRA 提出了类似的批评。事实上,由于化工企业可以“不承认有毒物造成的危害、只要有可能就无视指责、不管可不可以先隐瞒起来、设置障碍以控制局面”,加拿大进行有毒物风险管理的措施被视为“一场闹剧”。

就我看来,问题的根源在于:监督者跟所调控的产业关系太近,没法进行调控。换句话说,就是让狐狸看守鸡窝,自己监管自己实施的项目。此外,这也是政府部分职能有意转换的结果,所谓的“顾客导向”的政府服务,其结果(也常常是目标)就是保证政府机构与企业的利益一致。说得再具体一点便是:政府机构必须确保他们的“客户”(比如那些他们调控的企业)满意。所有的一切都已背离了“公共服务”的原则,公众利益在这个早已被破坏的所谓政府监管模式中被忽视了。

值得庆幸的是,除了粗糙的风险评价方法,我们还有比较靠谱的“预防原则”。简而言之,就是“安全胜于后悔”。对“预防原则”的解释有很多种,其中被人们普遍接受的是 1992 年于巴西里约热内卢召开的“联合国环境与发展大会”作出的《里约宣言》(*Rio Declaration*)第15条原则:“一旦出现严重的或不可逆转的危害的威胁,就不该以缺乏充足的科学证据为由推迟实施有效的环境保护措施。”尽管“预防原则”会破坏现状,不易实施,但它还是逐渐进入越来越多的法律条文和规章制度中,比如加拿大的《环境保护法》(*Environmental Protection Act*)、最近刚实施的《美国消费品安全保护改革法案》(*U. S. Consumer Product Safety Commission Reform Act*)。后者勒令多种已经上市销售的邻苯二甲酸酯(见第二部分)产品停止销售,直到化工企业能够证明其安全性之后才能重新上市销售。

在2,4-D的案例中,加拿大的市级和省级政府均利用“预防原则”一劳永逸地摆脱了这种化学物质。虽然行动有点晚,但是很成功。简单地说,全国上下各个社区的居民一面倒地支持禁止使用杀虫剂。“安全胜于后悔”非常有道理,因此人们大声地、明确地宣布:他们选择孩子的安全而不是无杂草的草坪。

看样子,我们最后都会得到自己最在乎的东西。

第八部分

妈妈最了解

里克用奶瓶喝水

麦圭尔先生:我想跟你说一句话,就一句。

本杰明:请说,先生。

麦圭尔先生:你在听吗?

本杰明: 是的,在听。

麦圭尔先生:塑料!

本杰明:您到底想说什么?

麦圭尔先生:塑料,前途无量! 记住这一点!

——《毕业生》,1967 年

The Graduate, 1967

2007 年 11 月某个星期二的早上,天气有些阴霾,就在那一天,我开始感觉到我们快要胜利了。

那天,我和环保协会的朋友一起站在安大略省议会大楼外,多伦多皇后广场的舞台上,组织"宝宝大游行"儿童示威游行活动。此前几个星期,我们一直在为这场活动进行宣传,鼓动大人带着孩子一起来参加活动,一起呼吁安大略省政府禁止使用双酚 A。

我很紧张,但才华横溢的年轻领队波丽珠(Cassandra Polyzou)对我说:"别担心! 他们会来的。”我们办公室的波丽珠20出头，身上画着醒目的纹身，她是我们办公室里的活跃分子之一。为了准备今天的活动，她忙活了整整一个月，打了无数通电话，发了无数份电邮，还跑遍了这个城市的各个角落，在那些父母带着学步婴儿常常出没的地方张贴海报，每天像上紧的发条一样不知疲倦，忙前忙后。

一碰到紧张的情况我就出去散步，就会啃指甲，那天早上我就一直这么做。“宝宝大游行”的主意是一次办公室头脑风暴的产物，环保协会的工作者是想借此机会将关于双酚A的辩论推向一个新的阶段。那时候，我们全力呼吁政府下令禁止往食物和饮料的容器中添加双酚A这种激素干扰剂，并吸引了很多媒体的关注。人们得知市场上销售的所有婴儿奶瓶的主要成分都是双酚A之后全都震惊了，婴儿奶瓶迅速成为我们一个强有力的战斗武器。

而在2007年的秋天，摆在我们面前的问题是：在加拿大的媒体之都多伦多，我们应该制造出什么样的新闻才能促使安大略省的政客们支持我们并说服省长采取强有力的行动去禁止双酚A。大家围坐在凌乱的会议桌边，白板上潦草地写满了各种建议，大家都在揣测政治家究竟喜欢什么，怎么做才能激起他们的关注。有人开玩笑说：“（政客们喜欢）亲吻宝宝。”然后“宝宝大游行”的创意便由此产生。

波丽珠是对的，我不应该担心什么，时间渐渐逼近上午10点，活动即将开始，太阳终于从云层中露出笑脸，一辆辆婴儿手推车沿着通向议会大楼门前的6条小道，缓缓地向我们的舞台走过来。

差不多有300多人来到这里，他们抱着新生儿、推着婴儿车、牵着学龄前儿童汇集到了议会大楼前面的大草坪上。从附近的托儿所过来的队伍最有意思，婴儿车排成一队队慢慢挪过来，弯弯扭扭，就像蠕动的毛毛虫，看起来像是休斯博士童话故事的场景。有些人在草地上铺开了野餐布，志愿者给每个“宝宝示威者”分发了特制的游行示威牌子，——在冰棒棍儿上面粘一块纸板，纸板上面写着“别污染我”和“无毒安大略”。

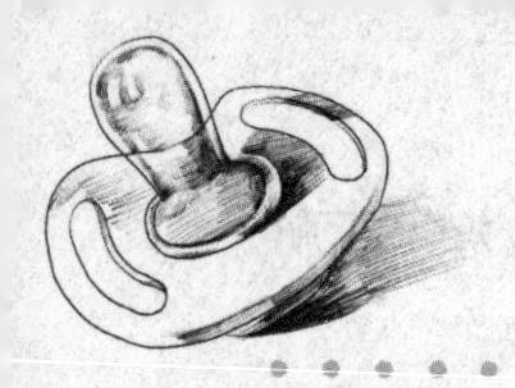

图8.1 反对双酚 A 的游行队伍中，手持儿童游行示威牌的小女孩（牌子上写着“别污染我”）

世界上第一个我相信也是唯一一个反对双酚 A 的游行队伍准备出发了。我记得曾经这样想过：如果这些苦恼的年轻父母通过上街游行来表达他们的诉求，那么，这一定能激发起公众对双酚 A 的普遍关注。看来，我们已经掀起了一股浪潮，而这股浪潮正在积蓄力量。

我妈妈参加了集会

这次游行尽管不像汉娜·蒙大拿音乐会那么震撼,但也十分热闹。由于游行参与者都是小孩,不受约束,所以这次美妙的活动只持续了短暂的时间。有机苹果汁和小甜点也只能让几百个小朋友安静片刻。

佩奇(Andrea Page,著名的运动项目"健美妈妈"的创始人)是这次活动的主持人,整个活动期间她一直把她的儿子抱在自己的腰上。作为一个男女平等世界里的一个典型男主外家庭的男主人,我不得不承认,直到一个同事提到佩奇时,我才第一次听说了这个人。而我的妻子,乃至这里的每个年轻妇女,没有人不知道她。成千上万的妇女在产后跟着她的录像带运动健身,重塑身材。后来我才发现,我们家的电视柜其实老早就有佩奇的录像带。

佩奇真是一个了不起主持人,尤其适合主持我们的这种活动,她强烈谴责企业界和政府并不真心关注孩子的健康。我看看人群,不少人在频频点头。自从集会上见过她之后,我们已经一起做过几次关于双酚 A 主题的采访。看着她带着一个母亲应有的愤慨向化工业界开火,那真是我的荣耀。

随后,几个妇女做了给力的发言:一个经营绿色婴儿产品的妈妈强调,人们对于绿色产品的需求在增加;"安大略关爱儿童联盟"的一名代表分析了"为什么托儿所已经开始放弃含有双酚 A 的奶瓶"。

然后,轮到我上场。我的身份具有双重性,既是活动的发起人,也是两个孩子的父亲。我告诉大家,我跟他们一样,来到这里是为了我的两个孩子。"因为我希望我的两个儿子在一个充满机遇和希望的世界里长大成人,而不是在一个污染猖獗、毒物横生的地方长大。"4 岁多的扎克和我一起站在舞台上,就站在我的身边。当他对着麦克风大叫“这就对了!”的时候,被拍进了录像,在当晚的电视节目中播出。

介绍激素干扰剂污染物的畅销书《我们被偷走的未来》的作者之一,迈尔斯博士也是双酚 A 的专家,他专程从弗吉尼亚飞来。他的演讲从提问开始:“各位家长,你们中间有多少人的亲戚朋友得过乳腺癌或前列腺癌呢?”下面举起来的手一大片。“患有学习障碍的呢?”举起的手更多。“得过糖尿病和不孕症的呢?”这次举起的手还要多。“好的,大家都看到了,这就是今天我们大家为什么聚集在这里的原因。双酚 A 与刚才提到的这些疾病之间的关联性已经毋庸置疑了,我们都应该想想,我们究竟该如何预防和减少这类疾病发生。就我对双酚 A 的了解而言,儿童时代的双酚 A 暴露增加了青少年时期出现健康问题的概率。好消息是:如果更科学地使用双酚 A,我们就可以帮助人们更健康地生活。”

迈尔斯告诉大家,直至今日,世界上还没有任何一个国家采取过针对双酚 A 的强硬行动。化工企业为了阻止第一个反对者出现,总是反复强调这一点。“全世界都在关注加拿大,”迈尔斯说,“你们今天所做的一切,都会对事态发展产生极大的影响。”

我在人群中寻找我的母亲,她乘火车从多伦多郊区赶来,来帮忙照顾孩子。多年来,她从未对我参加这类游行明确表示过赞成或反对,而今天,她在游行队伍中忙个不停,嘴里不停地这边招呼那边呼应。“你之前参加过游行吗?妈妈!”我朝她喊道。“没有,从来没有!”她大声地回答。我敢打赌,她说出了这里大多数人的心声。

手推车队伍开始出发了,我们依照事先的安排走进附近的一座政府大楼去与省长麦坚迪(Dalton McGuinty)和环境部长格雷特森(John Gerretsen)会谈。

儿童说客

目前，会见政客、寻求赞助是我的主要工作。这种活动一般都遵循一些固定的模式，通常比较正式。你尽量详细地陈述你的意见，而政治家则用诚挚的眼神看着你，婉转地给出一个含糊的回应，与你提出的问题基本不相干，最后，你只能摇头离开。

我很高兴地告诉大家，我们今天的会谈绝不会走这样的老路。实际上，那天与省长在一起的场景，有点像连续剧《布雷迪一家》(*Brady Bunch*)里的场景。绝对是我所经历过的最有趣的说客经历。

事情一开头有点尴尬。如你所能预料到的，省长在安大略警察方阵和精锐先头部队的护卫下出现。先头部队的工作就是保障省长一天的日程顺利进行，其中一个年轻人做了他一天中最倒霉的事情——劝说这些母亲以及孩子将他们手里的5英寸长的冰棒棍儿制成的标语牌交出来。

一些妈妈带着惊奇的眼光看着他，一些婴儿咯咯地对他笑着。那个年轻警察在人群中边走边解释：这是规定，会见省长就是不能拿标语牌，即使是6个月大的婴儿也不能拿。妈妈们觉得他挺可怜，所以，孩子们统统被缴了械。

集会队伍走了3个街区，爬了不少楼梯，走过不少长长的走廊，终于，在差不多午饭时间，妈妈们带着又累又饿的孩子们来到了一个没有食物的大会议室，大家全都累得趴了下来。

在这个会议室里，省长和环境部长坐在一边，8个妈妈和她们的孩子坐在他们对面，媒体的摄像机时不时地亮起闪光灯。这些媒体得到允许，从一开始就待在这个房间里面。

一个妈妈开始给孩子喂奶，几个大一点的孩子开始围着会议桌跑圈，一些换下的尿布掉在地上,一个小女孩坐在妈妈的腿上,面对着省长。小姑娘时而挡住省长的视线,时而往前扑,时而用玻璃奶瓶猛砸桌子,就这样不断地打断他们的谈话。孩子们又哭又笑,把会议室搞得一片混乱。

谁都不知道接下来会发生什么。但是,尽管场面一片混乱,或者也许就是因为这种混乱的场面转移了人们的注意力,这个会议居然有了进展。那些不想被拒绝的妈妈们脸上开始露出了微笑。省长对于这些诉求处理得很好,他以前面对人群时表现木讷,然而,这次他十分专注,他认真的态度和他的娃娃脸完美地结合在一起,正符合妈妈们所期望的样子。

很重要的一点是,他作出了一个所有父母都爱听的承诺:安大略将制定加拿大第一部《减少有毒污染物法》,为此,安大略会马上寻求专家意见,咨询如何减少双酚 A。省长向在场的妈妈们宣布:无须等待联邦政府的指示,安大略会马上采取行动,如果专家的意见是禁止双酚 A,那么他们就会禁止。这可真是一个重大的时刻!

几个月以后,我再次采访麦坚迪,问他为什么那天会如此迅速地作出针对双酚 A 的承诺,他告诉我:政府得到的最可靠的科学意见就是指向这个大方向的。他说:“尽管表面上看,很多新东西对我们有益,使得我们的生活更舒适,使得 21 世纪的生活更为方便,但我总觉得,我们并没有真正弄清楚那些用在消费产品中的新材料和化学物质的潜在缺陷。”他还告诉我说,他和妻子正在逐步用玻璃制品替代厨房里的塑料制品。

与妈妈们的对话给麦坚迪留下了深刻的印象,他联想到了作家斯通(Elizabeth Stone)写过的一句话:有了孩子以后,“你的心将永远围着孩子转”。他说:“所以,没有什么愿望能比父母为孩子着想的愿望更强烈。如果需要作出选择,那么你一定会首选安全。当时我看着那些妈妈凝望着怀里孩子的眼神,便想到了我对自己的孩子也满怀祝福和期望,于是我立刻决定要为孩子们的安全负责。”

如此看来,游行的确起作用了!

省长的承诺的确将双酚 A 的辩论推向了一个更高的层面。皇后广场贴出告示声称:渥太华市将成为整个安大略乃至整个联邦政府第一个为保护加拿大孩子而进行立法的城市。可见,联邦政府正在受到挑战。

孩子们度过了愉快的一天,然后就心满意足地各自回家睡午觉了。

认识他们

2006 年 1 月,在联邦竞选的各方角逐中,哈珀的保守党似乎对于环保的兴趣最少。他们的竞选纲领"为了加拿大的崛起"中,基本只是敷衍了一下环保问题。哈珀从不谈及环保问题,除非有人严厉批评前政府在气候变化问题处理上的失败,而要求他阐明其政治观点。虽然每个政党都有缺点,但是执政党自由党爆出了本届政府最大的政治风暴——"捐赠"丑闻,所以到了 2005 年下半年,保守党人几乎毫无悬念将取得竞选的胜利。是时候去认识他们、了解他们了!

要说加拿大的环保运动与保守党一点关系都没有也不对,[我们在渥太华一起合作的咨询界人士,保守党评论员鲍尔斯(Tim Powers)说:"用'性急'来形容可能是比较礼貌的说法。"]因为事情并不是一直这样的。事实上,上一任进步保守党主席穆罗尼(Brian Mulroney)曾致力于园林、污染物和生物多样性等各方面的工作,因而被环保专家(也包括我在内)誉为"加拿大历史上最'绿色'的首相"。

1993 年,穆罗尼政府下台后,进步保守党被一分为三:一部分还是进步保守党,一部分变成了改革党,还有一部分变成了魁人政团。其中占主要地位的改革党盘踞于产油大省艾伯塔,他们似乎最想放弃穆罗尼的传统主张。在随后自由党执政的 13 年中,改革党与环保主义者的关系一直很僵:环保主义者坚信,改革党是石油大鳄的傀儡,而改革党则认为环保主义者与自由党关系过于密切。老实说,双方都有点道理。

2003 年,当保守党重新统一后,环保主义者与保守党的关系并没有太大改善,他们之间的疑虑无法消除。就这样直到 2005 年,托利党将要重新执掌大权,而大多数的环保领导人连托利党人的电邮地址都不清楚,更不用提跟他们进一步交流了。

这就是环保协会发起“有毒的国家”活动（见第一部分）的背景。

有毒的国家

2006年1月，当保守党（由一些少数党组成）重新执掌政权之后，我们开始面临一场政治风暴。政府交接时期十分关键，此时新政府将制订基本的工作方针，于是我们赶紧与加拿大环保部高级官员会谈，并向新任的环保部长和新任的首相办公室官员进行自我介绍。

在差不多同一时间，电视、广播、报纸都在宣传“有毒的国家”活动。这些宣传效果很不错，它吸引了各个党派，包括保守党的注意。“‘有毒的国家’活动符合保守党新政府的竞选精神。”鲍尔斯解释说，“你看得见塑料的水瓶，却看不见温室气体。”

麦坚迪认为“有毒的国家”活动将有助于改变公众对于环境问题的态度。他说：“环境问题不再是一个抽象的概念，不再是一个神秘的、深奥的、不切实际的念头，环境问题也不再只是关于远方河流的水质问题，或者远处森林的被伐问题。环境问题就是关于我们每天吸进肺里的空气的问题，就是关于每天晚上7点半孩子上床前的洗澡用水问题，就是关于炒菜锅烧菜的问题。环境问题其实就是人类的健康问题。”

由于证明了污染物来自于我们的生活，“有毒的国家”活动为制定双酚A的决策奠定了基础，有关污染物的讨论也在全联邦范围内激烈地进行着。

2006年初，在保守党接管政府那天，我与托利党活跃分子德伊法拉（Adam Daifallah）一起为《环球邮报》（*Globe and Mail*）撰写专栏。这个专栏的标题为：“托利党人天生爱环保”，其中强调：“对于‘披萨国会’这样一个由少数党组成的政府，各党派之间的精诚合作是政府成功的前提。现在在各少数党（包括保守党、自由党、新民主党和布洛克党）之间存在一个没有争议的议题，那就是污染。在污染这个问题上，总理哈珀不仅与其他党派基本观点一致，而且还对普通加拿大老百姓的生活产生本质性影响，不过，保守党人仍有一些根深蒂固的传统需要改进。”

可喜的是，新政府中至少有一些人在倾听我们的意见。

化学品管理计划

自从媒体披露了"有毒的国家"的首次研究成果之后,一些有趣的事情开始发生。我们开始接到一些电话,他们自愿接受体内有毒物含量测试。起初这类电话还比较少,后来几乎每天都能接到这种电话。志愿者形形色色,有长有幼,有为人父为人母的,有水暖管道工,也有理疗医师,甚至还有一些政客,各不同党派的政客。他们纷纷联系我们,希望捐出自己的血样和尿样,以供化验。

我们真是太高兴了,不忍拒绝任何请求。2006 年 6 月,我们公布了以下这些人的化验结果:联邦环境部长安布罗斯(Rona Ambrose)、联邦卫生部长克莱门特(Tony Clement)、新民主党领袖莱顿(Jack Layton)、自由党环境事务评论员戈弗雷(John Godfrey)。这几个人都热爱运动,他们争相利用这次检测机会使自己登上头条新闻,以显示自己多么重视污染问题,以说明自己为什么急于解决污染问题。

而安布罗斯却惹上了一点小麻烦,一些传统上一直支持保守党的媒体开始为此攻击她。有个评论员评论她的行动时说,她"参演"的"有毒的国家"项目活动是"环保恐吓主义的经典之作,是斯托克(Bram Stoker)笔下德拉库拉(Dracula)的升级版",戏称她是"罗娜·布劳克维奇"。艾琳·布劳克维奇是《永不妥协》电影中的女主角,这个角色是以加州一个著名反污染斗士的故事为蓝本创作的。在这些保守党人的心目中,把罗娜·安布罗斯比作艾琳·布劳克维奇并非恭维。这种状况的出现我倒真的始料未及,直至今日都让我挠头不已。无论如何,我还是相信,这种批评将使得托利党人采用更加灵活的战略战术。

这时,形势在环保协会内部也变得严峻起来,有些同事对我们表示不满，不满环保协会与保守党的合作，不满环保协会不仅没有抵制新政府反而与政府一起做一些有益的工作。对此，我的标准答复是："我们愿意与任何有益于推进环保的人士或机构合作。"而且，我对于自己能令环保协会与各种各样政治机构消除成见、共同合作、取得成果而感到自豪。

然而，就在这个节骨眼上，一个所谓的环保人士伪造了一份给我的匿名信，这件事此前我从未披露过。信从华盛顿特区的美国企业研究所发出，美国企业研究所以极右派、极端保守主义著称。信中说祝贺我们环保协会成功地获得了22万美元奖金以资助关于污染物的工作。我一直没找出这个寄信人是谁，环保协会从未申请过这种资助，奖金数额也完全是编造的，这封信是有人用Photoshop费尽心血伪造出来的。信里还恶毒地把我们说成是保守党的支持者。其实这封匿名信从未寄到我的手里，而是一直在渥太华兜兜转转，直到我在国会山一个朋友处得知此事，他对此感到奇怪，所以将复印件寄给了我，我才得知原委。

道路是曲折的，前途还是光明的，我们的环保事业仍在继续。

2006年12月，联邦托利党开始制订《化学品管理计划》，一场引人注目的彻底革新之路在加拿大开始起步，《化学品管理计划》对200多种日常生活用品中的化学品进行规范，双酚A处于被规范的名单之首。

几个月后，加拿大首先接受双酚A检测的正是省长麦坚迪和两个安大略反对党领导人。根据一些已有的研究资料，这3个人体内的化学物质含量都已经达到了可能影响健康的水平。后来，麦坚迪开玩笑说："我知道你们测出了我的血液中污染物的含量，但是这些数据代表了什么意思呢？"

安大略保守党主席托里（John Tory）甚至允许媒体在他抽血时拍照录像。五六台电视摄像机在他身边围成一圈，记者将镜头对准那个从他胳膊里拔出来的针头，闪光灯"噼噼啪啪"地响着。我想：这么大的压力，抽血的护士小姐不要晕过去才好！而托利对着摄像机眨着眼睛说："我很遗憾，我的血居然是自由党的红色，而非保守党的蓝色。"

双酚A的崛起

在开始讲述双酚A在加拿大的故事之前，让我们先花点时间来回顾一下双酚A的历史：双酚A到底是什么？它从哪里来？为什么它会引起我们的担忧？

虽然3位领导人体内的双酚A含量是加拿大第一批公开发布的双酚A数据，而在美国，疾病控制预防中心（CDC）早已进行过广泛的调查测试。令人震惊的是，93%的美国人身上双酚A的含量达到了可测出水平。加拿大人受污染的程度与美国人应该会十分接近。实际上，我们所有人体内的双酚A含量任何时候都处于可测水平，这一点更令人惊讶，因为你要知道，双酚A在体内的代谢速度是相当快的，差不多几个小时就能完成代谢。这就说明，唯一的结论是：我们大家都反复暴露于污染源，我们每天沐浴在双酚A的“光辉”之中。

日常生活中的双酚A是从哪里偷偷冒出来的呢？很多很多地方都有双酚A。双酚A是目前世界上最常用的化学物质之一。2004年的产量将近30亿千克，而1970年的产量只有4500万千克，30多年里实现了天文数字的增长。在美国，目前约有70%的双酚A用于制造PC塑料（一种坚固透明的塑料，常带有7号环保标志），20%用于制造环氧树脂，另外5%用于其他制造业。双酚A的制造商通常是世界上最大的几家化工企业，诸如：拜耳、陶氏化学、通用电子、翰森特种化工、巴斯夫和太阳化学。

普通家庭中通常充满了各种双酚A制品。PC塑料可用来制作CD、DVD、水瓶、水杯、厨房用具、各种容器、眼镜片（比如我现在戴的）、饮水机水桶、冰球帽护目镜、奶瓶和药瓶、笔记本电脑屏幕和手机屏幕。PC塑料还广泛用于汽车卡车中，比如车灯外罩就是PC塑料做的。在我小孩的玩具箱里面,他们玩具小汽车的挡风板也是 PC 塑料。环氧树脂常常用作运动用品、飞机、汽车的黏合剂,还常用于牙科填充材料,用于轮胎和管道的保护涂层,用于易拉罐的内涂层——对大多数人来说,这可能是最大的暴露源,几乎每个商店、每个家庭里都有易拉罐。

含有双酚 A 产品的暴发性增长是一个新现象,尽管第一次合成双酚 A 出现在 1891 年,它具有激素干扰剂的特性发现于 1930 年代,在真正的商业价值被开发出来之前,它还是沉寂了一段时间。1950 年代,环氧树脂开始投入大规模生产;差不多同一时间,科研人员发现,如果将双酚 A 多聚化(将分子链接在一起形成长链),能够形成坚硬耐久的新塑料——PC 塑料。随着 1960 年代和 1970 年代对于塑料需求的增长,双酚 A 的生产开始起飞,现在,双酚 A 已经无处不在。

现在,此刻,我敢打赌,你一定在问自己一个再明白不过的问题:双酚 A 会破坏人的激素系统,化工业界了解这个事实已经超过了 70 年,那么,为什么他们还会大量生产呢?为什么还会用这种东西做成家庭用品?简单地说,他们根本不考虑这些!还有些大脑进水的脑残会说:“双酚 A 被封在塑料里面不会漏出来的,即使会漏,漏出来的也是极少极少的,绝不会对人类形成伤害。”但是,事实证明,这种说法错了,错得离谱。

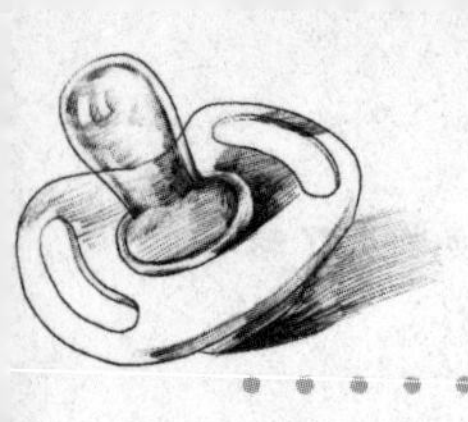

低剂量

任何研究双酚A的人都不免知道冯·萨尔(Fred vom Saal)博士,密苏里大学的知名教授。冯·萨尔是个不同寻常的学术研究人员,他是我所碰到过唯一一个住在象牙塔里却拥有私人飞机的异人。他经常开着他的"塞斯纳210百夫长"飞机穿梭于整个北美大陆,参加各种学术会议。我第一次跟他通话是因为我们等着他来渥太华参加环保协会与联邦办公室共同举办的一个会议,当时他被暴风雨阻挡停留在纽约州的沃特敦。这种"肆无忌惮"的作风也延续到他的工作风格之中,他与其他的大学科研人员不同,从不畏惧公众的目光,他对于自己勇于挑战化工业界的双重攻击似乎还特别满意。整整10年里面,他都处在双酚A之争的风口浪尖。

一定程度上来说,双酚A之争始于冯·萨尔博士自身。1990年代末期,他连续好几年一直都在研究激素变化对于老鼠行为的影响。他研究一种现象:"当双胞胎老鼠在母亲子宫的时候,它们的激素会相互交换。这一现象很有趣,后来人们发现,在人类的双胞胎胎儿中这种现象也存在。"尽管这种交换的激素"非常少",但它产生的影响很大又十分特殊,并且与动物的基因组成无关。

在冯·萨尔的一次实验中,他观察到,当雄鼠接触了一种叫做雌甾二醇的雌激素之后,前列腺会变大。这是一个很有意思的结果,但是遭到了很多科学组织的严重质疑。原因在于:当时,医生通常会让前列腺癌患者服用雌激素,因为他们认为雌激素能抑制睾丸激素的分泌,从而控制前列腺的生长。如果冯·萨尔的结果是正确的,那么,这种治疗恰恰走错了方向。

于是他想:那么,让我们来认认真真地对待这个问题吧。在随后的一系列实验中,他逐步加大了雌甾二醇的剂量,并让老鼠接触另一种合成激素己烯雌酚(DES),他再次发现了同样的现象:大剂量阻止了前列腺的肿大,而小剂量则刺激了前列腺的肿大。冯·萨尔总结别人对他研究的反应时,他说:"每个人都惊呼一声'哦,上帝!'"他的研究对于利用抗雌激素药治疗前列腺癌作出了新的贡献。

冯·萨尔一边继续研究低剂量雌甾二醇和DES的效果,一边开始研究其他类似合成化合物,看看是否具备同样的功能。1997年,冯·萨尔发表了有关双酚A的第一个研究成果。"在那部分研究中,我们用把之前测试过的双酚A稀释25000倍进行实验,证明了这种剂量的双酚A对于前列腺刺激的效果类似于低剂量雌甾二醇。以前也有人用高剂量双酚A做过实验,但他们漏掉了低剂量实验。"如果说化工业界对于雌甾二醇研究的反应已经很及时,那么,他们对于双酚A研究结果的反应可谓是危机管理的经典之作。冯·萨尔说:"化工界追逐我们,就像开足马力的列车一样。"

从化工界方面来看,他们的压力已经无以复加了。如果如此低剂量的双酚A都有毒的话,那么,该领域数百亿美元的利润就面临风险。就在这千钧一发的时刻,身兼陶氏化学公司和塑料工业协会两职的高级科学家韦希特尔(John Waechter)承认说:"如果冯·萨尔博士的实验证明无误的话,那么,消费品中双酚A的安全剂量要比原先预想的小得多。"

按照冯·萨尔博士的说法,在他的研究成果发表之前,工业界就试图让他停止这些实验。当他在会议上第一次展示这个研究成果的时候,化工企业马上意识到要出问题。"他们所做的第一件事情就是派韦希特尔来找我并立刻与我谈判:'你愿不愿意获得一个对大家都有好处的结果?只要你推迟发表研究成果,直到获得化工界准许时你再公开研究数据。'"冯·萨尔博士说,他感觉这就是行贿,而工业界宣称这完全是一个误解。

结果,工业界费了几十年的时间,投入无数的研究经费想要颠覆"低剂量假说",但是事实无可辩驳,越来越多的科学研究工作者正在用他们的实验结果支持冯·萨尔的研究发现。

意外的发现

当我问著名基因专家、华盛顿州立大学教授亨特(Pat Hunt),她是怎样开始意识到双酚 A 的问题时,她爽朗地笑了。

"我们意识到双酚 A 问题纯属偶然。"她说,"当时,我们正在做一些别的实验,研究正常老鼠的卵和畸形老鼠的卵的区别。我们无意中发现,正常老鼠的卵突然完全发生了改变,数据突然变得紊乱……正常老鼠的畸形概率从 1% — 2% 突然变成了 40%。所以,我们知道有些地方出问题了,我们花了好几个星期去找问题的原因。"她和同事们检查了每样东西之后,最后得出结论:问题出在小动物自己身上。"我们开始检查动物用品。"她解释说,"我们发现,有个临时工进来清洗了笼子和水壶,用的是地板清洗剂。这种清洗剂的 pH 比原来使用的普通清洗剂要高,腐蚀性更强,使得 PC 塑料制成的鼠笼出现了一些损伤,老鼠喝水的水壶也有同样的损伤。损伤之后的 PC 塑料器具中开始溶出双酚 A。"那一年是 1998 年。后来,亨特总结道:这个偶然的发现,使得她的生活再也无法保持原样了。

实验事件发生 5 年之后,亨特和她的同事们才发表了他们的研究成果。"我们不着急,我们想更加确定我们所说的正确无误。因为我们认识到,一旦我们将这些公开发表,告诉大家说,接触这种化学物质会引起流产,这真的会引发人们的担忧,因此,我必须保证我们的工作一丝不苟,无懈可击。"

在过去的几年里,亨特继续她的双酚 A 研究。她说:"我们所做的与这种化学物质有关的每一件事情,都增加了我的担忧。"亨特最新的一个发现是:双酚 A 的暴露能同时对几代人形成伤害。为做这个实验,她让一只怀孕的老鼠接触双酚 A,此时老鼠妈妈肚子里的雌性小老鼠的卵巢正在发育,小老鼠卵巢里的卵子是她一生所拥有的。当这些接触过双酚 A 的小老鼠发育成熟后,40% 的卵子都是受过损害的。亨特解释说:"事实上,这一次暴露就已经影响了三代人。"

当我为了撰写本部分采访亨特博士时,我才知道,亨特的故事在双酚 A 研究领域并非特例。目前许多高级专家已进入双酚 A 的研究领域,并活跃在双酚 A 各种研究项目中,他们根据自己对双酚 A 的了解,各自从不同的角度来研究双酚 A。

比如说,普林斯(Gail Prins)就是这样一个例子。普林斯是芝加哥市伊利诺伊州立大学的教授,在进入双酚 A 项目研究之前,她在前列腺研究方面已经取得了辉煌的成就。她的研究提供了一个令人忧虑的证据:"在一定条件下,双酚 A 暴露增加了罹患前列腺癌的危险。"而且,双酚 A 还能在分子水平上对细胞形成永久伤害,"它令前列腺异常,导致前列腺功能紊乱。"

佐藤(Ana Soto)博士,波士顿市塔夫茨大学医学院的医学专家,是另一个经过曲折路线进入双酚 A 研究领域的杰出科学家。早在 1980 年代后期,佐藤团队就颇有名气,因为他们首先发现了塑料中会逸出一种类雌激素化学物——壬基苯酚。其实,他们与亨特研究小组一样,也是经历了一次实验室"事故"之后才发现壬基苯酚的。他们在实验过程中发现:新的塑料试管引发了一些奇怪的现象。后来,他们在这些塑料试管中分离出了类雌激素化合物。这个实验驱使他们开始研究其他的激素干扰剂,包括双酚 A。佐藤最近的研究集中在双酚 A 和乳腺癌的关联性上面。"我们从动物身上观察到,即使动物的双酚 A 暴露剂量很低,癌前病灶还是出现了。因此,我们可以断定,如果人类暴露于双酚 A,那么,日后罹患乳腺癌的可能性也同样会增加。"

佐藤将观点推而广之,她说:"这些人造激素对动物造成的不良影响最终会出现在人类身上,我是指乳腺癌、儿童多动症、前列腺癌等。我想说的是:这真的很可怕!"事实上,自从佐藤开始双酚 A 的研究以后,对于低剂量

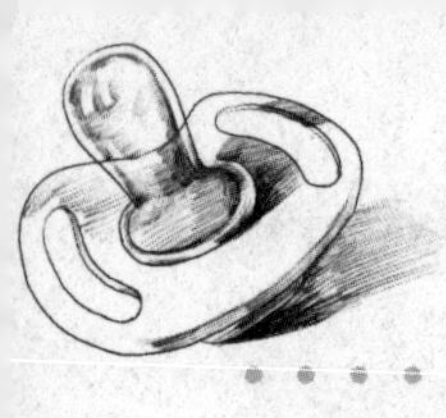

双酚 A(低于当前人体内的含量)与各种疾病之间的关联性的科学研究已经在迅猛增加。

冯·萨尔解释说:“通过对 200 多例的动物研究和 200 多例的细胞培养研究,我们已经拥有足够的实验数据可以分析人类和动物的细胞对于低剂量双酚 A 的反应机制。现在,我们已经知道了这些分子和细胞之间是如何相互作用的。”

表 8.1　人类和动物暴露于低剂量双酚 A 的部分研究①

剂量(μg/kg/d)	毒　性	研究描述	研究年份
0.025	永久性基因改变	胎儿暴露、渗透泵②	2005
0.025	胸部组织改变,令细胞对激素和致癌物更敏感	胎儿暴露、渗透泵、从 6 个月大开始出现变化	2005
0.2	降低抗氧化酶的活性,增加脂类的过氧化作用	口服 30 天	2003
2	前列腺增重 30%	胎儿暴露、口服暴露	1997
2	体重减轻、男女性肛门与生殖器距离缩短、青春期提前、动情周期变长	胎儿暴露、口服暴露	2002
2.4	睾丸激素减少	胎儿暴露、新生儿暴露和口服暴露	2004
2.5	胸部细胞对致癌物更敏感	胎儿暴露、渗透泵	2007
10	前列腺细胞对激素和致癌物更敏感	婴儿口服 3 天	2006
10	母性关爱减少	胎儿暴露、新生儿暴露、口服暴露	2002

① 节选自环境工作小组的人类生殖风险评估中心(CERHR)专家小组于 2006 年所做的双酚 A 对于人类生殖风险的评估意见。——原注

② 渗透泵可植入实验动物皮下或腹腔内,直接或间接通过导管以 mL/h 的速度持续准确地送出测试药剂。——译者

（续表）

剂量（μg/kg/d）	毒　性	研究描述	研究年份
30	大脑结构和行为方式上的性别倒错	孕期和哺乳期口服	2003
50	大脑的结构和功能受到干扰	非洲年轻成年雌性绿猴手术和激素治疗	2008
50	抑制关键蛋白质激素的释放和功能发挥，增加胰岛素敏感性，减少组织炎症（这种激素抑制会导致胰岛素抵抗，增加肥胖类疾病的风险，比如2型糖尿病、心血管疾病）	人乳分泌物、腹部皮下脂肪样本	2008
50	环保署参考剂量	美国人的有限暴露（结果不是来自动物实验，而是环保署制定的标准）	1998
100	刺激胰腺B细胞释放胰岛素，影响血液中的血糖平衡	口服，2天时间	2008

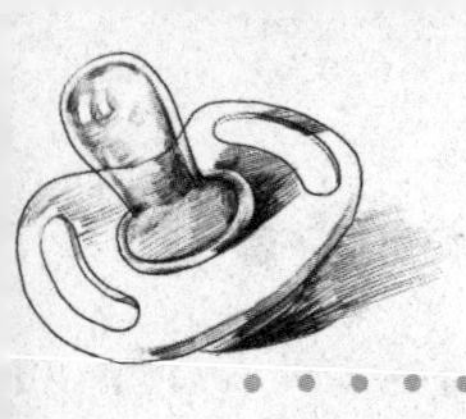

低剂量与帕拉切尔苏斯

那么,究竟发生了什么事?一种化学物质怎么会引起这么多种类的疾病呢?

关于双酚 A 的争论的核心问题是:低剂量的双酚 A 是否会引起生物学意义上的恶果?很多政府官员、工业界人士都认为绝对不会有影响。几个世纪以来,对于有毒物的判断大家都遵循 16 世纪帕拉切尔苏斯(Paracelsus)的原则:“所有物品皆有毒,没有无毒的物质。只要控制剂量,有些东西就可能无害。”简言之,就是:“大剂量有毒”或者说:暴露于一种化学物质越严重,受到的毒害越大。化工界很喜欢引用帕拉切尔苏斯的名言,那些没有领教过激素活性化学物质的毒物学家也很喜欢引用帕拉切尔苏斯的名言。

这个 16 世纪的原则对于日常的啤酒饮用量和白糖食用量一直都适用。当我每天早上给妻子的咖啡加糖的时候我都会参考这个原则(尽管我经常把握不好)。但是,这个原则对于双酚 A 这种激素化学物质并不适用。原因很简单,随着物种进化,人类(以及许多动物)已经对极微量的激素非常敏感。由此可以推断,我们的身体对于类似真实激素的合成激素也具有同样的敏感性。大量的人体机能都是靠激素的细微刺激来驱动的。激素可与细胞受体相结合,进而控制基因。模拟激素的工作原理也同样如此,一点小小的激素在很长的反应链接上会发挥巨大的作用。

问题的关键在于激素与类似激素的化合物以不同的剂量刺激不同的基因。如果剂量过高,它们就会有毒性。也就是说:低剂量时,它们能启动某组基因,发挥一种或多种作用;而高剂量时,它们能启动另一组基因,而发挥的作用可能完全不同。在很高剂量时,基因将完全不会启动,因为它们都中毒了。

《我们被偷走的未来》的作者之一，迈尔斯曾经用一个非常生动的比喻告诉我关于双酚 A 剂量的概念。他说："想象一滴水，里面的双酚 A 浓度只是 ppb（十亿分之一）。现在，告诉我，这滴水中的双酚 A 分子有多少？"

"几千？"（我曾经提到过吗？我是学生物的，不是学化学的。）

"错！"

"几十万？"

"还差得远呢，是 1320 亿！而且，每个独立分子都能启动或关闭细胞受体，就跟激素一样。"

如此低剂量的双酚 A 便有如此强大的作用，这是一个很严重的问题。政府监管机构多年以来一直专注于为各种化学毒物设定安全水平，然而他们高估了激素干扰剂化学物质的安全水平，结果一切都乱了套了。由于双酚 A 在低剂量时的作用与高剂量的作用完全不同，因此，不存在所谓的安全水平。

冯·萨尔博士说："仅仅检测高剂量双酚 A 的作用这个传统的做法是完全错误的。双酚 A 证明了传统的化学物质危险性评估方式对于激素类化学物质完全不适用。塔夫茨大学佐藤小组的一位毒物学家已经证实，把目前最低可检出剂量稀释 200 万倍的双酚 A 还仍然能发挥作用，这种剂量的双酚 A 已超出测量精度，属于误差范围。真的很可怕，简直令人难以置信。"

2007 年，美国对于低剂量双酚 A 作用的争论到了紧要关头，这主要与两份报告有关。第一份报告是美国联邦政府的"国家毒物项目"的咨询报告，该报告称他们担心低剂量双酚 A 暴露会对胎儿的大脑和行为产生影响。这份报告是顶住了无数压力才得以公开发表的，而压力来自受雇于联邦政府进行研究的重要机构，而这些机构与双酚 A 工业有关联。

第二份报告才真是重磅炸弹！受美国国家卫生研究所资助的 38 位世界顶级双酚 A 专家共同发表了《查普希尔声明》提出了严正警告："实验室里的大量动物研究表明，无论是在成长期还是成年后，低剂量双酚 A 的暴

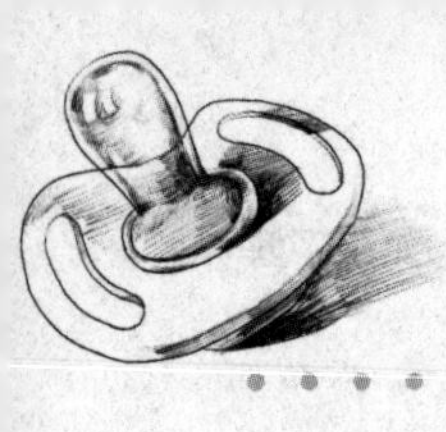

露都会产生负面影响。我们十分担心这种负面影响会出现在人类身上。”这些专家相信,某些人类疾病有可能与双酚 A 的暴露增加有关。例如:前列腺癌与乳腺癌的发病率上升、男性婴儿的泌尿生殖器畸形、男性精子质量下降、女孩子初潮提前、胰岛素抗性糖尿病和肥胖等新陈代谢紊乱症状、小儿多动症等神经行为问题。

《查普希尔声明》令人毛骨悚然。

乳管

现在回到加拿大来结束我们的故事。

这些科学界的冲突、政治界的冲突以及公众所面临的巨大的健康隐患,是不是很有趣?似乎还真的挺有新闻报道的价值!于是米特尔斯达特(Martin Mittelstaedt)开始策划这个报道。米特尔斯达特是加拿大《环球邮报》的一个资深环保记者,从2005年开始,他就一直关心与双酚A相关的事件。在加拿大,没有人从事环保宣传的时间比米特尔斯达特更长。他有着28年记者生涯,脸上被笑容挤出深深的褶子,眼神洞悉一切,他的采访总能切中要害:一个个化学物质看起来非常无辜,但是他令它们无所遁形。自从2006年初以来,米特尔斯达特已经写了不止25篇关于双酚A的文章,也对我作过多次采访。令我感到高兴的是:采访中有几分钟是我问他答。

我问:“有那么多环境问题值得关注,为什么你会一直关注双酚A?”

米特尔斯达特回答说:“我想,双酚A是最令人担忧的,或者至少是大众消费品中最令人担忧的一种化学品。有两个理由迫使我保持关注。第一个理由是:科学研究表明双酚A是科学家见过产生负面效果所需剂量最小的化学物;细胞实验表明,即使把双酚A的浓度降至$1:10^{15}$,它依然能引起细胞出现反应。动物实验表明,浓度为几个ppt的双酚A也能发挥作用。”米特尔斯达特告诉我如果研究人员和政府人员发现双酚A有问题,那么这将使人们以全新的角度看待所有具有激素活性的化学物质,对它们重新测试,以确定是否应该重新修改暴露的安全剂量。他说:“双酚A在我心里就是这样的一种关键性的化学物质。”

米特尔斯达特的另一个理由是:他的读者也会对双酚A感兴趣。他

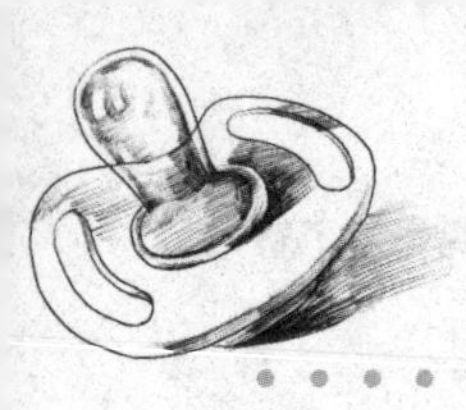

说:“双酚 A 也是公众容易理解的化学物质,因为其代表性的产品是塑料瓶和易拉罐,这些都是日常用品,每个人家里都有,每个人都见过……另一方面,你看到电视机,会猜测里面是否含十溴联苯醚(见第四部分)……但你没法知道!而对于双酚 A,你可以在 PC 塑料产品的标签上看到数字 7 的标志,你可以知道产品里面是否含有双酚 A……同时,你也知道你正在暴露于一定剂量的双酚 A。”

米特尔斯达特还记得那个“令人不安”的研究,那个激起他记者职业敏感的研究,就是那个他所说的“百闻不如一见”的时刻。“如果你问我最难忘的是什么,我会说是佐藤于 2005 年所做的一个实验……她有一张老鼠的乳腺及乳管的照片。这只老鼠在子宫里面曾经暴露于 25ppt — 250ppt 浓度的双酚 A,暴露于 25ppt 浓度的双酚 A 的老鼠比未暴露于双酚 A 的老鼠乳管数量多一倍。”

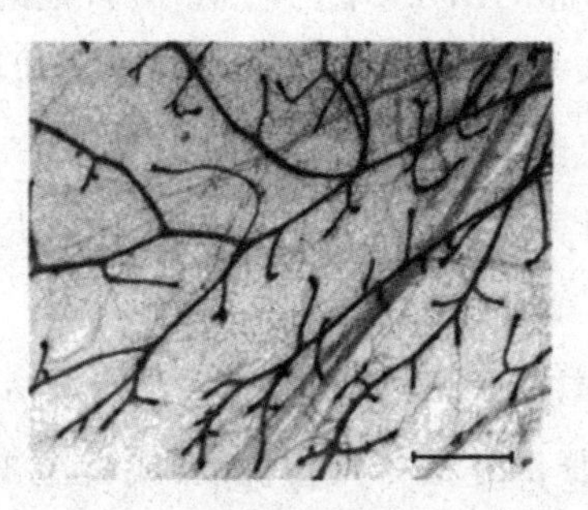

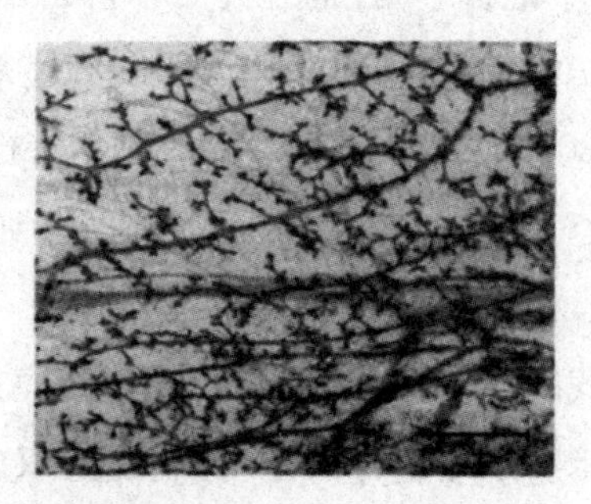

图 8.2　导致米特尔斯达特开始研究双酚 A 的那张令人震惊的老鼠乳腺切片图。左图是服用安慰剂的老鼠的乳腺,右图是让老鼠每天暴露于 25ng/kg(双酚 A 质量/老鼠体重)双酚 A 后,双酚 A 刺激乳管疯长

米特尔斯达特指出,如果这项研究进一步得到证实的话,基本上就意味着双酚 A 这种化学物质根本就不能投入商业应用,因为双酚 A 在如此低的浓度之下还仍然能够发挥如此强大的负作用,否则还有什么预防措施可以保护人类。

毒豆腐

有时候,饥渴中也会有甘霖从天而降,你无法预知,只需紧跟幸运之神步步为营。

2007 年 6 月,米特尔斯达特爆料,理查森(Mark Richardson,受加拿大卫生部邀请主持双酚 A 调查工作的科学家)最近在亚利桑那州的图卡森对一群医务人员做报告。理查森在报告中表示可继续使用双酚 A。他狡辩说:“是的,双酚 A 是雌激素,它与雌激素受体相互作用,但是其他很多东西也是雌激素,包括豆腐中的蛋白质。”他还说,“双酚 A 暴露程度很低,我认为可以忽略不计。”不幸的是,会议中理查森是面对着摄像机说出这番话的,米特尔斯达特花了几块钱就从互联网上买下了这段演讲的 DVD。这项投资对于《环球邮报》来说微不足道,但是对于联邦政府真是既尴尬又难堪,他们很快就把理查森的名字从双酚 A 调查员名单中除去。

当米特尔斯达特第一次打电话让我对此发表评论的时候,我简直不敢相信他所说的,不敢相信我所听到的。理查森作为一个经验老到的官员如此信口开河真是非常少见,而且,还有人能将如此罕见的行为公之于众则更是少见。

我们得到了一个上天赋予的大好机会去对抗化工界挺双酚 A 的“说客机器”,这些说客机器近期刚刚从多伦多和渥太华开始兴起。我马上给联邦政府所有的联络人打电话,告知他们我们听理查森讲话之后感到忧虑,强调加拿大人想要知道对双酚 A 的客观评价。接下来的一个多月时间里,我和冯·萨尔、迈尔斯、我们的政策主任弗里曼(Aaron Freeman)与多伦多和渥太华的政客和高官们举行了多次高级别会晤,直至把这个问题说清楚。会晤中,从那些高官脸上的尴尬表情可以看出,理查森事件使他们第一次充分认识到:双酚 A 是个政治炸弹,会动摇他们的统治。

完美风暴

正如我在本部分开头所提到的,到举行婴儿集会的时候,我已经开始意识到,潮流开始转向,开始转到有利于我们的方向。安大略政府和联邦政府都开始发出信号,他们将要采取行动。《查普希尔宣言》得以发表并广泛传播,这份宣言提供了目前确定双酚 A 具有副作用的最有力总结。

12 月,加拿大最大的户外用品零售商高山设备公司(MEC)公开宣布,他们将下架所有含有双酚 A 的产品,直到联邦政府重新界定双酚 A 的毒性。不久后,大型运动服装连锁店"露露柠檬"也如法炮制,作出了同样的决定。此后不久,环境工作组出台了一份报告,揭露了主要婴儿奶粉品牌的奶粉罐无一例外地会分解出双酚 A 进入奶粉中。2008 年初,我们联合美国同行一起发表了一份报告,其中包含了市场上主要婴儿奶瓶品牌双酚 A 溶出数量的测量数据。

到此时,几乎每天都有关于双酚 A 方方面面情况的电视新闻。无论到哪里都会看到公众对双酚 A 的信心迅速瓦解。最近,我碰到一位正在多伦多休产假的年轻妈妈,她告诉我说,她认识的每个人都在用不含双酚 A 的产品替换含有双酚 A 的产品,就像是"一场革命"。似乎一夜之间,不锈钢儿童餐具和玻璃奶瓶都变成不稀奇了。

2008 年 4 月 15 日,事情真的变得一发不可收拾。就在这天早上,米特尔斯达特在《环球邮报》爆料称,联邦政府将在几天之内宣布双酚 A 为有毒物质,并在某些产品比如婴儿奶瓶中禁止使用。即使米特尔斯达特这样比他人更熟悉双酚 A 及其科学和政治影响的人,也对接下来会发生什么没有心理准备。他的报道还是带来了整整一星期的旋风式的反应,在总结时,他说:"我从没见过这样的事情。"

政府没有否认米特尔斯达特的说法，零售商开始整理库存，扔掉含有双酚 A 的产品。4 月 16 日，沃尔玛加拿大分部、加拿大轮胎公司、福尔扎尼集团（体育产品连锁店）和哈得孙湾公司也都开始行动。

另一个有趣的进展是：美国国家毒物学项目也选择这一天公布他们的双酚 A 评价报告。美国政府第一次提出，双酚 A 与青春期提前、乳腺癌、前列腺问题和行为障碍等密切相关，强调孕期和婴幼儿期是特别敏感的时期，如果在此期间暴露于大量双酚 A，而又不能及时将这种化学品代谢完，就会影响孩子的健康。美国媒体也立即在美国掀起了双酚 A 热潮，与北边加拿大的热潮遥相呼应。

当天下午晚些时候，我跟激动的迈尔斯聊天时，他说："这看起来像是一场完美的风暴。"

17 日，希尔斯加拿大分部、雷氏制药、伦敦药房和家得宝加拿大分部加入了这一行列。我们的办公室电话也活跃起来了：媒体打过来采访、零售商打过来告诉我们他们的计划、还有一些普通民众打过来探听消息。我们往常都同时处理几件事务，但这一周所有时间我们处理的都是关于双酚 A 的事务。17 日晚些时候，我终于接到了来自渥太华的电话，这可是我一直在等候的电话："我们明天举行新闻发布会，宣布有关双酚 A 的规定，如果你能来，我将非常高兴。"

我预计这将是一篇正面的宣言，所以打电话到环境部长的办公室，询问是否需要我们帮忙。对方沉默了一秒钟，"实际上，我们很需要。"她回答说，"您能组织一些妈妈和孩子们一起来吗？这些场合很需要他们的配合。但是，如果是我们自己邀请他们，媒体可能会添油加醋妄加评说。"

我自己也想到那些保守党正在挖掘新的资料，以便再次发起进攻，于是我回答道："一定配合！"我马上着手安排，组织渥太华地区的妈妈和孩子们去参加活动。

预防胜于后悔

那天一大早，我就飞到了渥太华。当飞机落地的时候，手机里面的电话留言已经满得溢出来了，全都来自新闻媒体，他们都是在询问政府下一步采取什么行动。在去新闻发布会的路上，我在出租车里开始接受电台采访。

我和弗里曼在酒店大厅等候妈妈们，5个好心的妈妈接到我们简短通知之后，就带着他们的孩子参加新闻发布会。几分钟后，我们都下楼到地下室。孩子们坐在手推车里，妈妈们推着手推车，他们排在最前面，我们大家一起等候卫生部长克莱门特和环境部长贝尔德(John Baird)来迎接。终于，两位部长走进了房间，与带着一堆婴儿用品的妈妈和孩子一起，走上了讲台。

当卫生部长开始讲话时，我能感觉到肩部的紧张慢慢消失："根据我们评价的结果，今天我提议，我们采用预防措施以减少双酚A暴露、增加安全性……我们得出结论，幼年时期的生长发育对双酚A更为敏感。尽管科学告诉我们，婴幼儿暴露于双酚A的水平还远不到引发负面作用的程度，然而，预防胜于后悔……我们将要禁止PC塑料婴儿奶瓶的进口、销售和宣传。"

成功了！我看到一个宝宝，坐在妈妈肩膀上，眨着眼睛。在那一刻，加拿大成了世界上第一个采取行动限制接触双酚A的国家。经历了多年的谨小慎微，加拿大终于迈出了改革的决定性一步，在反污染领域占据了领先地位。

在环保部长宣布决定之后，加拿大环保协会几分钟内便把消息发布出去，标题是："双酚A有毒"。"有毒"现在是加拿大联邦污染物法规对于双酚 A 使用的法律术语。采访中我告诉媒体:有了这样的标签,双酚 A 从诸多产品中消失只是个时间问题。化工界会做出怎样的辩解进行弥补都不必在乎,因为没有哪个父母能够忍受孩子们的用品里面含有“有毒”物质。

在新闻发布会中场休息期间,我和克莱门特正在小憩,这时,国家电视台的一个著名记者朝我们走来,问我们对于政府利用母亲和孩子为衬托来宣布重要决定这样的举动有何评论。我回答说:“这些母亲和孩子都是我们的朋友,他们是跟着我来的。”我咧着嘴对克莱门特边笑边回答他的问题,先发制人,阻止了他们编造一些不实的故事。很明显,正如环境部长所预料的,政府与国会记者团之间的矛盾难以调和。

很简单,用冯·萨尔的话说,加拿大宣布的这条消息就像一枚“炸弹”,摧毁了化工界自信满满的预言(没有国家禁止过这类产品,怎么会有人现在就开始禁止?)并且在世界各地得到响应。当我正在撰写本节时,美国已经有超过 12 个州正在准备实施双酚 A 禁令,日本政府正在启动新一轮的调查。所有这些行动显示,加拿大开了个好头。而奥巴马新政府无疑将对双酚 A 采取更严厉的态度。

“封底计算”计划

当我在酒店地下室等待克莱门特发言时，脑子里面还在构思着我的这个部分。克莱门特的记者招待会举行时，我刚用自己的身体尝试过双酚 A，这个实验几星期前刚刚结束。因此，在等待克莱门特开始演讲的时候，我变得有点心烦意乱，一心想知道我的检测结果到底怎么样。

说实话，我们的双酚 A 实验有点超前。当然，双酚 A 的血液检测随处可见，然而，没有谁愿意冒险故意提升自己血液中的双酚 A 含量。双酚 A 跟邻苯二甲酸酯、三氯生和汞不同，我们完全没有经验可循，很多都是全新的尝试，而其他 3 种至少还有一些科学实验可供参考。

在设计我的双酚 A 实验时，我首先找到了双酚 A 专家冯 · 萨尔，让他帮我动脑筋想想办法。当我告诉他我的意图时，他先是哈哈大笑，然后就和我认真讨论如何进行这个实验。我将之前邻苯二甲酸酯的实验告诉他：首先是“脱毒”，先将体内的邻苯二甲酸酯含量降下来，经过 24 小时之后，收集“脱毒”后的尿样。然后，开始实验，大量使用邻苯二甲酸酯产品，再经过 24 小时，收集“中毒”后的尿样。这样进行对比，看看暴露于邻苯二甲酸酯后，尿样中的结果有何变化。

“听起来不错。”冯 · 萨尔回应道，“双酚 A 实验也差不多，你还可以把它与邻苯二甲酸酯的实验放在一起做，因为双酚 A 在人体内的半衰期相对较短，你只须 18—24 小时就能把它排出体外。要摆脱双酚 A，另一件值得注意的事情是：不要洗澡。双酚 A 存在于地表水中，你得注意不要吸入水汽。”

两天不洗澡？我觉得没问题！我承认这比周末带孩子容易得多。

“之后，你应该进入有意暴露于双酚 A 的实验阶段，应该尽可能多吃富含双酚 A 的食品。罐头食品最为理想。”冯·萨尔说,他可以帮我准备一张清单,上面所列的罐头食品所含双酚 A 的比例都是经他测量过的。我为这个清单想好了一个名字——“来自地狱的菜谱”。

咖啡问题

在第二部分,我曾经解释过,我必须在整整两天内不吃任何接触塑料的食品,以降低体内双酚 A 和邻苯二甲酸酯的含量。在此,我就不重复解释了,然而,这个与塑料绝缘的原则害得我无法喝咖啡,这对我来说可是太残酷了。原本我计划放弃两顿早咖啡——家里的一顿和上班的一顿,因为家里的和办公室里的咖啡机都是标准的塑料制的滴滤式咖啡机。我想好的替代办法是,到附近皇后街我最喜欢的那间咖啡馆去打包两份美式咖啡,这个咖啡是从一个大型的昂贵的不锈钢卡布奇诺咖啡机制作出来的,这种咖啡可不接触塑料。

我坐在店老板正好能看到我的地方,我问他是否能让我看看店里咖啡制作的全过程,从咖啡豆进入咖啡店直到咖啡喝到我嘴里这整个过程。这样,我跟着店老板绕着小店看了一圈。首先,咖啡豆是装在袋子里运进来的,然后从袋子里面倒进咖啡磨,这咖啡磨就像普通杂货店里的泡泡糖机——进料口在顶部,咖啡磨在底部。

问题 1:进料口,咖啡豆在里面要待上好几个小时的装置,是 PC 塑料做的。

接下来,咖啡豆掉进咖啡磨里。

问题 2:用来接咖啡粉的容器也是 PC 塑料做的。

此后,咖啡粉便被装进滤纸送进卡布奇诺咖啡机,咖啡在咖啡机里似乎只与金属接触,直到流入纸杯,而不会接触到双酚 A。然而,在咖啡豆磨成粉的过程中,双酚 A 的污染就已造成,不容忽略。

一时间我心情烦躁极了,就像斯诺克比赛中吃了一个障碍球一般难受。就这样一直纠结到下午,我还是一筹莫展,不知道如何处理我的咖啡因情结，直到我们的项目协调员萨拉小姐把我救出来——她建议我用一个铂顿牌的法式滤压壶来泡制咖啡。终于，一个难题解决了。

很快，收集了一升尿液，并放入专用冰柜。

用美味的双酚 A 填肚子

在小小的公寓里做实验期间,毫无疑问,布鲁斯吃得比我好多了,当他大快朵颐,享受着那些昂贵的、美味的高汞金枪鱼时,我则吃一些平淡无奇的食物。这些细节在第一部分中已详细介绍过,简言之,那个一天半时间里,我只吃了一些装在 PC 塑料材质乐柏美(Rubbermaid)保鲜盒中用微波炉加热的罐头食品。比如,坎贝尔鸡汤面、罐头菠萝、亨氏通心粉和一些剩下的金枪鱼砂锅。金枪鱼砂锅是萨拉用各种罐头食品混在一起做的(不如我妻子珍妮弗做得好,不过还不赖)。我喝了一些可乐,可乐是装在双酚 A 涂层的罐子里的。我还用星巴克出售的 PC 塑料材质的法式压力壶煮咖啡。然后,我用一个陈旧的安怡牌 PC 塑料奶瓶装咖啡喝,这个奶瓶是我大儿子扎克小时候用的。

"啊哈!"我仿佛听到那些双酚 A 的支持者得意洋洋地大叫,"他居然使用旧婴儿奶瓶喝咖啡,这是谁啊?史密斯自己打破了自己定下的基本实验原则,正在做一件不正常的事。"

事情并非如此!我所认识的大部分家长都使用 PC 塑料奶瓶并把奶瓶放在微波炉里加热。我喝这个热咖啡就差不多等同于孩子们喝热牛奶。直到最近,我家附近的星巴克还在出售各种 PC 塑料制作的旅行杯。用 PC 塑料杯喝咖啡绝不算什么不正常的事情。

乖乖隆里个冬

那么,这种稀奇古怪的食谱导致了什么结果呢? 我差不多使得自己体内的双酚 A 含量达到了实验前的 7 倍之多! 在整个两天时间的检测中,除了收集 24 小时尿液外,我还收集了 3 次尿样。这些尿样,显示了我体内的双酚 A 随时间的变化,这些结果,正如你所预料的那样,显示了我体内双酚 A 的急剧飙升,然后再缓慢脱毒的情况。

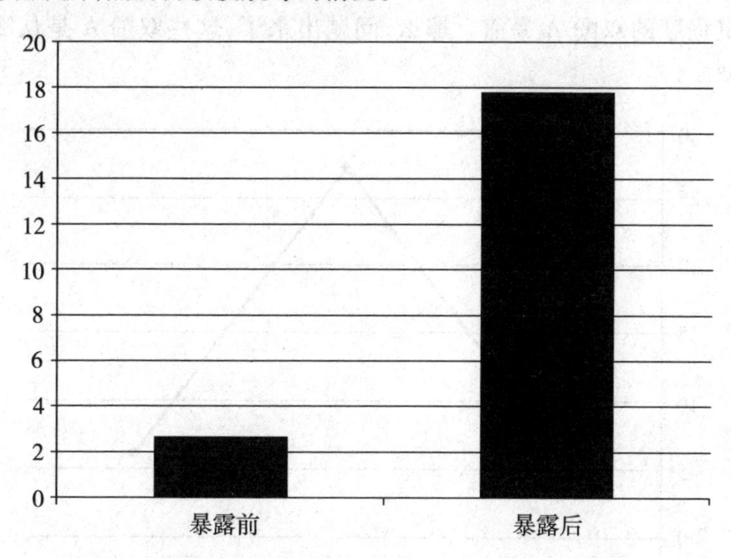

图 8.3　里克自愿暴露于双酚 A 之前和之后的 24 小时尿液中双酚 A 含量的检测结果(单位:ng /mL)

“乖乖隆里个冬!”这是冯·萨尔博士在收到我发给他的数据时嘴里冒出的第一个词。他想象如果这些双酚 A 是从婴儿体内测出的话,那将会如何。“这实在是太可怕了! 你吃罐头食品,从 PC 塑料奶瓶中喝咖啡,这跟婴儿的生活方式差不多。假如你作为一个成人,通过这样一个实验过程能

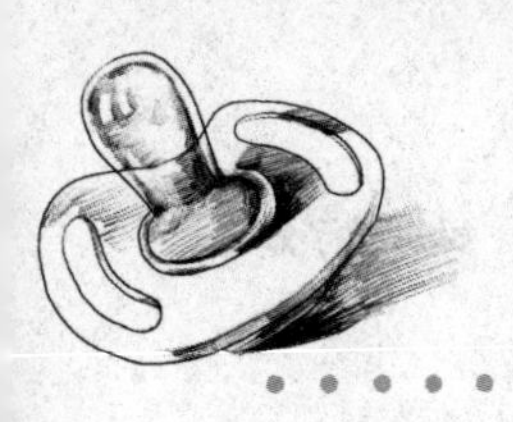

使得体内双酚 A 含量上升 7 倍之多,那么,这真的值得忧虑……你才进行了一天的实验,而婴儿则是天天如此,每天都这么生活。"

冯·萨尔解释说,婴儿跟成人的新陈代谢很不一样,婴儿将双酚 A 排出体外、排进尿液的速度比较慢。这意味着,对于可怜的婴儿来说,双酚 A 这种环境激素不仅存在于他们的所有食物当中(婴儿配方奶粉装在溶出双酚 A 的容器中,然后在 PC 塑料奶瓶中冲调,用微波炉加热),而且,在他们小小的身体里面盘踞的时间比在我这个 6.6 英尺的汉子身体里的时间更久。

"太惊人了!"迈尔斯说,"你居然将体内的双酚 A 的含量从低于美国中等水平的含量直接提升到了最高水平。有趣的是,低水平的含量仍然反映了一定程度的双酚 A 暴露。那么,问题出来了,这些双酚 A 是从哪里来的呢?"

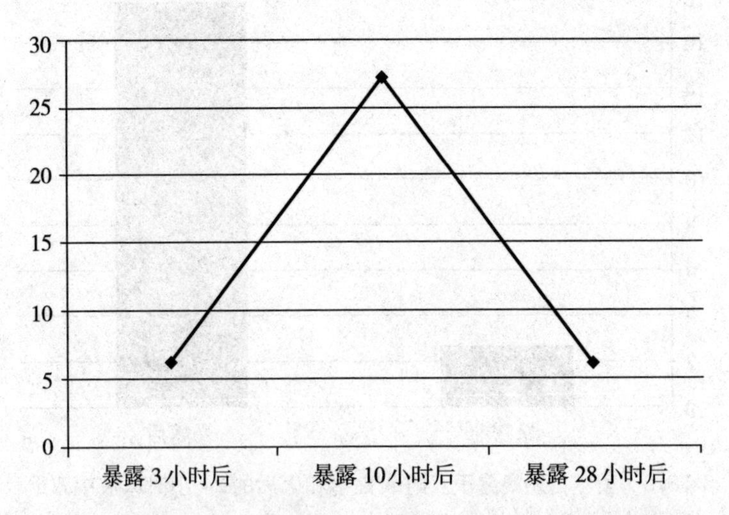

图 8.4　在双酚 A 暴露 3 小时、10 小时和 28 小时里克尿样中双酚 A 水平的变化曲线[单位:μg/g(双酚 A/肌氨酸酐)]

这表明,自从上次我和迈尔斯谈话之后,生活中又出现了一些新的双酚 A 污染源,这些污染源在我进行"脱毒"时尚未意识到。所谓的"不含碳"的白纸——现在广泛使用的那种很白很白,甚至白得耀眼并且表面有涂层的现金收据——双酚 A 的含量很高,甚至可通过皮肤接触被身体吸收,这使得收据纸张成为双酚 A 的一个来源。报纸上的油墨也含有双酚 A。由于很多地方都习惯将这些报纸扔进可回收垃圾桶,所以再生纸往往含有很多的双酚 A。当我跟冯·萨尔博士谈起这个问题时,他也同意我的观点,认为再生纸可能是双酚 A 的主要来源之一,他举例说:"比如你买个披萨,那个披萨就是用再生纸盒包装的。"

整个实验期间,我没有吃过一块披萨,但是我每天都定期读报、接触圣劳伦斯杂货店的现金收据,周末还会忙活一些杂活。尽管我们可以减少体内双酚 A 的含量,但是,很不幸,要想完全不接触双酚 A,在这样的时代是不可能的,当今时代的日常生活中不可能没有双酚 A。

加西亚是对的

正如加西亚(Jerry Garcia)一直唱的那样:“这点不会错,女人比男人更聪明。”正是那些忧心忡忡的妈妈们的力量开启了双酚 A 的灭亡之路。无论米特尔斯达特多么坚决多么出色地进行了这个专题的报道,加拿大公众对双酚 A 的日益增强的巨大担忧绝不是个别传统媒体所能左右的。2007 年秋天,在短短几个星期内,公众意见发生了 180 度的大转弯。突然之间,一下子那么多人听说了双酚 A,一下子有了自己的意见,这到底是为什么?

在我看来,答案是博客和 Facebook 等网络应用的影响。博客是互联网上一些相互有联系的人们之间传播观点发表评论的地方,它的影响力对这种转变起到了很大作用。Facebook 及其他各种社交网站的迅速壮大,使消息得以迅速传播,观点迅速得以形成,这对于双酚 A 的看法形成也发挥了巨大作用。与之前我所研究的一些其他问题不同,如果你在谷歌输入“双酚 A”,你会看到有上千万次的点击率,看到千万个网友之间意见的交流,上千万人群在网上共同讨论这个话题:有针对化工公司的评论,强烈要求他们停止使用双酚 A;有给政府提的意见,要求政府颁发双酚 A 禁令;有对日常生活用品的一些原料配方提出质疑,等等。总之,博客上关于双酚 A 的话题火极了。

“清除有害化学物质,还给孩子健康强壮的身体!”

“你可以要求孩子所在的托儿所不使用双酚 A,同时要求他们的供应商供应不含双酚 A 的产品,所有资料和书信模板都能在这里找到。”

“我想把菜园里的西红柿装进罐子里,那些罐子盖安全吗?它们是不是像易拉罐一样被覆上薄膜了?”

“在博客行动日,我们发博客,在请愿书上签名。我们紧紧地闭上眼睛,一齐跺脚3次。但是,双酚A还没有离我们远去,它仍然环绕在我们周围,甚至还存在于婴儿奶瓶中。革命尚未成功,同志仍需努力!”

有一个名为LegueofMaternalJustice.com的博客,主页上用超级英雄的图片装饰,博客的格言是:“应用线上母亲社区的力量去揭露那些专门针对母亲的非正义罪行,并通过道义的指责和线上曝光进行抵制。”

你不想开罪她们,我说,那是对的!

双酚 A 和我

如你所预料到的,我自己也用过双酚 A。看到我两个可爱的小男孩,不难想起,扎克曾经使用过一种安怡双酚 A 奶瓶和水壶,因为那时我和珍妮弗不知道还有什么更好的用品,而欧文就没有用过。我很担心扎克消化了所有双酚 A 的后果,而且越了解这种物质,这种担心就越强烈。

我爸爸也喜欢提及说,在过去几十年里,他也受到了双酚 A 的污染,而我应该对此负责。“我一直掉头发,你觉得这是双酚 A 造成的吗?”有一次,他眨着眼睛这样问我。我爸爸是个舢板游爱好者。1990 年代早期,我记得,应该是某个圣诞节,我将家里所有用旧了的、不锈钢质的和铝质的盘、碗、杯,还有其他一些用具统统都换成了一整套崭新的、晶莹透明的 PC 塑料用具。在那时,这似乎还是合适之举。

这就是问题所在!日用品中含有各种不明化学物质。人们没有关于日常用品的足够的化学知识,也不可能成为化学工程师后才在圣诞节为老爸买点东西,或者给孩子们购买婴儿用品。从双酚 A 的事件中,我们看到了什么?直到去年,北美很多父母才发现,他们的政府对于孩子们健康的保护做得还远远不够。因此,他们开始联合起来采取行动,而这些行动的速度之快,超过了人们的想象。

在北美,“足球妈妈”这个词语是 1990 年代人口统计时为了专指某类中产阶级妇女而“创造”的新词,她们是将大量时间花在送孩子参加足球之类体育活动的一群妇女。政客们、各界市场人士都急于接近她们,因为她们具有强大的影响力,有随意支配的闲钱,掌握了大量的选票。

双酚 A 辩论的重要性开始体现出来,因为“足球妈妈”和“水壶妈妈”们开始反攻。我们把比“足球妈妈”年轻一点的妈妈们称为“水壶妈妈”。

SafeMama. com 网站的创始人解释说:“我是一个两岁半男孩的妈妈,不是全职妈妈。我是一个作家,从事多种行业活动。我发现自己为我的孩子找出安全能用的东西,我要花大量的时间盯着双酚 A,打听最近是否有玩具被召回。最后我‘啊哈’灵机一动,突然意识到,这样的母亲绝对不止我一个。因此,我开始建立一个网站,将所找到的资料都集中放在那里。”SafeMama. com 和 MomsRising. org等博客联合起来[后者的创始人之一是著名网站 MoveOn. org 的创始人布莱德(Joan Blades)],一共向国会提交了十几万封信件,支持进行《儿童安全产品法》的立法工作。该法案在本部分写作的时候,也就是在 2008 年 8 月刚刚得以通过。

母亲的力量对于加拿大保守党的影响是显而易见的。当我问起加拿大保守党环保部长贝尔德为什么他的政府会反对双酚 A 时,他说的第一件事情就是有关妈妈们的力量。他说:“去年,我在商店买东西的时候,碰到两个妈妈,她们主动跟我打招呼,说起双酚 A 的话题。你看,你会谈到重大的环境问题,比如气候变化、雾霾天气等,如今,就在你眼前,就在每个加拿大家庭面前就有一个现实的环境问题,那就是双酚 A 问题。”

那些化工公司开始体会到妈妈们的力量了,因为这些新妈妈社区会成就或者毁掉一个品牌。正如一篇博文中所指出的:“双酚 A 出局了——我不再会购买,我的朋友们也不再会购买含有双酚 A 的产品!这些公司正在拿它们的名誉冒险,同时,也是在拿它们的利润冒险。全国的妈妈们都联合起来了。如果它们不加以改变,那么,它们将自食其果。”

最后的结语还是要由阿加莎·克里斯蒂(Agatha Christie)来总结。因为马波小姐(Marple)早已对人性的本质作出了精准的判断:“母亲对于孩子的爱是无与伦比的,它无私、无畏,若有拦路虎胆敢挡道,必将落得螳臂挡车的下场!”

第九部分

脱毒

衔着塑料勺子出生!

——"谁人"乐队,1966 年

The Who,1996

读到这里,亲爱的读者,如果你还没有起身环视四周,以一种全新的怀疑眼光去审视你屋里的用品,比如,去拍拍沙发看有没有问题,去卫生间查查各种用品等,那么,那一定是我们某些地方写得还不够到位,才没有引起你的警觉。现今的年代,即使你愿意"回归乡村",那里也无法保你逃脱污染的魔爪。1960 — 1970 年代,人们曾经试图逃离城市,因为那时拥挤的城市生活和大规模的工业化生产使得城市的水土和空气的污染加剧。而乡村环境,相对而言,要好得多。

而如今,面对污染,人们则无处可逃,因为最毒的毒物潜伏在我们住所的最私密处。那些我们本来以为最安全的地方,现在证明其实最危险,原来我们的想法都错了! 这些室内潜伏的有毒物对人类伤害特别大:因为 21 世纪美国人一生中 90%以上时间是在室内度过的。

现代反有毒化学物质战争中的最重要的代表

人物之一迈尔斯博士认为，“沉浸在被污染的环境中”的这个想法已通过“体内积存毒素”实验得到了证实，引起了激烈的辩论。他告诉我说：“在美国，至少是美国，人们过去常常认为，穷人最容易受到有毒化学物质的毒害，因为他们住得靠近工业区和有毒垃圾倾倒区。尽管现在这仍然还是个大问题，但人们已经更深入地认识到，不仅是穷人，其实美国的每个人，乃至地球上的每个人，他们的体内都无时无刻不在被有毒化学物质所毒害，最富裕的人群也无可避免。”迈尔斯博士认为，“体内积存毒素”实验用形象的方式描述了“每个人都面临被毒害的问题，每个人都需要解毒方案。”

由于具有使人左右为难、令人畏惧的特性，有毒物很容易使大家陷入束手无策或/和焦虑不安的境地中。但是，大家实际上并无必要紧张害怕。我们在此只是想提醒大家保持关注，而不是想要吓唬大家。我们在本部分中，试图理出一些方案，让大家看到，我们还是有很多办法可以保护自己保护家人的，而且很多办法起效还相当快。

在“自愿暴露”实验和本书写作期间，我们就常常根据这些方案在尽量保护自己。我们得承认，不被这失控的有毒化学海洋淹没，是一项难以应对的巨大的挑战。

举一个典型的例子，“自愿暴露”实验期间，里克准备了几套实验服，专门在实验房间里穿，每天早上进入实验的小房间之前，他都先换上这些衣服。而晚上离开之前，又脱下了这些衣服。当实验结束时，他将所有的衣物扔进一个塑料袋中带回家，至少要清洗6次才敢再次穿上。

他怎么会这样？原来他经过观察和思考形成了这样的奇怪念头：实验房间里这些邻苯二甲酸酯和不粘涂层浓郁的怪味主要集中在衣服上，快速更换衣服也许就能把这些脏东西丢掉。这一奇怪的习惯还是被他妻子珍妮弗发现的。原来珍妮弗注意到里克常常一个人几个小时地霸占着洗衣机，她问里克干嘛这样，他却只是摇头。

实验房间里其实没什么异乎平常的东西，虽然我们把全氟化合物喷在沙发表面清洗沙发，里克使用多种含有大量邻苯二甲酸酯的洗发水，而布

鲁斯大吃金枪鱼,但这些事情都是人们每天重复做的。尽管不做实验的时候我们平时在家都尽量不用这些产品,但离开家就避免不了。其实只要活在这个世上就避免不了,我们不可能生活在真空中。空气清新剂无所不在:在办公室的洗手间,在朋友的家里,在出租车上,哪儿都有。我们日常出门,走走停停,有多少椅子、公交车座、地毯使用过防污化学涂层?很多。

我们把实验房间里的生活描述成"化学生活",晚上,里克回家后在一定程度上可以脱离"化学生活",回到"正常生活"中,这些实在都只是他的错觉,化学物质其实无处不在。

我们所做的唯一异乎寻常的是:细心地监测化学物质的上升或下降水平。

两个结论

实验得出两条可靠经验：

第一，作为消费者，我们对于消费产品的选择直接迅速地影响体内污染物水平，里克所做的事情人们日复一日地在重复。实验期间，他使用的那些消费品使得他体内的MEP增加了22倍、双酚A增长了7.5倍，三氯生更是飙涨了2900倍。布鲁斯体内汞的含量增加了2.5倍。

如果我们能够在短短几天内使体内有毒物含量飙涨，那么，我们也能够以一种相对较快的方式将这些有毒物水平降下来，包括我们自己体内的和孩子体内的有毒物。只要我们在超市购物时作出合适的选择即可。

第二，实验室里的经验也揭示出，在有生之年，我们将无法彻底去除体内的毒素，无论你多么努力，无论多么对症下药，因为这些有毒物质分布实在太广泛了，污染源已经多得以至于个人所采取的预防措施根本无法彻底杜绝。

尽管没有实证数据，萨斯（Andrew Szasz）在其专著《安全购物之道》（*Shopping Our Way to Safety*）一书中也得出了类似的结论："我并不是让大家别吃有机食品，而去吃那些有杀虫剂残留物的食品，去与各种污染为伍。每个人都有权采取任何措施以阻止有毒物质进入到他的体内。我想说的是，我们必须继续努力，确保自己和孩子身体健康，但同时，我们还应该看到，仅做到这些还是远远不够的。"

萨斯还指出，当前，饮用瓶装水和选择有机食品成为一种新的消费趋势，消费者以为这样就可使他们与环境污染问题"绝缘"。他认为，如果不采取集体行动对付有毒物的侵害，仅仅依靠这些"绝缘"手段能在多大程度上为自己、为家人解决日益严重的污染问题是值得怀疑的。他将这种"绝

缘"手段比作1960年代早期美国的"掩体"辩论,那时,为了防范冷战风险,有人建议各地开挖放射性沉降物掩体。为此,人们展开辩论,讨论掩体到底能不能解决问题。后来,大多数人相信,放射性沉降物掩体不能完全解决问题。同样,我们也相信,有机食品和瓶装饮用水也不能有效地解决有毒化学污染的问题。

下次你走进商店买东西时只要作出你正确的选择,就可以在短期内降低你和家人体内化学污染的水平。而从长期来看,只有政府对于有毒化学物质进行不断的控制和监督才能从根本上解决问题。要真正做到这一点,关键在于,我们不仅仅要做一个精明的消费者,而且要做一个积极的公民,一个监督政府、敦促政府履行职责的公民。

在此,本书接下来将会对大家前面已经读到过的七种化学物质进行总结,并对以后的行动提出一些建议。

邻苯二甲酸酯

邻苯二甲酸酯具有迷人的香味？其实不然。邻苯二甲酸酯本身并没有香味，只是有助于延长香味的持久性。要使产品既带有自然清香又不含邻苯二甲酸酯。其实并不是不可能的。每天早上涂抹在身上的洗浴、护肤产品以及儿童玩具都是可以做到的。

避免使用香味浓郁的个人护理用品，特别是那些配方中列有“香精”或“香料”字样的个人护理用品。邻苯二甲酸酯这个词是不会被制造商标明在产品配方中的，但“香精”或“香料”这样的字眼就泄露了该产品含有邻苯二甲酸酯的机密。因此，要认真读产品标签！更进一步需要当心的是，即使有些产品的标签上标明该产品具有“天然香味”或者“不含香精”，其实还是有可能含有邻苯二甲酸酯的。一项统计表明，在北美允许用于生产个人护理用品的各种配方超过5000种。养成一种仔细阅读产品标签的好习惯，这个好习惯能够帮助你鉴别并选择产品，使你远离那些对身体有害的化学成分。请尽量挑选那些配方简单的产品。

既然你已经开始斟酌这些个人护理用品和卫浴用品，那么，何不花上几分钟替换掉你的PVC塑料浴帘？在洗手间狭小的空间里，即使没有PVC塑料浴帘发出的臭气，那些洗发水、柔顺剂、香皂、乳液和香水发出的气味就已经够重的了。邻苯二甲酸酯用在PVC塑料中的作用是使塑料软化，它的气味在打开包装第一次挂起来的时候最浓，以后便会随着时间慢慢消散。既然这样，那么为什么不选用一些毒性更小的产品替换掉这个？浴帘也有用天然纤维制作的，比如棉纱和麻、可循环使用的涤纶。

选择新鲜空气，而不是空气清新剂。那些小小的空气清新剂往往藏身

角落,沾附在插座上,发出不止一种气味的混合气味充斥着房间。2007 年,加州自然资源保护协会(NRDC)共检测了 14 种空气净化器品牌,其中 12 种含有邻苯二甲酸酯,包括 DEP 和 DBP。然而,这些邻苯二甲酸酯成分并没有出现在配方列表中。

尽管禁止邻苯二甲酸酯加入到玩具中去的立法工作取得了不少进展,但立法毕竟还没有最后通过。加拿大还没有任何法律规章规定不准在玩具中添加邻苯二甲酸酯。而在美国,在 2008 年夏天,玩具新标准在法律上开始生效,即使这样,往玩具中添加邻苯二甲酸酯还是合法的。欧盟、日本、斐济、韩国和墨西哥已经彻底实施了禁令,严禁在儿童玩具和儿童用品中添加邻苯二甲酸酯。

美国一个叫做“妈妈正崛起”(Mom’s Rising)的公益组织,联合 Healthytoys. org 网站,合作开发了一个在线数据库。**这个数据库可真是个无价之宝,它囊括了 1500 多种儿童玩具和儿童用品的测试数据**。人们从数据库中不仅可以查到某个玩具的具体数据,还可以查到某个玩具品牌的所有数据,甚至可以查到一些最好及最差产品的排行榜。

Healthytoys. org 网站提供的数据是建立在健康玩具检测结果的基础之上的。他们提供的服务中还包括短信服务,当你在商店看到一件商品,就可以通过短信从数据库中查出该商品的测试数据。还可以从 www. momsrising. org/NoToxicToys 找到信息。

美国钢铁工人联盟在北美发起了一个“停止进口有毒物”的运动,来提高大家对于玩具含铅问题的关注。**已经有几百人在社区举办了“将铅赶出去”的活动**,与他们的同事、朋友和家人共同探讨玩具中的有害物质问题,查询和参与该活动只需上网站:www. stoptoxicimports. org。

减少脂肪摄入。由于很多化学物质是在食物链中进行传递的,并且储存在脂肪组织中,减少食品中的脂肪摄入,少吃多脂肉制品和高脂奶制品,就不仅能减少对邻苯二甲酸酯的暴露,还能减少对杀虫剂和 PBDEs 的暴露。

行动指南：

- 避免使用香味浓郁的个人护理用品，特别是那些配方中列有“香精”或“香料”字样的个人护理用品。
- 扔掉发臭的PVC塑料浴帘，换上新的可循环使用的涤纶和天然纤维面料的浴帘。
- 拔掉空气净化器，很多空气净化器含有邻苯二甲酸酯，宜用烘焙苏打替代，苏打是天然产品，可以吸掉异味。
- 常常去看看Healthytoys.org这个网站。无论你要查询家里的现有玩具还是准备网购或店购新的玩具，都可利用这个网站，查询已有的玩具和打算购买的玩具的材质配方。
- 在孩子们的托儿所里，组织一个关于无毒玩具的聚会或者主题为“将铅赶出去”的聚会。
- 减少高脂食品的摄入。
- 参与社区举办的“玩具小鸭”宣传日活动，让你选举的官员知道你想要为保证儿童产品无毒立法。

不粘产品

不粘？几乎不可能。PFCs 已经“粘住”我们很久了，还会一直“粘”下去，PFCs 不光具有持久不降解性，而且已经被划入了可能致癌物的范畴。

你已经被氟化物弄昏了头，因为那些都是首字母组成的缩略词？要避开所有不粘产品其实最容易了，只需要留意还在迅速增加的那些产品系列。

扔掉你的不粘煎锅。能够替代不粘煎锅的煎锅的确是有的。在神奇的科学为我们带来特富龙之前，我们的母亲、祖母都是用铁锅或者不锈钢锅给我们煎蛋的。烹饪的时候加点油，油会在铁锅表面形成一层保护膜防止粘锅。如果洗锅的时候不用洗洁精，那么，这层膜会一直存在。洗洁精会破坏保护膜。翻回第三部分可以了解更多关于布鲁斯是如何使用铁锅的细节说明。

扔掉那些光滑的衣物。特富龙可用于服装中，“高泰克斯”(Gore-tex)衣服就是由一种 PFCs 制成的防水防污面料，“防污大师”和“思高洁”(Scotchgard)也是由 PFCs 制成的产品，用来喷在纺织品、地毯、绒垫的表面，对这些物品进行清洁保养。

快餐包装盒、披萨盒和微波爆米花包装袋也都含有 PFCs 涂层。就是这些 PFCs 涂层发挥作用，包装在里面的油脂才不会渗到外面，当你吃东西的时候，油脂不会粘到你身上。

特富龙之类的 PFCs 在各种消费品中的应用越来越广泛，从口红到汽车雨刷，多种多样。无论何时何地，请仔细阅读产品标签，尽量不要使用这些含 PFCs 的产品。

不过，还是有些正面消息出现在不粘产品领域，禁用 PFCs 的提案在立法方面也取得了不错进展。在加拿大,另一种用于防污和食品包装的不粘产品——PFOS 已经列入了加拿大《环境保护法》的“重要淘汰品清单”,这意味着加拿大政府要将 PFOS 的排放量减少到一个较低的可测量水平。

在加利福尼亚,一部禁止在食品包装中加入 PFCs 的大胆提案已经在立法委和议会通过,但在 2008 年 9 月末遭到了州长斯瓦辛格的否决。(这反映了即使最热爱环保的州长有时也会屈从于化工界的压力。)如果这个方案得以通过,那么加州将成为第一个实施 PFCs 禁令的州。我们希望不久以后此类方案能在其他州获得通过,希望加拿大也引入此类法案,减少人们的 PFCs 暴露。

北美的 PFOA 制造商已经同意于 2015 年前中止这种产品的生产,他们决定抢在法律强制整改之前自己先自我整改。然而,他们会采用什么替代品呢? 在我们写完本书的时候,一切都还未可知。不过,你得相信,老百姓将会持续关注事件的进展。另外,还有一些不可放松警惕的情况是:由于 PFCs 的持久的不可降解性,在较长时间里,人类不得不与它相伴。并且,也不能保证,杜邦公司或者其他相关化工公司推出的替代品将会更加安全。

行动指南:

- 扔掉旧的不粘煎锅,特别是已经有划痕的锅。
- 别太嫌弃油污,避免吃太多快餐食品,比如汉堡、披萨或袋装微波爆米花,这些食品的包装都可能含有 PFCs。
- 仔细阅读产品标签,避免使用含有 PFCs 的消费物品。
- 当新的化学替代品进入市场时,提醒你选举的政客,必须制定法律,规定这些化学产品在销售之前应该证明其安全无害。
- 鼓励政客通过法律手段将 PFCs 逐步从食品包装和其他消费产品中清除出去。

多溴联苯醚(PBDEs)

北美各地阻燃剂几乎随处可见,然而,减少这种化学品存量的可能性还是存在的。

使用天然纤维产品,比如羊毛、麻或棉产品,这些都不含化学物质,并且天然就具有阻燃性。价格可能会稍高一点,但纤维对生态环境的影响更小。越来越多的公司现在利用天然纤维来生产布料、内衬和家用物品。

虽然 PBDEs 的生产正逐渐从北美淡出,可是你家里的旧家具或床垫里面可能仍然含有这种产品。**新出产的家具多半是不含 PBDEs 的,**一些泡沫塑料产品现在已经不再用 PBDEs 制造。越来越多的制造商正销售从橡胶树提炼的天然发泡橡胶。

购买商品之前,需要询问制造商或零售商,产品是否含有 PBDEs。很多零售商都标榜自己的产品使用无毒配方和无毒原材料。

起居室里老旧的塞满填充物的椅子和沙发并非一定要用木制家具替代。**"国家地理绿色环保指南"上的分级清单列出了生产不含 PBDEs 的家具、电器和其他产品公司的名单。**这份清单上的公司都是美国公司,在加拿大,我们还没有制定这样的分级制度,而只能通过互联网查找公司信息。比如瑞典的"宜家"、西雅图的"绿色生活方式"和蒙特利尔的"生活要素",这几家生产的家具和床垫都不含 PBDEs。

换掉泡沫塑料,或封住盖住室内装潢破损之处也是减少 PBDEs 暴露的办法。为沙发、软椅等重装椅套也是个不错的选择。但是,移除家具中的泡沫塑料也会释放出 PBDEs,因此,移除之前应确认你拥有良好的通风设备,最好是不要在当前居住的地方进行这种操作。

尘土接触,也会导致 PBDEs 的暴露。经常吸尘可以减少房间内的

PBDEs，这也有助于减少其他的有毒污染。

购买新家用电器时，应询问商店或制造商，选择不含 PBDEs 的产品。很多品牌的家用电器，比如索尼、飞利浦、松下、三菱和三星的产品都不含 PBDEs，苹果电脑也正在减少 PBDEs 的用量。

据美国联邦审计总署估计，每年约有 1 亿台的电视机、电脑和显示器被丢弃。加拿大环保部估计，每年约有 14 万吨的电脑设备和其他电器被扔进垃圾填埋场。对于这些电器设备，目前还没有更好的解决方案，只能通过“3R 法则”加以缓解。“3R 法则”是指“减少数量、重复使用和循环利用”。**减少数量**是指减少电子设备中 PBDEs 的数量，或者更进一步，加以消除，比如，在购买电器时尽量不买含有 PBDEs 的产品。**“重复使用”**是指将旧的电脑捐给当地学校或非营利机构，或翻新。（有很多机构愿意翻新旧的电器设备，再捐到需要的地方去。）“循环利用”是指不要将旧电脑扔进垃圾堆。如果不把旧东西扔进垃圾堆，那么，可以放到哪里去呢？很多社区、地方政府和越来越多的公司都有循环利用项目，负责回收以及邮寄超出使用寿命的电脑和其他电子设备。

行动指南：

- 使用天然纤维产品，比如羊毛、棉麻。它们不含化学物质，天然防火。
- 买不含 PBDEs 的新家具，更换含有 PBDEs 的旧装饰品（更换时要有合适的通风条件）。
- 常常除尘和吸尘，远离灰尘和 PBDEs。
- 购买不含 PBDEs 的家用电器。
- 找到可以接收并重复使用旧电脑和其他电子设备的地方组织。
- 给政客写信，要求他们制定法规来防止家庭和社区受到 PBDEs 的污染。整个北美到处都有各种社团组织试图禁止 PBDEs 并促进为电子废物的立法。

汞

汞的污染在于它在食物链中进行传递，而这个污染的最主要的来源要追溯到工业污染。为此，我们要通过改变生活方式等多种办法来防止接触汞及其他污染物。然而，除非我们能解决工业排放的问题，否则我们将永远只是隔靴搔痒。

多吃小鱼少吃大鱼。吃小鱼的大鱼体内的汞含量更高，同时，大鱼体内其他化学物质的含量也更高。美国环保署和加拿大卫生部都发出警告，孕妇不能吃含汞的鱼。儿童，特别是 6 岁以下的儿童必须少吃金枪鱼，只能吃低汞金枪鱼，而不能吃大块的含汞较高的白色金枪鱼。

美国自然资源保护委员会发布了一个简便的金枪鱼计算器，帮助你判断你所吃的金枪鱼种类和数量对于体内积存化学物的贡献程度，你可以登录网站 http://www. nrdc. org/health/effects/mercury/protect. asp，使用计算器。

“海鲜选择”网站则既提供数据库又提供加拿大海鲜指南，只要登录这个网站 www. seachoice. org，就能获取相关信息。“海鲜选择”网站不仅专注于“汞”的测量，你也可以在该网站上查到鱼体内其他相关化学物质的数据。

美国环保基金会也提供了一个综合的海鲜选择方案，你可以把它打印成小册子带在身边，也可以以手机短信的方式保存在手机内，网站地址是 www. edf. org。

如果你爱好垂钓，那么，不要忘了去查一下政府的咨询栏，以了解你钓到的鱼是否可供食用。美国和加拿大的联邦、州和县都有类似的咨询机构，提供有关鱼类的各种信息。他们会告诉你，哪些地方的鱼是安全的，哪些尺寸的鱼是可以食用的。很多体型大的淡水鱼体内的汞含量非常高，你可以从加拿大环保部网站(http://www.ec.gc.ca/mercury/en/fc.cfm#upto-map)的“汞与环境”栏目中“鱼的消费”页面中找到关于买鱼的建议,也可以从美国环保署网站(http://www.epa.gov/waterscience/fish/)上查到有关鱼的信息。

回收和循环使用含汞产品,不要将含汞产品扔进废水池。很多制造商和零售商回收废旧含汞商品,比如电池、恒温器、温度计、节能灯和日光灯。他们并不会大张旗鼓地广而告之自己提供这种服务,但只要你询问大型五金店或家用电器店的顾客服务部,他们很可能会接受你的废旧含汞产品。如果他们不能回收,那么,市政府则肯定会有有毒废物或家用电器的回收点,在这些地方,汞和其他有毒有害物品会得到安全处置。不要将汞扔进垃圾填埋场、垃圾焚烧厂和废水处理厂,这是减少整体汞污染的关键,也是阻止汞进入鱼和人体内的关键。

行动指南:

- 少吃大鱼,多吃小鱼,不吃大型的肉食性鱼。
- 将用过的、准备丢弃的含汞产品归还给当初销售它们的商店,或者将其送到当地的废旧家用电器处置点,别把它们扔进垃圾桶,永远不要将汞倒进家里的马桶或者水槽。一旦汞进入垃圾堆,它最后还是会回到环境当中。如果你把它扔进下水道,它将直接回到当地的水域中。如果你不能确定某个产品中是否含有汞,或者你也不知道产品从哪里购买的,那么,只要直接联系制造商即可。如果你不知道该怎么办,那就向当地政府有害废物服务中心咨询,最好直接将有害废物交由他们处理。
- 使用美国自然资源保护委员会金枪鱼计算器,计算你吃的鱼在多大程度上刺激了你体内汞含量的增长。也可以浏览“海鲜选择”网站和美国环保基金会的“海鲜选择器”网站。

- 并非所有的金枪鱼罐头的汞含量都一样,应该避免吃白色的长鳍金枪鱼,因为所有金枪鱼罐头中这种长鳍金枪鱼的含汞量最高。如果你实在很想吃金枪鱼,那么,请选择低汞金枪鱼罐头。
- 野生的鱼,尤其是三文鱼的质量受生态环境的影响极大。在找鱼贩买鱼或在海鲜货架买鱼时,随身带上一份海鲜产品指南,以便你买到安全无害的鱼。
- 让商店或鱼市贴上政府公布的安全鱼类的信息。
- 控制汞排放。支持立法人员督促工业生产过程中减少汞排放。

三氯生

北美文化的特点是对细菌很有成见,这种成见使得市场上出现了各种各样的防菌、防微生物产品。这种产品并不仅是乳液、药水或个人护理用品,而是包括大量的清洁用品,甚至袜子、凉鞋和内衣裤。而问题是,我们真的需要这些防菌产品吗?以前,我们只是使用热水、肥皂和30秒冲洗的原则,这难道还不够吗?

避免使用标签上注明含有三氯生的抗菌产品。含酒精的产品并没有问题,而那些含有三氯生的(作为配方标在标签上)却有问题。要仔细地阅读那些标签,因为很多产品虽然不提抗菌却也添加了三氯生,比如吉列公司的剃须膏和里克使用的雷特运动香体露。

到数据库进行数据查询:"安全化妆品运动"和加拿大环境工作组的"皮肤深度保养"数据库提供查询服务。皮肤深度保养数据库追踪大约2.9万种美容产品,提供配方明细,鉴别有毒有害物质,并提供各种不同的监督标准数据。其中,不仅针对三氯生,也针对邻苯二甲酸酯和个人护理用品的其他配方成分。该数据库不仅有助于找出个人护理用品的安全隐患,而且,有助于寻找更安全的产品。"安全化妆品运动"还提供了一个针对儿童的护理用品安全指南,网址:www. cosmeticdatabase. com。

尽管进展较慢,还是有不少公司在《安全化妆品协议》上签了字,签字的企业都保证在产品中不使用有毒化学物质。(这是一个在美国发起的运动,签字的企业都是美国企业,但它们的产品也会销售至加拿大。)这个协议也被看作是一个有趣的晴雨表,用以衡量化妆品安全领域的进展。只要看一下签名清单就能发现,又有哪些主要的零售商、生产商感受到了公众的压力,并作出合乎道德的决定而加入到签名队伍中。去这个网站

http://www.safecosmetics.org/companies/compact_with_america.cfm看看，**是否你购买的产品的生产商已经签字。**

另一个很有用的网站 www.lesstoxicguide.ca 也将许多产品中最常见的有害配方列成了清单。还罗列出加拿大的家庭清洁用品、个人护理用品和儿童物品中哪些最好，哪些最不好。

仔细阅读产品标签上的配方这个原则也适用于家庭清洁用品领域。抗菌广告卖力地推销清洁产品，不仅是清洁剂，也包括清洁工具。美克邦(Microban)品牌下面也有三氯生产品销售，比如切菜板、百洁布刀具和围裙，对这些产品也应多加防范。

纳米银和其他纳米材料尚未受到更严密的公众监督。纳米银正被工业界作为抗菌剂广为宣传，也已广泛用于各种产品之中，包括袜子。大家可能觉得奇怪，如此小的颗粒对于健康有如此大的影响，但我们仍然建议大家不要使用含纳米粒子的产品。

行动指南：

- 避免使用标签上注明“防菌”的产品，它们都可能含有三氯生。很多品牌都含有三氯生，务必要小心对待，比如：美克邦(Microban)、柏芙诗(Biofresh)、玉洁新(Irgasan)DP300、莱索(Lexol)300、斯特扎克(Ster-Zac)或者克力恩(Cloxifermolum)。在产品标签上，有时，三氯生直接用分子式 $C_{12}H_7Cl_3O_2$(化学名 2,4,4′-三氯-2-羟基二苯醚)来表示。
- 用老式方法洗手，用香皂搓洗 30 秒后冲洗。
- 到“安全化妆品运动”下属的网站“Skin Deep Cosmetic”的数据和网站“Compact for Safe Cosmetics”上查询，看看你所使用的护肤品有哪些成分。
- 到网站 Lesstoxicguide.ca 查询，你所使用的家用清洁用品是否含有有毒成分，购物时阅读产品标签，回避有害物质。

- 使用苏打粉、硼砂和其他天然清洁剂清洗厨房和卫生间。
- 避免使用含有纳米银的产品，小心谨慎地使用其他纳米产品，比如，纳米锌（很多防晒产品中含有这种物质）。对生产商提出要求：这些化学物质应用于产品之前必须进行安全测试。
- 敦促你选举的政府官员立法控制三氯生和纳米产品。

杀虫剂

越来越多的人选择不在自家的草坪和花园里喷洒杀虫剂。然而，为减少成人、儿童和宠物的化学物质暴露，还有很长的路要走。

种植不含化学物质的自然草坪。让自然发挥自己的作用，让花园适应当地的气候特点。种植本地植物（那些你所在地区自然生长的植物），减少杀虫剂用量，选择一些抗虫害的植物，或者用其他一些植物帮助抵御病虫害（人们称之为“伙伴植物”）。记住：萝卜白菜各有所爱，不要介意别人是否喜欢你家的野生植物。但是，值得注意的是，有些行政区居然还禁止在花园和草坪上种植一些本地植物。

如果你必须在花园里或者草坪上使用杀虫剂，那么，请选用无毒或毒性最小的那种。

省、县两级政府正在私人区域实行禁令，也在一些公共区域如公园、学校操场等地实施禁令。比如，在加拿大，已经有140多个县和2个省宣布在当地的私人区域禁止喷洒美化性的杀虫剂。如要更深入地了解更多杀虫剂的副作用，请查阅杀虫剂行动网络提供的杀虫剂数据库（www. pesticideinfo. org）。**敦促公园和校园同样尽量做到不使用杀虫剂。**

在美国，“摆脱和超越杀虫剂草坪联盟”已经掀起了反对美容性杀虫剂的运动。更多有关信息（如草坪标志和门挂标志）可以参看网站 http://www. beyondpesticides. org/pestide - freelawns/。在加拿大，“渥太华健康联盟”旗下的网站 www. flora. org/healthyottawa 提供了关于杀虫剂行动及相关事件的丰富信息，信息范围不仅包括渥太华也包括整个加拿大地区。

食用地方性食品或/和有机食品，避免食用含添加剂、有害化学物质和杀虫剂的食物。自然生长的作物（有机食品）所含毒素远远少于施用杀虫剂、除草剂和化肥的作物，而且口感也好很多。再有，如果你购买本地食品，还能减少因运输产生的燃油污染。

如果你的食品预算紧张或者想省钱，无力全部购买有机食品。**如果这样，最好到加拿大环境工作组的“十二大毒物”（Dirty Dozen）名单上去查看，哪些蔬菜水果的杀虫剂含量最高。**具体网址是：http://www.foodnews.org/walletguide.php。以下是一些杀虫剂残留水平较高的食物：葡萄（特别是美国以外的国家进口的葡萄）、桃、草莓、苹果、菠菜、油桃、芹菜、梨、樱桃、西红柿、甜椒和覆盆子等。

彻底洗净能有助于减少杀虫剂残留。购买当地产品或者离家近一点的地方出产的产品，以保证产品新鲜。加拿大很多小农场尽管没有有机认证，但它们种植的庄稼不含化肥农药。

查询当地农民店铺的信息，购买和储存当季作物。许多农民开始销售食品礼盒，你可以到超市或提货点领取，有的农民甚至还会送货上门。如果你不了解你家附近的农民店铺于何时何地出售产品，可以上网站 www.localharvest.org 查询，上面提供全美国的农场、市场、社区共享农业等信息。在安大略，类似信息可以从网站 www.greenbeltfresh.ca 上获得。

行动指南：

- 请环境友好的草坪维护公司帮忙维护草坪。
- 采用天然方法养护草坪，不使用有害化学物质。
- 用本地作物替换外地引进的草坪。
- 支持当地禁止美容性杀虫剂的措施，给你选举的官员发电子邮件，要求他支持禁止美容杀虫剂的使用，推广不用杀虫剂的公园和校园。
- 在你家的草坪和花园里竖一块牌子，上面画上“不用杀虫剂”的标志。

• 食用当地物产和/或有机食品。选择不含杀虫剂和化学添加剂的食品。

• 将蔬菜清洗干净,尽可能减少农药残留。

• 打印一张美国环境工作小组的“十二大毒物”名单,折好放进你的钱包,随时查看你所购买的食物是否含有“十二大毒物”。(参看 http://www.foodnew.org/walletguide.php)

• 在当地农民的店铺购物,询问卖家农药的使用情况。

双酚 A

购买塑料袋包装的产品时，记住这个口诀：4、5、1、2，**其余的都不要买，对你没好处。**牢记这句口诀，有助于你记住塑料上的那些对你健康不利的循环标志。你如果还不知道这些数字的意思，那么，查看一下《塑料使用指南》吧。

表 8.1　塑料使用指南

循环标志	塑料类型和描述
1. PETE	聚对苯二甲酸乙二酯 用于制作：苏打汽水瓶、水壶、花生酱瓶、食用油瓶、烤炉盘、微波炉盘、洗洁精瓶，也用于纺织品、地毯和模具中。 （一种相对安全的塑料，设计供单次使用。）
2. HDPE	高密度聚乙烯 用于制作：牛奶瓶、果汁瓶、水壶、洗洁精瓶、塑料袋、酸奶杯、洗发水瓶、谷物盒内衬，也用于管道、嵌入式模具、电线电缆绝缘层。 （一种相对安全的塑料，设计作为食品、饮料的容器。）
3. V	聚氯乙烯 用于制作：水壶、洗洁精和洗发水容器、食用油瓶、漱口水瓶、塑料薄膜。也用于玩具、管道、墙板、地板及其他建材。 （避免使用。可能含有并逸出化学物质，包括双酚 A、铅、邻苯二甲酸酯、二噁英、汞和镉等多种化学混合物与致癌物，激素干扰剂及其各种健康影响。）
4. LDPE	低密度聚乙烯 用于制作：杂货袋、瓶盖、薄膜、垃圾袋、食物存储器、低温牛奶盒涂层、冷热饮水杯、冷冻食品包装、挤压瓶，也用于嵌入式模具和电线电缆绝缘层。 （一种相对安全的塑料，用作食品饮料包装。）

（续表）

循环标志	塑料类型和描述
5. PP	聚丙烯 用于制作：奶油盒、酸奶盒、糖浆盒、保鲜盒、熟食店外卖包装、吸管、塑料包装、瓶盖、医用瓶，也用于纤维、电器用具、汽车零部件和地毯等。 （一种相对安全的塑料，用作食品饮料包装。）
6. PS	聚苯乙烯 用于制作：一次性杯、盘、碗、刀叉、外卖包装、酸奶包装、肉类包装、塑料蛋盒、发泡食品包装，也用作发泡包装材料、阿司匹林瓶、玩具、唱片盒、家用电器、绝缘材料、衣架和医疗用品。 （避免使用：会释放出苯乙烯，这是一种大脑和神经系统毒剂，动物研究表明，会对红血球、肝、肾和胃产生不良影响。二手烟、汽车尾气、饮用水和建筑材料释放的废气中也含有苯乙烯。）
7. PC 或其他	聚碳酸酯或其他 这些塑料常常被标上“其他”标志，但包括聚碳酸酯或不同树脂混合物。 用于制作：3 加仑和 5 加仑的水桶、奶罐、婴儿奶瓶、吸吮杯、可重复使用水瓶、橙汁瓶、听装罐头内膜、烤箱袋。也用于传统包装、牙科密封剂、易拉罐、眼镜、CD、滑雪板和汽车零部件。 （避免使用：PC 塑料含有双酚 A，双酚 A 会从 PC 塑料中逃逸出来，特别是在加热的时候。双酚 A 是一种激素干扰剂，与青少年早熟、肥胖、习惯性流产和精子数量下降都有关联，还与乳腺癌和前列腺癌相关联。）

像通常的社会正义运动一样，母亲们已经引领大家向政府游说，对有害健康的塑料销售进行管制或禁止。这种言论，过去多出现在咖啡桌边，现在则更广泛地出现在博客上、网络群话题中和 Facebook 上。**在网上，针对双酚 A 和塑料，特别是 PC 塑料的讨论十分热烈。**

尽管避免使用塑料瓶是最好的选择，但**没有必要将塑料瓶和所有塑料容器都扔进垃圾填埋场。**我们的项目协调员萨拉购买了一个 LED 太阳能灯，安装在一个旧的 PC 塑料水桶的口子上，把这个旧水桶变成了一个灯笼，放在小屋里或野营时作照明灯用，有时候也用在后院里当路灯使用。

(这是一家了不起的太阳能灯具制造商 www. sollight. com,网上有很多关于这家公司的评论。)

当你担心双酚 A 的时候,可以向"Z 建议"公司(Zrecs)进行相关咨询,其网址是 http://zrecs. blogspot. com。**Zrecs 与移动通信公司合作,已经编写了一本儿童产品目录,其中,包括含有双酚 A 的婴儿奶瓶。**这个网站在加拿大和美国都受到赞扬。加拿大即将在全国范围内禁止往婴儿奶瓶中添加双酚 A,有些公司已经将双酚 A 产品下架,然而,不是每个商店都这么做。因此,当你在商店里无法确认哪些产品是安全的时,可以使用 Zrecs 的免费短信服务(需支付短信费,不用付信息费)。如果你不喜欢短信,也可以从 Zrecs 网站下载,把不含 BPA 的产品清单打印成钱包大小的纸条,随身携带。

听装产品的环氧内膜也是双酚 A 的一个源头。如果你使用婴儿奶粉,记住要到美国环境工作组的网站 http://www. ewg. org/node/25724 上查询婴儿配方奶粉和儿童奶瓶指南,并给名单上的公司发电邮,敦促他们从产品中移除双酚 A。在加拿大,"有毒的国家"运动已经尝试为家长列出不含双酚 A 的婴儿奶瓶清单,有关信息参看网址 http://www. toxicnation. ca/node/161。

不只是婴儿配方奶粉的听装铁罐令人担忧,**那些酸性食品的听装铁罐也都值得仔细审查,比如番茄酱罐头。**

选择玻璃瓶装食品代替罐头食品,或者选用新鲜或冷冻水果蔬菜代替罐头水果蔬菜。

不要将塑料容器放进微波炉。尽管微波炉生产商会告诉你,用塑料容器加热食物不安全,但他们可能不会告诉你,保鲜膜放进微波炉也是有问题的,保鲜膜不能放进微波炉也是因为它是塑料制成的。如果你一定要使用保鲜膜,那么,不要让保鲜膜直接接触食物。

由于生活在一个塑料包围圈中,因此,我们必须将以下要点铭记在心:

扔掉塑料袋。在手提包、尿布袋或公文包中随时随身携带一个布袋或帆布袋。不少地区和国家正在禁用或限制塑料袋的使用。比如,中国就正

在全面禁止塑料袋的使用,爱尔兰正对塑料袋的使用征税。在北美的旧金山、加州的奥克兰、康涅狄格州的韦斯特波特以及北马尼托巴省的快叶城,已经全面禁止了塑料袋的使用。而其他地区正在制订回收塑料袋的环保计划。甚至有的零售商以差不多成本价的低价出售环保袋来促进这一计划的实施。BYOB 原本的意思是自带酒菜,现在则有了新的含义:自带口袋。过去几年中,新斯科舍和安大略省政府经营的含酒精饮料商店已经宣布,他们的结账台上不再提供塑料袋。并非所有零售商都完全不提供塑料袋,有些仍然在结账柜台出售塑料袋,有些则要求顾客收集并重复使用塑料袋,比如,纽约市的一些商店。

禁用一次性水瓶。虽然不用 PC 塑料制作的一次性水瓶不会释放双酚 A,然而,它们是用 PETE 塑料制成的,通常设计为单次使用。不幸的是,这些水瓶中有超过一半的数量不会被循环使用,大部分被当作垃圾扔进了垃圾填埋场。伦敦安大略的滑铁卢地区以及英属哥伦比亚的枫树岭教育局正在倡导在城区禁用塑料瓶,很多校董会也正在调查校内瓶装水的销售情况。大学校园里关于塑料瓶装水的讨论也正在激烈展开。当这本书完稿时,宾州大学还在继续讨论实行禁令。2008 年 12 月,多伦多市也通过了一个禁令,禁止在社区中销售瓶装水。

行动指南:

- **对塑料容器底部循环标志的含义不清楚时,记住这个口诀:4、5、1、2,其余的都不要买。**
- 将《塑料使用指南》贴在冰箱上。
- 扔掉塑料婴儿奶瓶,或为这些奶瓶找一个合适的用途,使用玻璃奶瓶。
- 下载一个 Zrecs 采购指南放在钱包里,或者在商店里购物时发短信向 Zrecs 查询产品是否安全。

• 向美国环境工作组查询婴儿配方奶粉和婴儿奶瓶的成分信息，或到网站http://www.toxicnation.ca/node/161 查询哪里可购买不含双酚 A 的婴儿奶瓶。

• 敦促你孩子的托儿所不要使用含双酚 A 塑料用品，建议托儿所到“有毒的国家”网站 www.toxicnation.ca 上签字。

• 不要吃罐头食品，最好吃新鲜的、冷冻的或装在玻璃瓶里的食品。

• 不要把塑料容器放进微波炉。

• 购物时不使用塑料袋，而使用布袋。

• 与地方代表取得联系，建议在城市内禁止使用一次性水瓶。

资料来源

请登录 www. SlowDeathByRubberDuck. com 获取更新信息以及资料。

社团主页

卫生、环境和司法中心 www. chej. org

加拿大环保协会“有毒的国家”项目 www. toxicnation. ca

新斯科舍省环境卫生协会的无毒产品指南 www. lesstoxicguide. ca

美国环境工作小组 www. ewg. org

国际绿色和平组织禁止有毒化学物质运动 www. greenpeace. org/international/campaigns/toxics

国家地理绿色指南:www. thegreenguide. com

自然资源保护协会 www. nrdc. org

自然资源保护协会关于“绿色生活”的网页 www. simplesteps. org

世界野生动物基金会脱毒运动 www. panda. org/about_wwf/where_we_work/europe/what_we_do/wwf_europe_environment/initiatives/chemicals/detox_campaign/

数据库以及网络资源

美国疾病预防控制中心:国内居民暴露于环境化学物质的报告

http://www. cdc. gov/exposurereport

关于健康与环境的合作:CHE 有毒物和疾病数据库(大约 180 种化学物品及其对健康的影响)http://database. healthandenvironment. org/

环境卫生新闻服务中心:每日发布环境卫生及许多其他方面的最新文摘,包括报刊杂志所报道的科学研究的最新进展 http://www. environmentalheathnews. org/

欧洲人类生物监测项目:http://eu - humanbiomonitoring. org/

加拿大政府的化学品管理计划:www. chemicalsubstances. gc. ca

加拿大统计局:加拿大人健康情况调查

http://www. statcan. gc. ca/survey - enquete/household - menages/measures - mesures/measures - mesures - eng. htm 或用谷歌搜索"加拿大人健康情况调查"

毒物百科:毒物学自由百科 http://toxipedia. org

Slow Death by Rubber Duck:
How the Toxic Chemistry of Everyday Life Affects Our Health
By
Rick Smith and Bruce Lourie

责任编辑　郑丁葳　侯慧菊
装帧设计　杨　静

“让你大吃一惊的科学”系列丛书
玩具小鸭杀人事件
——日常用品中的化学物质如何影响人类健康
【加】里克·史密斯(Rick Smith)【加】布鲁斯·劳瑞(Bruce Lourie)　著
张英光　王怡　译

出版发行　上海科技教育出版社有限公司
(上海市闵行区号景路159弄A座8楼　邮政编码201101)
网　　址　www.sste.com　www.ewen.co
经　　销　各地新华书店
印　　刷　天津旭丰源印刷有限公司
开　　本　720×1000　1/16
字　　数　289 000
印　　张　20.5
版　　次　2012年12月第1版
印　　次　2022年6月第2次印刷
书　　号　ISBN 978-7-5428-5515-2/N·856
图　　字　09-2010-448号
定　　价　68.00元